U0668964

# 中南大学
## 地球科学
## 学术文库

丙申 何健善

中南大学地球科学学术文库
中南大学地球科学与信息物理学院　组织编撰

# 湘东北地区稀有金属矿床成矿作用研究

## STUDY ON RARE METAL DEPOSITS MINERALIZATION OF NORTHEASTERN AREA IN HUNAN PROVINCE，SOUTH CHINA

文春华　邵拥军　著

Wen Chunhua　Shao Yongjun

有色金属成矿预测与地质环境监测教育部重点实验室
有色资源与地质灾害探查湖南省重点实验室　　联合资助

中南大学出版社
www.csupress.com.cn
·长沙·

# 内容简介 / Introduction

该专著系作者近年来主持(参与)科技部的"深地资源勘查开采"项目(2017YFC0602402)、湖南省自然科学基金项目(2017JJ3138)、中国地质调查局综合研究项目(DD 20160056)、湖南省地质矿产勘查开发局科研项目(201703－02)和博士后研究课题的部分成果。本书系统介绍了湘东北地区仁里伟晶岩型铌钽矿床、传梓源伟晶岩型锂铌钽矿床、白沙窝铍锂铌钽矿床的地质背景和矿床地质特征,开展了花岗岩和伟晶岩成岩、成矿年代学、岩石地球化学、流体包裹体和 H－O 同位素研究,分析了湘东北地区燕山期花岗岩成岩年代和伟晶岩成矿年代及 Hf 同位素特征、伟晶岩的主量元素和微量元素地球化学特征、流体包裹体的性质及温度、盐度等参数,总结了湘东北地区伟晶岩型稀有金属矿床伟晶岩形成的地质构造背景和伟晶岩的成因以及成矿流体演化与成矿作用。本次研究全面总结并梳理了湘东北地区构造－岩浆演化与成矿关系,同时系统研究了伟晶岩型稀有金属矿床的地球化学特征、流体特征及矿床成因,丰富了基础地质资料,积累了精确的年代学和地球化学数据,对湘东北地区的地质演化与成矿作用、找矿预测有重要的理论价值和实际意义。本书可供矿床地球化学及流体包裹体研究人员使用,也可供从事生产专业技术人员及相关专业大专院校师生使用。

# 作者简介

**文春华**　男，1982年生，博士研究生(2013年获中国科学院大学地球化学研究所理学博士学位)，高级工程师，现为中南大学博士后。主要从事矿产勘查与勘探、矿床地球化学、流体成矿学的研究工作。参与了"973"项目、国家科技支撑计划项目，主持了科技部重点研发计划项目下专题，湖南省自然科学基金项目，中国地质调查局综合研究项目等，已在学术期刊上发表论文10余篇，出版学术专著1部。

**邵拥军**　男，1972年生，教授，博士生导师，中南大学地球科学与信息物理学院党委书记。主持(承担)过国家973项目，国家公益性课题及省部级课题等多项科研项目，获中国有色金属工业协会科技进步一等奖1项，二等奖3项，中国地质学会青年地质科技奖"银锤奖"1项。近5年来在国内外期刊发表高水平学术论文30余篇，出版学术专著3部。

# 编辑出版委员会

Editorial and Publishing Committee

中南大学地球科学学术文库

## 主 任

何继善(中国工程院院士)

## 副主任

鲁安怀(教授,国家"973"项目首席科学家,中南大学地球科
　　　　学与信息物理学院院长)
戴前伟(教授,中南大学地球科学与信息物理学院党委书记)

## 委 员

| | | | | |
|---|---|---|---|---|
| 彭省临 | 戴塔根 | 刘石年 | 奚小双 | 彭振斌 |
| 赵崇斌 | 柳建新 | 汤井田 | 朱建军 | 刘兴权 |
| 吴湘滨 | 隆 威 | 邹峥嵘 | 邵拥军 | 戴吾蛟 |
| 赖健清 | 朱自强 | 吴堑虹 | 张术根 | 刘继顺 |
| 曾永年 | 毛先成 | 张可能 | 谷湘平 | 刘亮明 |
| 周晓光 | 李建中 | 席振铢 | 李志伟 | 冯德山 |
| 杨 牧 | 张绍和 | 邓 敏 | | |

# 总序

Preface

　　中南大学地球科学与信息物理学院具有辉煌的历史、优良的传统与鲜明的特色，在有色金属资源勘查领域享誉海内外。陈国达院士提出的地洼学说(陆内活化)成矿学理论，影响了半个多世纪的大地构造与成矿学研究及找矿勘探实践。何继善院士发明的电磁法系统探测方法与装备，获得了巨大的找矿勘探效益。所倡导与践行的地质学与地球物理学、地质方法与物探技术、大比例尺找矿预测与高精度深部探测的密切结合，形成了品牌效应的"中南找矿模式"。

　　有色金属属于国家重要的战略资源。有色金属成矿地质作用最为复杂，找矿勘查难度最大。正是有色金属资源的宝贵性、成矿特殊性与找矿挑战性，铸就了中南大学地球科学发展的辉煌历史，赋予了找矿勘查工作的鲜明特色。六十多年来，中南大学地球科学研究在地质、物探、测绘、探矿工程、地质灾害和地理信息等领域，在陆内活化成矿作用与找矿勘查、地球物理探测技术与装备制造、深部成矿过程模拟与三维预测、复杂地质工程理论与新技术以及地质灾害监测等研究方向，取得了丰硕的研究成果，做出了巨大的科技贡献，产生了广泛的社会影响。当前，中南大学地球科学研究，瞄准国际发展方向和国家重大需求，立足于我国复杂地质背景下资源勘查与环境地质的理论与方法创新研究，致力于多学科联合开展有色金属资源前沿探索与应用研究，保持与提升在中南大学"地质、采矿、选矿、冶金、材料"特色与优势学科链中的地位和作用，已发展成为基础坚实、实力雄厚、特色鲜明、国际知名、国内一流的以有色金属资源为主兼顾油气、岩土、地灾、环境领域的人才培养基地和科学研究中心。

　　中南大学有色金属成矿预测与地质环境监测教育部重点实验室、有色资源与地质灾害探查湖南省重点实验室，联合资助出版"中南大学地球科学学术文库"，旨在集中反映中南大学地球科学与信息物理学院近年来取得的系列研究成果。所依托的主要研究机构包括：中南大学地质调查研究院、中南大学资源勘查与环境地质研究院和中南大学长沙大地构造研究所。

本书库内容主要涵盖：继承和发展地洼学说与陆内活化成矿学理论所取得的重要研究进展，开发和应用双频激电仪、伪随机和广域电磁法系统所取得的重要研究成果，开拓和利用多元信息找矿预测与隐伏矿大比例尺定位预测所取得的重要找矿成果，探明和研发深部"第二勘查空间"成矿过程模拟与三维定量预测方法所取得的重要研究成果，预警和防治复杂地质工程与矿山地质灾害所取得的重要技术成果。本书库中提出了有色金属资源勘查理论、方法、技术和装备一体化的系统研究成果，展示了多项突破性、范例式、可推广的找矿勘查实例。本书库对于有色金属资源预测、地质矿产勘探、地质环境监测、地质灾害探查以及地质工程预防，特别对于有色金属深部资源从形成规律到分布规律理论与应用研究，具有重要的借鉴作用和参考价值。

感谢中南大学出版社为策划和出版该文库所给予的大力支持。感谢何继善先生热情指导和题词。希望广大读者对本书库专著中存在的不足和错误提出宝贵的意见，使"中南大学地球科学学术文库"更加完善。

是为序。

2016 年 10 月

# 前言

Foreword

湖南省稀有金属矿产资源丰富,特别是湘东北地区花岗伟晶岩中以富含铌钽、铍、锂而闻名,稀有金属矿产目前已成为国家发展的战略性资源以及新兴产业发展必需的能源金属矿产,其地位日益重要。

随着科技的高速发展,全世界开始智能化制造革命,首先在德国提出了"工业制造4.0"计划。我国国务院总理李克强根据国情签发了《中国制造2025》,全面部署了制造强国战略,而稀有金属作为"电子金属""能源金属"在智能化升级中地位十分重要。因其独特的物理、化学特性,稀有、稀土、稀散(简称三稀)矿产资源在工业应用中显示出广阔前景,更由于其在"转方式调结构,提高国际竞争力"中的独特地位而备受关注;同时,三稀金属在当前及今后培育发展新一代信息技术、节能环保、高端装备制造、新材料、新能源汽车等战略性新兴产业中提供所需的功能材料和结构材料;在新型环保产业中也扮演着重要角色。

自2011年始,以中国地质科学院矿产资源研究所王登红研究员主持的"我国三稀金属资源战略调查"项目实施以来,在新疆、四川、福建、湖南等省多处发现了伟晶岩型稀有金属矿产,特别是四川甲基卡超大型伟晶岩型锂矿床的发现,为国家新能源建设提供大量的储备资源;2017年科技部部署了"深地资源勘查开采"重点专项,其中"稀土、稀有和稀散矿产资源基地深部探测技术示范"项目的宗旨是提交一批深地资源战略储备基地,支撑扩展"深地"资源空间。

作者很荣幸承担(参与)了中国地质调查局的"湖南三稀资源综合研究与调查评价"项目,"湖南重点矿集区稀有金属调查评价"项目,科技部的"深地资源勘查开采"专项下"南岭地区花岗岩型铌钽锂矿床深部勘查示范"专题项目，湖南省科技厅的"湖南连云山地区伟晶岩矿床成因机制及对造山过程示踪作用"自然科学基金项目，湖南地矿局的"湖南省稀有稀散矿产成矿地质背景及找矿方向研究"科研项目和博士后研究课题等一系列稀有金属研究项目。本书在上述科研项目支撑下，重点对湘东北地区伟晶岩型铌钽、锂、铍等稀有金属矿产资源进行了系统研究。本书内容主要涉及湘东北幕阜山－连云山矿集区区域地质背景及地质概况，构造－岩浆演化历史及成岩成矿过程，伟晶岩型稀有金属矿床地质特征及成矿作用。重点开展了传梓源伟晶岩型铌钽锂矿床、仁里伟晶岩型钽铌矿床、白沙窝铍锂铌钽矿床的地质特征、年代学、流体包裹体、稳定同位素等地球化学研究，分析了伟晶岩成岩、成矿时代、地球化学特征、成矿流体及 H－O 同位素特征，系统总结了区内伟晶岩型稀有金属矿床成因及成矿机制、区域成矿规律和找矿标志，为国家战略资源储备找矿勘查提供技术服务。

通过详细的地质调查及实验研究，项目团队取得了一定的成果及初步的认识：

(1)开展了湘东北地区系统的伟晶岩矿床野外地质调查。查明了幕阜山地区和连云山地区伟晶岩岩性的空间变化特征，发现稀有金属矿床成矿元素在空间上具有明显的规律变化。表现为在岩体中以铍矿为主，在岩体接触带及附近 3 km 内以铌钽矿为主，在远离岩体 3～5 km 以锂矿为主，在离岩体更远的 5～10 km 以热液脉型铍矿为主，形成了一个以岩体为中心，稀有金属元素随温度降低呈现出规律性的空间分带特征。

(2)开展了白沙窝岩体和白沙窝铍锂铌钽矿床年代学工作，获得了白沙窝二云母二长花岗岩成岩年龄为 147 Ma，与连云山二云母二长花岗岩(145 Ma)相近，伟晶岩矿床成矿年龄为 140 Ma，略晚于花岗岩成岩时代。岩体的 Hf、Nd 同位素和伟晶岩中辉钼矿 Re－Os 同位素研究表明成岩、成矿物质由地壳物质部分熔融而成，伟晶岩成矿作用与二云母二长花岗岩关系密切。

(3)开展了湘东北地区伟晶岩型稀有金属矿床岩石地球化学工作，分析了伟晶岩主量元素具有高 $SiO_2$、高 $Al_2O_3$，低 FeO 和 $Fe_2O_3$ 的特征，岩石为过铝质岩；微量元素具有 Rb、Th、U、K、Ta、Nb 明显富集，而 Ba、Sr、Ti 均强烈亏损的特征；总稀土

ΣREEs 具含量较低，轻重稀土分异作用不明显，δEu 的负异常不明显的特征。

（4）开展了湘东北地区伟晶岩稀有金属矿床流体包裹体显微温度、包裹体成分及 H－O 同位素测量工作。分析了仁里矿床、传梓源矿床、白沙窝上石矿段成矿流体为简单 NaCl－$H_2O$ 体系；白沙窝分带伟晶岩在 I 带到 V 带流体从边缘带简单的 NaCl－$H_2O$ 体系逐渐演化为核部带的 NaCl－$H_2O$－$CH_4$－$CO_2$ 的复杂体系。H－O 同位素和包裹体气相－液相成分研究表明成矿流体源自岩浆水，在伟晶岩演化过程中不断有大气降水混入。白沙窝分带伟晶岩 I 带、$II_1$ 带、$II_2$ 带为高温、低盐度流体，III 带、IV 带、V 带为中温、低盐度流体。并且从 I 带到 V 带流体温度表现为由高到低变化的特征；上石矿段细粒伟晶岩为高温、低盐度流体，细－中粒伟晶岩和交代伟晶岩为中温、低盐度流体。从细粒伟晶岩到交代伟晶岩流体温度依次降低；仁里矿床和传梓源矿床钠长石伟晶岩的流体具有中等温度、低盐度的特征，流体演化到后期或锂辉石伟晶岩阶段成矿流体具有中－低温度、低盐度的特征。

（5）总结了湘东北地区伟晶岩稀有金属矿床成矿作用。白沙窝分带伟晶岩主量元素 $K_2O$、$Na_2O$ 含量在各带演化过程中出现明显升高或降低的变化特征，岩浆不混溶作用导致了 Na 与 K 的分离，表现为 I 带、$II_1$ 带和 $II_2$ 带富集 Na，并促进了 Be 的富集成矿作用；III 带明显富集 K，富 K 伟晶岩的形成造成了 Rb 沉淀成矿作用，随着成矿演化到最后，岩浆残余物结晶形成富白云母－铌钽矿带（V 带）。流体包裹体研究表明白沙窝分带伟晶岩结晶分异作用受温度控制，岩浆结晶过程中流体体系温度逐渐降低，F－稀有金属络合物在温度变化过程中发生水解，铌、钽元素等相继沉淀成矿。上石、仁里和传梓源矿床主成矿阶成矿流体均以中温流体为主，表明中温条件有利于铌钽矿沉淀结晶；成矿流体演化到晚期存在热液交代叠加作用，形成细脉状石英脉－铌钽矿，使稀有金属进一步富集。

（6）本书根据湘东北地区伟晶岩型稀有金属矿床的地质特征、岩石地球化学和成矿流体演化特征总结了矿床成矿作用并建立了相应的成矿模式。研究表明伟晶岩形成于后碰撞构造环境，存在规模大小不一的构造虚脱空间，为伟晶岩浆的侵入、结晶演化和成矿物质运移提供了空间。白沙窝分带伟晶岩形成具相对封闭的外部环境，形成不同矿物组合的结构分带，岩浆的不混溶作用最终导致富铌钽矿体在核部成矿；上石、仁里和传梓源伟晶岩沿片岩地层层间裂隙充填，处于相对开放的、过冷的环境，形成了不具分带且颗粒较细的含矿伟晶岩脉，含铌钽、铍等成矿流体向上运移过程中沿北西向次级断裂充填结晶形成伟晶岩型稀有金属矿体。

本研究得到科技部、中国地质调查局、湖南省自然科学基金等的资助，室内工作得到中国地质科学院矿产资源研究所实验室的大力支持。本书的出版得到中南大学出版社的支持。在此一并表示诚挚的谢意。

本书为博士后期间研究成果，许多内容目前正在深入研究之中，由于作者研究水平有限，书中难免存在不足和纰漏，恳请读者批评指正。

文春华

2019 年 4 月

# 目录 /
Contents

# 第 1 章 绪 论

## 1.1 稀有金属矿产的战略重要性

花岗伟晶岩以富含稀有金属以及宝石而闻名，稀有金属矿产目前已成为国家发展的战略性资源以及新兴产业发展必需的能源金属矿产（王登红等，2016a，b），其地位日益变得重要。花岗伟晶岩是分布最广泛、最具有经济价值和研究价值的伟晶岩。该类型伟晶岩对于 Li、Be、Rb、Cs、Nb、Ta、Zr、Hf 等稀有金属元素以及长石、石英等非金属矿产具有极其重要的意义。

### 1.1.1 锂在新兴产业的应用

由于锂具备了质量轻，质地软，比热大，负电位高等的一系列优良特性，广泛应用于空调、医药、农业、电子技术、纺织以及金属的焊接和脱气等领域。由于近几年在新能源领域的应用，锂被誉为"21 世纪的能源金属"。

使锂真正成为举世瞩目的金属，是发现其优异的核性能之后。由于在原子能工业上的独特性能，人们称它为"高能金属"（王瑞江等，2015）。

锂电池以重量轻、体积小、寿命长、性能好和无污染等优点而备受青睐，在电池领域的应用快速增长。用锂电池制造新能源汽车，是解决汽车的用油危机和排气污染的重要途径之一。

### 1.1.2 铌钽在新兴产业的应用

铌钽具有熔点高、延性好、蒸汽压低、耐蚀性强和热导率高等优良特性，是电子、原子能、宇航、钢铁等工业的重要原料。钽被称为"贵族金属"。

铌具有细化钢中晶粒的能力。主要用作合金钢的添加剂、超导材料、高温合金、氧化物单晶、陶瓷电容器等。

金属钽可作飞机发动机的燃烧室的结构材料。钽钨、钽钨铪、钽铪合金用作火箭、导弹和喷气发动机的耐热高强材料以控制和调节装备的零件等。

当前钽铌新材料应用相关的高新技术产业领域包括电子、精密陶瓷和精密玻璃工业、宇航及电子能工业、超导工业。大量用于国防、航空、电子计算机等领域。

### 1.1.3 铍在新兴产业的应用

铍被认为是一种"战略性、关键性的材料",特别是对于核武器和防护产品的生产,是一种"对战争具有转折性意义的基础物质"。铍与铜组成一系列合金的强度为其他铜合金的两倍,并保持高的热导率和高电导率。铍铜合金是世界铍消费的主要形式,因而用途极广。铍青铜的弹性极好,可谓"百折不挠",用铍青铜制成的弹簧可以压缩几亿次以上,用作弹性材料,如导电弹力元件和弹敏元件等。铍青铜的耐磨性极好,在计算机及许多民航客机中,多用铍青铜制造轴承。在美国 75% 的铍均以 Be-Cu 合金材料用于制作汽车、航天器以及计算机的弹簧、连接器和开关(王瑞江等,2015)。

### 1.1.4 铷、铯在新兴产业的应用

铷、铯除在军工部门和科学技术领域外,也广泛应用在民用领域,由于铷和铯具有优异的光电性能,被称为"长眼睛"的金属。

铷和铯具有良好的导电、导热性,是制造光电管、光电池的最好材料,光线超强,光电流越大。目前发达国家铷和铯的应用主要集中在高科技领域,80% 用于开发高新技术,特别是铷在新能量转换中的应用有着光明的前景,引起了世界能源界的注目(王瑞江等,2015)。用铷制作的热电换能器,如与原子反应堆联用,在反应堆的内部可实现热离子热核发电(李静萍,2005;廖元双,2012)。

## 1.2 伟晶岩研究现状

伟晶岩是一种由粗粒至巨粒矿物晶体组成的岩石,通常以脉状形式产出,所以常被称为伟晶岩脉,依矿物组成和化学成分,可分为花岗质和非花岗质两种。花岗伟晶岩是最常见,也是最具经济意义和研究价值的一类伟晶岩,花岗伟晶岩是稀有金属之家和宝石之库(Linnen et al., 2012)。长久以来作为矿床学、地球化学学家的研究对象,亦是探索新成矿理论的重要窗口。花岗伟晶岩的分布范围很广,在各大洲均有产出,著名的花岗伟晶岩产地有加拿大的曼尼托巴(Manitoba)(Černý, 1991a)和 Tanco 伟晶岩铌钽矿床(Lichterveled et al., 2007)、美国黑山(Black Hills)(Shearer et al., 1992)、南美洲三大伟晶岩省(阿根廷的 Sierra Pampeans、巴西 Borborem 和巴西东部伟晶岩省)、澳大利亚西部的格林布希斯(Greenbushes)(Partington et al., 1995)和 Wodgina 钽矿床(Sweetapple et al., 2002;Fetherston, 2004;Selway et al., 2005),以及我国新疆阿尔泰地区可可托海伟晶岩钽矿床(朱金初等,2000;冷成彪等,2007)、四川甲基卡锂铌钽矿床(梁斌等,2016;李建康,2006;刘丽君等,2016)、福建南平地区铌钽矿床(杨岳清等,

1987），湘东北地区铌钽矿床（文春华等，2015，2016；刘翔等，2018）。

花岗伟晶岩从太古代到新生代均有产出，最古老的花岗伟晶岩产于斯威斯兰卡普瓦尔克拉通（Kaapvaal craton）的 Barberton 绿岩带，伟晶岩形成时代约在 3.1 Ga。以往国内外学者分别从地质学、矿物学、地球化学、年代学及经济地质学等方面，对世界各地的花岗伟晶岩进行了较为深入的研究，并提出了关于伟晶岩地球化学演化及矿床成因的许多新认识（Černý，1985，1991a；London，1986，1992，2009；邹天人等，1975，1986；卢焕章，2011）；利用高温高压技术手段，对伟晶岩内部的结构构造和稀有金属矿物成因展开了详细的探讨，在伟晶岩地球化学演化及矿床成因方面获得了许多重要的成果（London，2008）。

## 1.2.1 伟晶岩类型

在国内，伟晶岩主要从矿物学特征进行分类。邹天人等（1975）根据云母是稀有金属元素主要载体，把伟晶岩分为黑云母伟晶岩（REE – Nb – U – Th – Zr 矿）、二云母伟晶岩（Be 矿）、白云母伟晶岩（Be – Nb – Ta – Hf 及 Li – Rb – Cs – Be – Nb – Ta – Hf 矿）和锂云母伟晶岩（Li – Rb – Cs – Ta – Hf 矿）。

国外研究者总结了伟晶岩地球化学特征，从伟晶岩中元素分布的差异性进行分类。Černý（1991a）把稀有金属伟晶岩分为三种：LCT（Li – Cs – Ta）型、NYF（Nb – Y – F）型、LCT 与 NYF 混合型。LCT 型的主要富集元素为 Li、Cs、Nb < Ta、B、P、F；NYF 型的主要富集元素为 Nb > Ta、Y、REE、Ti、Zr、Be、Th、U、F；LCT 与 NYF 混合型伟晶岩中 Nb 和 Ta 的含量相当。NYF 型常与贫铝 – 准铝、贫石英的 A 型花岗岩及正长岩有关；LCT 型伟晶岩为花岗质伟晶岩，与过铝、富石英的 S 型花岗岩关系密切（Černý et al.，1989b）。

稀有金属伟晶岩通常具有明显的空间分带特征，如阿尔泰可可托海 3 号伟晶岩脉（朱金初等，2000）。在稀有金属伟晶岩中，钽（铌）矿主要集中在富钠长石伟晶岩带，常与富锂的矿物紧密共生（Černý，1991b；Mulja et al.，1996；Linnen，1998）。

## 1.2.2 伟晶岩的成因

花岗伟晶岩的成因模式目前主要有三种：结晶分异模式、液态不混溶模式和热液交代模式。

结晶分异模式：邹天人等（1984，1985，1986）认为花岗岩浆分离出的伟晶岩熔体沿构造裂隙向外运移过程中发生结晶分异作用形成伟晶岩；Evensen 等（2002），London 等（2003）认为随着早期晶体的析出，不相容性较强的挥发性组分和稀有金属逐渐在残余熔体中富集，直至熔体最后结晶并充填成脉；Shearer 等（1992）认为岩浆连续结晶分异形成较宽的花岗岩 – 伟晶岩带，分异程度较低的岩浆结晶成黑云母花岗岩，分异程度较高的岩浆则形成富稀有金属的伟晶岩；Dingwell 等(1985)认为 F 可以降低熔体的黏度，结晶分异作用就能使 Nb、Ta 等在残余熔体中逐渐富集成矿。

液态不混溶模式：富 F 花岗岩浆液态不混溶是许多伟晶岩形成的重要机制。这种花岗质熔体间的不混溶作用多以富 F 为特征，多伴随 Li 等稀有金属矿化，有些学者也称之为富 Li – F 花岗岩浆液态不混溶作用(王联魁等，2000；Davison et al.，2005，2006；Harris et al.，2003，2004；Kamenetsky et al.，2004，2006)。花岗岩浆液态不混溶作用对 Na、K 分离现象可以解释这种特征，由于 Na 较 K 更加亲和于富 F 熔体(Glyuk et al.，1986；Gramenitskiy et al.，1994)，Na 富集于富 F 等助熔剂的熔体中，K 则富集于硅酸盐熔体中；而且，F 等助熔剂使钠长石的结晶场远远低于钾长石，使 Na 能够迁移较长的距离，从而使伟晶岩产生分带现象。如加拿大 Tanco 伟晶岩中，钠长石细晶岩与块状石英间的截然界面属于花岗岩浆液态不混溶作用的产物(London，1992)。

热液交代模式：有些稀有金属矿床中，常见到矿物交代和蚀变现象，被认为稀有金属成矿过程与热液交代作用有关(Kempe et al.，1999；Salvi et al.，2006)。这种热液一般为花岗质岩浆分异晚期的热液流体，通常富 F、Na 等元素，交代早期结晶的矿物，形成了具有经济价值的稀有金属矿床。如 Pollard(1989)认为钠长石化蚀变主要是 Na⁺、K⁺、H⁺ 等离子在碱性长石与热液流体之间的交换反应。

## 1.2.3 伟晶岩形成的大地构造背景

稀有金属伟晶岩的形成多受到构造环境的约束，如唐连江(1980)认为全球的稀有金属伟晶岩受控于古裂谷；Partington(1990)和 Černý(1985)认为前寒武纪数量少但规模大的稀有金属伟晶岩矿床受到构造控制；Černý(1991a)认为全球伟晶岩形成于地质历史的构造 – 岩浆循环中，一般与造山过程有关。伟晶岩型矿床一般产于造山晚期、造山期后大陆演化的稳定阶段(王登红等，2004)。利用这种规律，通过对伟晶岩矿床的精确定年和成岩成矿条件的研究，可以从横向的时间尺度和纵向的空间尺度示踪造山带的形成过程，从而为追溯大陆演化提供依据。成矿伟晶岩的研究有助于认识造山过程中成矿物质及流体的活动规律(Echtler et al.，1990；Maluski et al.，1991；Hanson，1997)。而且，伟晶岩矿床集成了物质的组成、流体性质与成分、热演化历史、成岩成矿物理条件及构造环境乃至地球深部排气等多方面的信息(Chakoumakos et al.，1990)，这是利用伟晶岩矿床示踪大陆演化的特殊优势。如 Predrosa(2000)等通过伟晶岩矿床来研究大西洋开合的历史；Galetskiy(2000)和 Mints(2000)分别根据伟晶岩矿床信息演绎了乌克兰地区和东欧地区的演化历史，Breaks(1992)等认为北美苏必利尔伟晶岩省经历了 5 个演化阶段；Murphy(1998)等认为加拿大新斯科舍(Nova Scotia)的伟晶岩形成于造山之后。

Mccauley 等(2014)统计了全球 377 个花岗伟晶岩矿床的高精度年代学数据。蔡大为(2018)结合 Mccauley 等(2014)的数据及 Nance 等(2014)关于超级大陆形成与演化的数据,得出伟晶岩数量峰值与超级大陆演化具有耦合关系。

众多学者研究认为伟晶岩一般产于造山晚期或造山期后。Lawlor 等(1999)认为,墨西哥东部 Agua Salada 地区的 1395 号伟晶岩脉(988 ± 3 Ma)形成于 Grenville 造山运动晚期;Deschambault 伟晶岩(1766 ± 5 Ma)于 Trans - Hudson 造山运动末期侵入加拿大 Glennie 地区(Symons et al.,2000);苏格兰 Loch Duich 地区的 00 - A42 号伟晶岩(437 ± 6 Ma)形成于加里东造山运动末期(Storey et al.,2004);王登红等(1998,2001,2002)对我国新疆阿尔泰地区伟晶岩与中亚造山过程的关系进行了大量研究,建立了成矿谱系并初步揭示了不同类型伟晶岩矿床与造山过程之间的耦合关系;李建康(2006)证实了川西地区可尔因、甲基卡和丹巴等伟晶岩矿床受松潘 - 甘孜造山带的控制。

# 1.3 湘东北伟晶岩型稀有金属矿床研究目的及意义

## 1.3.1 湘东北伟晶岩型稀有金属矿床研究现状

华夏地块和扬子地块在中元古代晚期 - 新元古代早期发生碰撞、拼合而形成华南板块(Jahn et al.,1990;Chen et al.,1991;Chen and Jahn,1998;Zhao and Cawood,1999;Li et al.,2002;Zhang and Zheng,2013;Charvet,2013);在华南板块形成之后,经历了至少 3 次主要的构造 - 热事件,即加里东期构造运动、印支期构造运动和燕山期构造运动(Faure et al.,2009;Charvet et al.,2010;Li et al.,2010;Li et al.,2011)。华南板块在这 3 次构造 - 热事件中发育了大量的火成岩(尤其是花岗岩)(Zhou et al.,2006;Li et al.,2007a,2010;Wang et al.,2007,2011;Zhang et al.,2012)。中生代花岗岩是华南花岗岩的重要组成部分,并广泛分布于华南板块。湖南省位于华南板块中部,上述的构造 - 岩浆演化活动在湖南省广泛发育。

湘东北地区位于扬子板块东南部位,它记录了华夏地块和扬子地块碰撞以来所有地质演化事件。虽然在湖南省分布着大量不同类型的花岗岩,但湘东北是唯一一处伟晶岩出露面积广、分布数量多的伟晶岩产区。湘东北地区在 20 世纪 60 年代开展 1:20 万区域地质矿产调查时,在幕阜山岩体及周边发现了成千上万条花岗伟晶岩脉,并发现了含锂、铌钽矿伟晶岩,以传梓源富含稀有金属 Li、Nb、Ta 而出名。之后几十年内湘东北地区在花岗伟晶岩找矿再无大的进展和突破。在近几年新的成矿理论指导下,湘东北地区在花岗伟晶岩型稀有金属矿产找矿勘查实现了重大突破,湖南省地质调查院从 2012—2018 年对湘东北地区伟晶岩进行了详细的调查及研究,初步查清了该地区的伟晶岩地质特征,发现了白沙窝伟晶岩铍铌钽矿床,梅仙伟晶岩铌钽矿等。湖南省核工业局 311 地质大队发现了仁里大型伟晶岩钽矿床。因此,该地区是研究华南大陆构造演化及伟晶岩成矿作用的理想场所。

湘东北地区伟晶岩围绕幕阜山岩体及连云山岩体周边展布。早在 20 世纪 70年代湖南省地质矿产局在幕阜山地区开展了与稀有金属矿产有关的区域地质、矿产调查工作。其后高校和科研所人员开展了少量花岗岩和伟晶岩地质特征及成矿规律研究(湖南省地质矿产局,1987;谢文安等,1996;申志军等,2003;肖朝阳,2003);以及对幕阜山岩体的隆升和演化开展了初步研究(彭和求等,2004;邹慧娟等,2011;石红才等,2013);对传梓源矿区开展了地质调查工作及矿物岩石地球化学研究(湖南省地质局,1977;湖南省地质矿产局,1987;谢文安等,1996;申志军等,2003;肖朝阳,2003;李昌元等,2016;文春华等,2015,2016);对仁里矿床地质特征及成矿作用方面开展初步研究(周芳春等,2017;刘翔等,2018),对于幕阜山地区稀有金属成矿规律方面的研究也取得了一定成果(文春华,2017,李鹏等,2017,冷双梁等,2018)。

连云山矿集区内伟晶岩分布在连云山岩体裂隙及岩体东面外围地层中,伟晶岩型矿床主要有白沙窝伟晶岩型铌钽铍矿床,湖南省地质矿产局 402 地质队(1971)曾在矿区内开展了地质调查工作,确定上石矿区为一处伟晶岩型铍铌钽锂矿床。笔者于 2016—2018 年连云山矿集区开展稀有金属地质调查,发现了白沙窝伟晶岩型铌钽、铍、锂矿床,其中铍规模可达大型,并对伟晶岩开展了年代学、地球化学及成矿流体研究(文春华等,2018)。

## 1.3.2 存在的科学问题

湘东北地区处于扬子地块与华夏地块的碰撞会聚带(饶家荣等,1993),扬子地块与华夏地块之间的相互作用,导致了扬子东南缘强烈的构造岩浆活动,是目前争论最多也最激烈的地区之一,有碰撞造山模式(许靖华等,1987;Hsu et al.,1990);拉张俯冲作用和底侵作用模式(Faure et al.,1996;范小林,1991;Charvet et al.,1994;Zhou and Li,2000)。该地区经历了武陵运动、雪峰运动、加里东运动、印支运动、燕山运动及喜山运动等多期次构造运动,多期次、多体制的构造变形、变质事件。从早到晚,前寒武期的陆缘造山活动,加里东期的陆内造山活动再加上印支 – 燕山期以走滑为主的多形式造山运动的叠加改造,使湘东北地区经历了多期、多幕的以侧向增生为主(块体拼合)、垂向生长为辅(岩浆上侵)的地壳生长过程。

湘东北地区多次的构造运动,导致了多期次变质 – 地壳深熔作用,不仅在区域内分布着巨大的 S 型花岗岩,而且在湘东北地区分布数量较大的伟晶岩。但截至目前,下述几个科学问题还不清楚:①湘东北地区的伟晶岩形成时代,它们是一期还是多期构造运动的产物?湘东北地区不同类型伟晶岩是否为同一构造运动的产物?②湘东北地区伟晶岩与区内 S 型花岗岩是否存在成因关系?③为什么湖南省产出如此多的 S 型花岗岩,但稀有金属伟晶岩的产地局限于湘东北,是否暗示着湘东北地区的古老地壳具有与其他地块不同的性质?④湘东北地区目前发现的花岗伟晶岩型钽矿床品位是国内最富的,其矿床成因尚不清楚。针对上述问题,本书通过对湘东北不同类型伟晶岩脉的形成时代、成因及源区性质的研究,揭示该区伟晶岩成因,解剖伟晶岩成矿作用,为今后进一步认识湘东北地区稀有金属伟晶岩成矿系统提供新的科学依据。

### 1.3.3 研究目的及意义

虽然作者之前对湘东北地区传梓源矿床开展了一些地球化学研究工作,对仁里矿床、白沙窝矿床及上石矿床开展了一些野外地质调查工作,但是关于湘东北地区的花岗伟晶岩演化与稀有金属成矿作用相关研究还很缺乏。

湘东北地区稀有金属矿产资源潜力巨大,但其科学研究十分薄弱,伟晶岩的成因、大地构造动力学背景及成矿作用尚未查明。

本书选择湘东北地区伟晶岩脉为研究对象,在翔实的野外地质观察的基础上,从伟晶岩脉的地质特征入手,以同位素精确测年和地球化学研究为手段,重点查明该区伟晶岩脉的形成时代、源区性质、成因及其成矿作用。因此,本书对湘东北地区花岗伟晶岩演化与稀有金属成矿作用开展研究具有重要的意义。

# 1.4 研究内容及方法

## 1.4.1 研究内容

选择湘东北典型伟晶岩矿床及其周边的花岗岩为研究对象,开展细致的野外地质以及室内系统的地球化学研究,具体包括:

(1)野外地质研究

开展研究区伟晶岩脉系统的野外考察,查明该区伟晶岩脉的分布规律和产状特征;大致确定伟晶岩类型;通过野外穿插关系和已有的年代学结果,初步限定伟晶岩脉的形成时代;在此基础上,系统地采集有代表性的新鲜样品,供室内研究。

(2)年代学研究

准确厘定伟晶岩脉的成岩、成矿时代,是解决伟晶岩脉成因及构造背景关键因素之一。开展锆石 U-Pb 定年和辉钼矿 Re-Os 定年,精确限定研究区内伟晶岩脉的侵位时代和成矿时代,分析对比不同类型伟晶岩脉形成时代的异同,准确查明湘东北伟晶岩的形成时限。同时,开展伟晶岩周边花岗岩锆石 U-Pb 定年工作,为论证花岗岩和伟晶岩之间的成因联系提供依据。

(3)地球化学研究

开展伟晶岩及其有关花岗岩体中锆石 Lu-Hf 同位素研究,揭示伟晶岩脉的成因和源区性质。开展伟晶岩和花岗岩岩石主量元素、微量元素及稀土元素分析实验,查明伟晶岩的性质和伟晶岩的成因,进而探讨伟晶岩演化与稀有金属矿形成机制。

(4)流体包裹体研究

对研究区内伟晶岩样品开展单个流体包裹体显微测温、包裹体气相和液相成分分析及包裹体 H-O 同位素实验,分析伟晶岩的成矿流体来源、流体的性质及流体演化过程与稀有金属成矿的关系,探讨伟晶岩中成矿流体来源及矿床成矿作用。

(5)综合分析

综合上述研究内容,在深度剖析湘东北伟晶岩成岩、成矿时代的基础上,分析湘东北地区花岗伟晶岩的成矿作用过程和成矿机理,以及中生代岩浆作用与稀有金属成矿的关系,总结区内花岗伟晶岩型稀有金属矿的成因,建立湘东北伟晶岩型稀有金属矿的成矿模式和找矿标志。

## 1.4.2　研究方法

(1)资料收集

全面收集研究区已有的区域地质资料。同时,收集国内外与花岗伟晶岩型稀有金属矿床、湘东北地区岩浆活动等有关的文献资料,了解区域上以及湘东北地区在燕山期岩浆活动及其成矿作用的最新研究动态和发展趋势。

(2)野外观察和采样

考察研究区的区域构造,伟晶岩的规模、产状、与围岩的接触关系,分析区域构造演化对岩浆岩和伟晶岩的控制作用;通过野外观察研究三个矿床的伟晶岩脉各自不同的特征,选择代表性剖面采集岩(矿)石样品。如仁里矿床伟晶岩主要为斜长石伟晶岩脉和含矿钠长石伟晶岩脉,传梓源矿床主要为斜长石伟晶岩脉、钠长石伟晶岩脉和钠长石-锂辉石伟晶岩脉,白沙窝矿床主要为斜长石伟晶岩脉、钠长石伟晶岩脉,对这三个矿床应沿走向及倾向均系统采集样品,以分析伟晶岩在走向和倾向地球化学特征变化;白沙窝矿床伟晶岩脉中见岩性分带,边缘带为细晶岩,中间带为长石-石英-白云母组合,核部带由块体长石、块体石英和石英-白云母组成,对不同带在剖面上从中心到边缘分别采集。

（3）样品的选择和实验方法

①锆石 U－Pb 定年和辉钼矿 Re－Os 定年

对湘东北地区的花岗岩开展锆石 U－Pb 定年和伟晶岩辉钼矿 Re－Os 定年，以明确伟晶岩成岩、成矿时代是否存在差异。从湘东北地区花岗岩中挑选透明、无裂纹、晶形较好、粒径较大的锆石样品颗粒，并通过显微镜结合阴极发光（CL）显示锆石内部特征。

锆石 U－Pb 定年在中国科学院地球化学研究所完成，辉钼矿 Re－Os 定年在中国地质科学院矿产资源研究所完成。

②岩石学和矿物学研究

通过手标本和镜下观察以及电子探针能谱分析明确各种类型的岩石/矿石的矿物组合特征，伟晶岩中硅酸盐矿物及稀有金属矿物氧化物百分含量及其变化趋势；岩石/矿石的结构构造，各种矿物的自形程度及相互关系；样品是否新鲜及所受到的蚀变程度等。

③主量元素、微量元素组成研究

分析各类伟晶岩的主量/微量元素含量及变化趋势，归纳样品全岩主量元素含量，并结合伟晶岩中主量、微量元素各自不同的特点，进而探讨伟晶岩分带演化过程以及伟晶岩演化的差异性与稀有金属成矿作用。

岩石的主量元素含量和微量元素（包括稀土元素）分析在中国地质科学院国家测试中心实验室分别用 X 射线荧光光谱仪（XRF）和 ICP－MS 测定。

④流体包裹体研究

分析各类伟晶岩的单个流体包裹体温度、盐度、密度、压力等参数，分析对比不同阶段伟晶岩成矿流体演化特征；通过 H－O 同位素分析探讨成矿流体的来源；流体包裹体气相－液相成分分析成矿流体的性质。综合流体包裹体数据探讨伟晶岩流体演化与成矿作用。

流体包裹体分析在中国地质科学院矿产资源研究所流体包裹体实验室采用 Linkam THMSG 600 型显微冷热台测定，H－O 同位素分析在中国地质科学院矿产资源研究完成。

## 1.4.3　完成的主要工作量

根据项目研究的内容，完成的主要工作量如表 1－1 所示。

表 1-1　课题完成的主要工作量

| 工作内容 | 单位 | 数量 | 完成单位 |
|---|---|---|---|
| 野外考察 | 天 | 100 | 湖南省地质调查院 |
| 样品采集 | 件 | 120 | 湖南省地质调查院 |
| 薄片 | 件 | 30 | 廊坊尚艺岩矿检测有限公司 |
| 包裹体片 | 件 | 20 | 廊坊尚艺岩矿检测有限公司 |
| 花岗岩主、微量元素分析 | 件 | 10 | 中国地质科学院国家测试中心 |
| 伟晶岩主、微量元素分析 | 件 | 20 | 中国地质科学院国家测试中心 |
| 锆石挑选并制靶 | 靶 | 3 | 廊坊尚艺岩矿检测有限公司 |
| 石英、长石单矿物挑选 | 件 | 16 | 廊坊尚艺岩矿检测有限公司 |
| 锆石 U-Pb 定年 | 点 | 48 | 中国科学院地球化学研究所 |
| 辉钼矿 Re-Os 定年 | 件 | 1 | 中国地质科学院矿产资源研究所 |
| 锆石 Lu-Hf 同位素分析 | 点 | 14 | 中国科学院地球化学研究所 |
| H-O 同位素分析 | 件 | 16 | 中国地质科学院矿产资源研究所 |
| 包裹体测温 | 件 | 20 | 中国地质科学院矿产资源研究所 |

# 1.5　取得的成果及认识

（1）系统总结了湘东北地区伟晶岩矿床地质特征，归纳出稀有金属矿床在空间上呈现成矿元素分带变化特征，总体表现为岩体范围内为铍矿为主，在岩体接触带及附近 3 km 内为铌钽矿，远离岩体 3~5 km 则以锂矿为主，离岩体更远 5~10 km 以热液脉型铍矿为主的演化特征。

（2）首次开展了连云山地区白沙窝岩体和白沙窝铍铌钽矿床成岩、成矿年代学研究，并总结湘东北地区燕山期岩体年龄和伟晶岩成矿年龄数据。分析认为湘东北地区伟晶岩矿床成矿年龄为 127~140 Ma，与区内二云母二长花岗岩成岩年龄 131~140 Ma 相近且稍晚于岩体结晶年龄。岩体的 Hf 同位素及 Nd 同位素和伟晶岩中辉钼矿 Re-Os 同位素研究表明成岩、成矿物质由地壳物质部分熔融而成，反映出伟晶岩成矿作用与二云母花岗岩密切相关。

（3）对湘东北地区伟晶岩开展了岩石地球化学研究。主量元素总体表现为高 $SiO_2$、高 $Al_2O_3$，低 FeO 和低 $Fe_2O_3$ 的特征，岩石为过铝质岩；微量元素总体具 Rb、Th、U、K、Ta、Nb 明显富集，而 Ba、Sr、Ti 均强烈亏损的特征；稀土元素总体表现为总稀土含量(ΣREEs)较低,且轻重稀土分异作用不明显,δEu 的负异常不明显的特征。

(4)首次开展了湘东北地区伟晶岩矿床成矿流体研究。H-O 同位素、包裹体气相-液相成分分析和激光拉曼分析认为成矿流体来自岩浆水,在伟晶岩不同的演化阶段逐渐有大气降水混入。流体包裹体测温研究表明白沙窝分带伟晶岩从Ⅰ带到Ⅴ带成矿流体由高温演化为中温,成矿作用与岩浆不混溶作用相关;上石矿段、仁里矿床和传梓源矿床段主成矿阶段流体具中等温度、低盐度的特征,成矿作用受温度降低变化控制,且在伟晶岩演化晚期出现流体交代作用。

(5)总结了湘东北地区伟晶岩矿床的成矿作用和成矿模式。研究表明伟晶岩形成于后碰撞构造背景,存在规模大小不一的构造虚脱空间,不仅有助于伟晶岩浆的运移和侵位,还为伟晶岩浆的结晶演化和成矿物质运移提供了空间。白沙窝分带伟晶岩形成具相对封闭的外部环境,伟晶岩浆的温度缓慢下降,使其发生充分的结晶分异作用,形成不同矿物组合的结构分带。化学封闭使得稀有金属元素和碱金属元素及挥发分在核部浓缩聚集,岩浆的不混溶作用最终导致富铌钽矿体在核部成矿;上石、仁里和传梓源伟晶岩沿片岩地层层间裂隙充填,处于相对开放的、过冷的环境,形成了不具分带且颗粒较细的含矿伟晶岩脉。并且深大断裂中的含铌钽、铍等成矿流体向上运移过程中,不断萃取地层中的铌、钽等元素,并在浅部北西西向次级断裂与北东向断裂交汇的部位沿先前形成的伟晶岩进行交代作用,进一步富集成矿。

# 第 2 章　区域地质特征

## 2.1　区域地层

### 2.1.1　湖南省地层演化序列

根据湖南省地层横向发育特征,尤其是古生界的变化情况,可大致将其分为湘北-湘西北区(扬子区)、湘中区和湘东南区(华夏区)3 个差异明显的地层区。湘北-湘西北区具有扬子区的特点,湘东南区是华夏区的一部分,湘中区以反映扬子陆缘特点为主,但自奥陶系开始华夏地层区岩相界线依次向北西超覆,据此又可分为雪峰山、湘中分区(图 2-1)。

湖南省地层在纵向上包括四个大的沉积发育阶段,仓溪岩群为一套火山-火山碎屑岩系,构成结晶基底。冷家溪群是一套厚度巨大的复理石沉积建造,显示了活动型地区特征,是湖南省地层沉积发育的第一个阶段;新元古界-下古生界构成了另一个沉积发育阶段,西北部转化成稳定区,接受断阶式大陆斜坡沉积,东南部为活动型地区沉积,自北往南由碳酸盐岩,硅、泥质岩为主逐渐变为砂、泥质岩为主,厚度由小变大;上古生界和三叠系中、下统,在全省范围内都表现稳定型地区沉积,是又一沉积发育阶段;中三叠世后发生的印支运动,使我省基本结束了长期的大规模的以海相沉积为主的历史,形成以星罗棋布的一系列陆相湖盆为主的沉积,构成了第四个沉积发育阶段(湖南省地质调查院,2017)。

### 2.1.2　湘东北地区地层特征

湘东北研究区位于钦杭成矿带湖南段北东端,在构造部位上为扬子与华夏两地块交接地带。区内分布地层有仓溪岩群、新元古界冷家溪群、南华系、震旦系、寒武系、奥陶系、志留系、白垩系、古近系及第四系等地层。主要以新元古界冷家溪群以及白垩系、古近系地层最为发育,其他地层零星分布(图 2-2)。

冷家溪群为本区基底岩石,分布广泛,厚度巨大,原岩以陆源碎屑浊积岩为主,夹有火山碎屑岩,经区域变质后形成一套浅变质的板岩、砂质板岩、凝灰质板岩及变质砂岩等,在岩体外接触带则形成环带状分布的片岩、千枚带。南华系、震旦系、寒武系、奥陶系和志留系地层分布于北部临湘市断陷坳地,呈东西

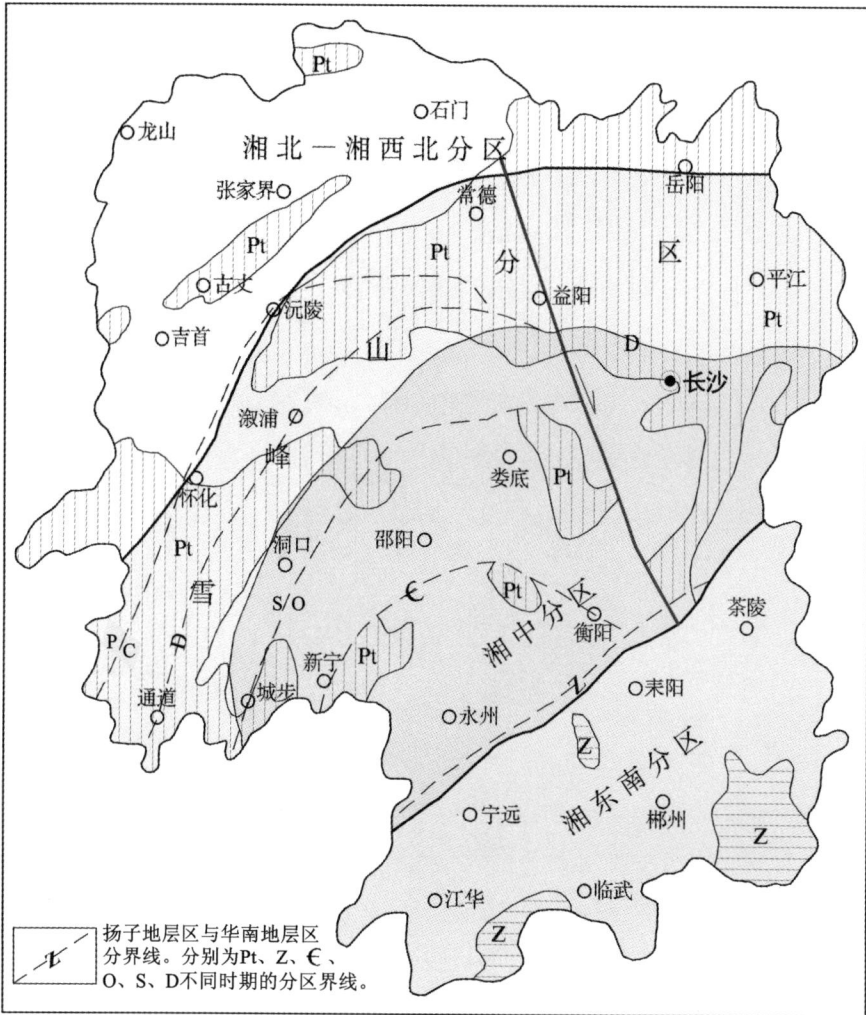

**图 2-1 湖南地层综合分区图**

（据湖南省地质调查院，2013）

向狭长带状分布，其次在西部新开铺镇和中部狭石洞等地出露，不整合于下伏冷家溪群地层之上。白垩系为一套内陆盆地红色砂砾岩建造，角度不整合于下伏地层之上。第四系主要分布在西部洞庭湖流域。

区内各地层划分及岩性特征详见表 2-1：

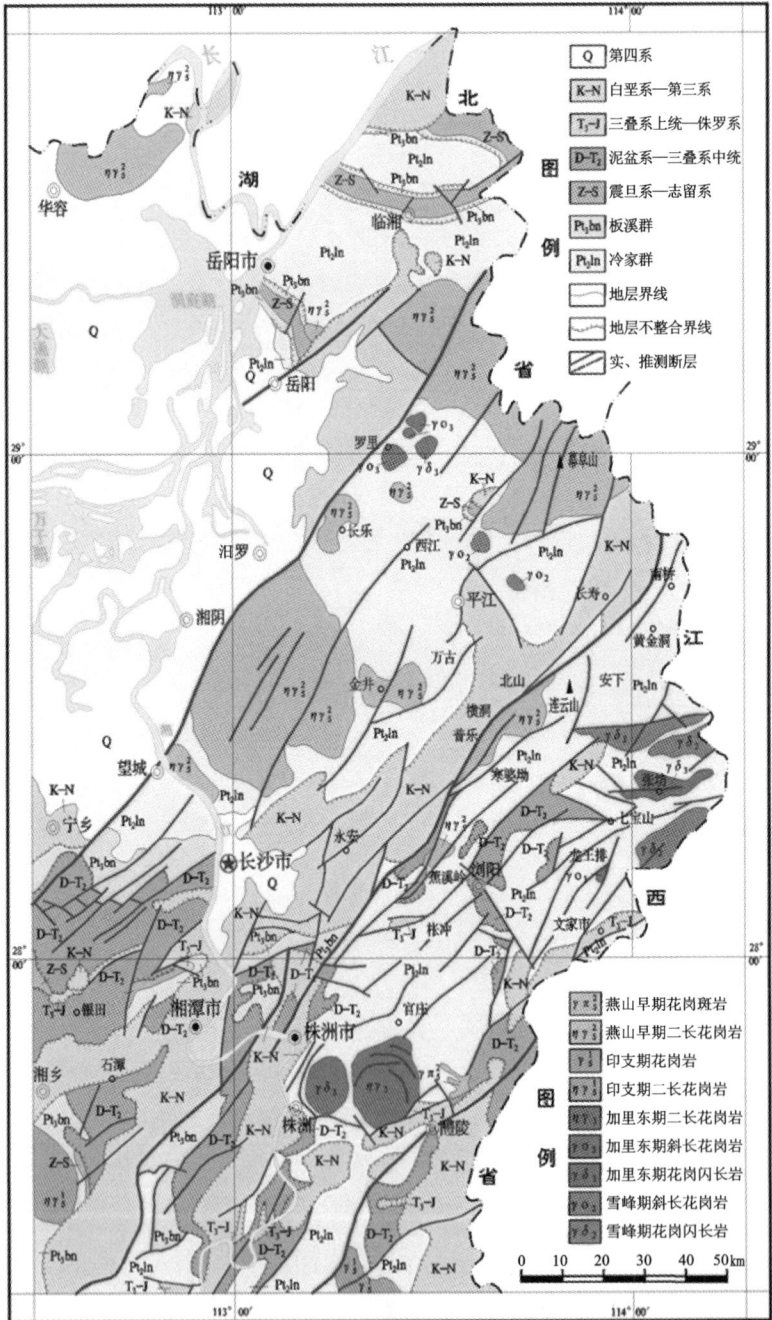

**图 2-2　湘东北地区区域地质图**

（据"湘东北地区地质找矿成果集成专题研究报告"，2013）

表 2 - 1　地层划分及岩性特征表

| 地层时代 | | | 岩石地层 | | | 代号 | 岩性及厚度 |
|---|---|---|---|---|---|---|---|
| 界 | 系 | 统 | 群 | 组 | 段 | | |
| 新生界 | 第四系 | 全新统 | | | | $Qh^{al}$ | 二元结构,下部砾石层;上部为黏土层,组厚 3 ~ 12 m 不等 |
| | | 中更新统 | | 马王堆组 | | $Qp_2mw$ | 二元结构清楚,下部褐黄 - 黄色砾石层、砂砾层。上部为黄红、黄色网纹状黏土、砂质黏土 |
| | | | | 白沙井组 | | $Qp_2b$ | 上段为砂质黏土;下段为灰黄色砾石层,夹含砾砂层,砂层 |
| | | | | 新开铺组 | | $Qpx^{al}$ | 上部为暗红色砂质黏土,网纹状砾石层;下部由棕黄、黄褐、棕红、灰黄色砾石层、砂砾层、含砾砂层组成 |
| | 古近系 | 始新统 | | 中村组 | | $E_2zc$ | 含砾长石英砂岩、杂砂岩、粉砂岩、含砾砂泥岩。厚度 >3276.4 m |
| | | 古新统 | | 百花亭组 | | $KEb$ | 红褐、黄褐、橘黄色块状砾岩、板岩、块状砾岩 - 底砾岩。上部灰白色块状花岗质砾岩,厚 3720.08 m |
| 中生界 | 白垩系 | 上统 | | 车江组 | | $K_2c$ | 为一套紫红色中 - 厚层状中 - 细粒钙泥质砂岩及含长石石英砂岩夹少量钙质粉砂岩及砂质泥岩,下部及近顶部夹少量薄层状透镜状砾岩,厚 703 m |
| | | | | 戴家坪组 | | $K_2d$ | 下部紫红色钙质细砂岩夹钙质粉砂岩、粉砂岩及砂质泥岩、含少量介形类化石,厚 360 m。中部为紫红色粉砂质钙质泥岩、钙质泥岩及粉砂质泥灰岩,夹灰绿色钙质岩及少许薄层钙质粉砂岩,普遍产丰富的介形类化石,厚 700 m。上部为紫红色细 - 粗粒砂岩或钙泥质砂岩与粉砂岩、砂质泥岩、粉砂质泥岩互层,厚 250 m |
| | | | | 红花套组 | | $K_2h$ | 下部为紫红色薄 - 中层 - 厚层状细粒长石石英砂岩为主,夹石英粉砂岩,层间夹薄 - 微薄层状泥岩;发育清晰的水平层理构造。上部为紫红色薄 - 中层状细粒钙质长石石英砂岩夹粉砂质泥岩,钙质泥岩,厚 251.2 m |
| | | | | 罗镜滩组 | | $K_2l$ | 由砾岩、砂砾岩组成,厚 226.2 m |

**续表 2 - 1**

| 地层时代 | | | 岩石地层 | | | 代号 | 岩性及厚度 |
|---|---|---|---|---|---|---|---|
| 界 | 系 | 统 | 群 | 组 | 段 | | |
| 古生界 | 志留纪 | 下统 | | 新滩组 | | $S_1x$ | 灰黄色、黄灰色薄层粉砂质页岩、页岩,夹深灰色薄层泥质粉砂岩、泥质条带,厚 909.7 ~ 1315 m |
| | 奥陶系 | | | 龙马溪组 | | $OSl$ | 黑色碳质页岩、碳质硅质页岩、粉砂质页岩,厚 0.88 ~ 43 m |
| | | 上统 | | 宝塔组 | | $O_3b$ | 灰色中厚层龟裂纹灰岩,夹薄层泥灰岩,厚 43.5 m |
| | | 中统 | | 牯牛潭组 | | $O_2g$ | 灰绿、紫红色中厚层瘤状泥质泥晶灰岩,夹泥灰岩,厚 39.2 ~ 65 m |
| | | | | 大湾组 | | $O_2d$ | 紫红色、灰绿色中厚层状瘤状泥质泥晶灰岩,厚 60.0 ~ 75.5 m |
| | | 下统 | | 红花园组 | | $O_1h$ | 灰至灰白色厚层块灰岩,顶底为生物碎屑灰岩,厚 51.7 ~ 81.9 m |
| | | | | 桐梓组 | | $O_1t$ | 泥晶灰岩、生物碎屑灰岩,夹白云质灰岩、钙质页岩,厚 292.8 ~ 397.8 m |
| 古生界 | 寒武系 | 上统 | | 探溪组 | | $\in_3t$ | 灰色厚层块泥质灰岩、泥质条带灰岩、黑色泥灰岩,厚 398.7 m |
| | | 中统 | 污泥塘组 | 高台组 | | $\in_2g$ | 灰色白云岩、白云质泥灰岩、白云质泥质灰岩,厚 229.1 ~ 252.5 m |
| | | 下统 | | 清虚洞组 | 深灰色碳质板岩。纹层灰岩、泥质灰岩互层。厚 152.2 m | $\in_1q$ | 深灰色厚层粉晶灰岩、白云质灰岩、钙质粉砂质页岩,厚 133 ~ 155.3 m |
| | | | | 石牌组 | | $\in_1s$ | 灰黑色碳质页岩夹钙质页岩与透镜状灰岩,厚 103.9 m |
| | | | | 牛蹄塘组 | | $\in_1n$ | 灰色薄层状硅质岩、板状页岩夹砂质碳质板状页岩。局部夹透镜状灰岩,厚 84.7 ~ 581 m |

**续表 2 - 1**

| 地层时代 | | | 岩石地层 | | | 代号 | 岩性及厚度 |
|---|---|---|---|---|---|---|---|
| 界 | 系 | 统 | 群 | 组 | 段 | | |
| | 震旦系 | 上统 | | 留茶坡组 | | $Z_2l$ | 深灰色、黑色硅质碳质页岩、灰黑、灰白条带相间薄层硅质岩，厚71.2～226 m |
| | | 下统 | | 金家洞组 | | $Z_1j$ | 深灰、灰黑色硅化白云岩、白云岩，下部见黑色碳质页岩、板状页岩，厚46～107 m |
| | 南华系 | 上统 | | 南沱组 | | $Nh_2n$ | 深灰色、灰黑色含砾泥岩、层理不发育，砾石磨圆度差，分布稀少，厚32.7～90.3 m |
| 新元古界 | | | 冷家溪群 | 大药姑组 | 第三段 | $Pt_3d^3$ | 浅灰色、青灰色砂质板岩夹绢云母板岩、变质粉砂岩，局部条带发育，未见顶，底部见厚13.5 m浅灰绿色厚层状变质细粒石英砂岩，厚度>645 m |
| | | | | | 第二段 | $Pt_3d^2$ | 下部为浅灰色、青灰色厚层状变质粉砂岩、变质细砂岩、绢云母绿泥石板岩；上部为浅灰色、深灰色粉砂质绢云母板岩、条带状绢云母板岩、绢云母板岩，厚3969 m |
| | | | | | 第一段 | $Pt_3d^1$ | 灰色、灰绿色、黄褐色薄-中层状含粉砂质板岩、粉砂质板岩、砂质板岩夹变质砂岩。上部夹一层灰白色黏土质板岩。底部为一层黄褐色薄-中层状变质砂岩，厚2384 m |
| | | | | 小木坪组 | | $Pt_3x$ | 灰绿色薄-中层状板岩、条带状粉砂质板岩，凝灰质砂岩夹凝灰质板岩，厚1282 m |
| | | | | 黄浒洞组 | | $Pt_3h$ | 灰绿、灰色厚层-块状浅变质细砂岩夹粉砂岩与薄层状粉砂质板岩，厚1237 m |
| | | | | 雷神庙组 | | $Pt_3l$ | 灰绿色中-厚层凝灰质板岩、变沉凝灰岩、绢云母千枚岩夹粉砂质条带板岩，厚3764.3 m |
| | | | | 仓溪岩群 | | | 可分为两个特征差异明显的岩性组合，下部为一套低绿片岩相的陆源泥质岩系；其上是一套绿片岩相变质的火山碎屑岩与火山岩 |

## 2.1.3　湘东北地区地层元素丰度

目前尚缺乏湘东北地区各时代地层完整而系统的微量元素丰度资料，下面列出部分地区有关地层的微量元素丰度，并计算了地层中这些元素的富集系数，见表2-2(夏卫华等，1989)，由表2-2可以看出：

(1)湘东北不同时代地层中，Ta、Be、W、Sn和U五种元素的富集系数大于1，最高达13倍；

(2)前震旦系中多数元素有较大的富集；

（3）震旦系和寒武系中，Nb、Ta、Be、Li、W、Sn、U 和 REE 有较大的富集系数；

（4）地层时代越新，富集系数大于 1 的元素数目越少。

表 2 - 2　湘东北部分地区地层中微量元素丰度（$w_B/10^{-6}$）及富集系数

| 地区 | 地层时代 | Nb | Ta | Be | Li | Rb | Cr | Zr | Sr | W | Sn | U | V | REE |
|---|---|---|---|---|---|---|---|---|---|---|---|---|---|---|
| 湘东北 | 冷家溪群 | 16 | 9 | 6 | 120 | 186 | 7 | 286 | 22 | 12 | 14 | 12 | 92 | 210 |
| | 板溪群 | 9 | 8 | 5 | 67 | 184 | 8 | 121 | 29 | 5 | 17 | 13 | 223 | 110 |
| | 平均 | 12.5 | 8.5 | 5.5 | 93.5 | 185 | 7.5 | 203.5 | 25.5 | 8.5 | 15.5 | 12.5 | 157.5 | 160 |
| | 富集系数 | 0.63 | 3.40 | 1.45 | 2.92 | 1.23 | 0.09 | 1.20 | 0.08 | 6.54 | 6.20 | 5 | 1.75 | 0.77 |
| | 震旦系 | 23 | 7 | 7 | 66 | 216 | 18 | 356 | 42 | 14 | 23 | 7 | 35 | 280 |
| | 富集系数 | 1.15 | 2.80 | 1.84 | 2.06 | 1.44 | 0.22 | 2.09 | 0.12 | 10.77 | 9.20 | 2.80 | 0.39 | 1.35 |
| | 寒武系 | 22 | 5 | 29 | 168 | 418 | 64 | 201 | 167 | 14 | 29 | 13 | 362 | 288 |
| | 富集系数 | 1.17 | 2.12 | 9.29 | 6.29 | 3.27 | 0.94 | 0.62 | 0.23 | 12.31 | 13.32 | 4.8 | 1.89 | 1.47 |
| | 奥陶系 | 23 | 8 | 5 | 5 | 195 | 10 | 124 | 36 | 10 | 16 | 36 | 148 | 258 |
| | 富集系数 | 1.15 | 3.2 | 1.32 | 0.16 | 1.3 | 0.12 | 0.73 | 0.11 | 7.69 | 6.4 | 14.4 | 1.64 | 1.25 |
| | 泥盆系 | 10 | 8 | 6 | 22 | 102 | 4 | 93 | 122 | 11 | 10 | 20 | 6 | 56 |
| | 富集系数 | 0.62 | 3.72 | 1.76 | 0.91 | 0.81 | 0.07 | 0.75 | 0.36 | 9.23 | 3.88 | 7.32 | 0.05 | 0.41 |
| | 石炭系 | 8 | 7 | 5 | 5 | 52 | 0 | 27 | 249 | 13 | 5 | 8 | 4 | 20 |
| | 富集系数 | 0.4 | 2.8 | 1.32 | 0.16 | 0.35 | 0 | 0.16 | 0.73 | 10 | 2 | 3.2 | 0.04 | 0.1 |

### 2.1.4　地层与稀有金属矿产关系

（1）元古界冷家溪群和板溪群主要分布在湘东北幕阜山一带，地层普遍遭受浅变质作用，且构造裂隙十分发育，是稀有元素花岗伟晶岩型矿床的主要围岩。

（2）下古生界地层岩性以砂、板岩及页岩为主，往往封闭条件较好，成为花岗岩型稀有、稀土矿床的成矿围岩；在裂隙发育地区，常常为晚期稀有元素成矿热液提供导矿和容矿场所，形成与钨 - 铍等伴生的热液脉型矿床。

## 2.2　区域构造

### 2.2.1　湖南省构造旋回

湖南省构造演化阶段及构造旋回划分见表 2 - 3（湖南省地质调查院，2017）。

表 2 – 3　湖南省构造演化阶段及构造旋回划分

| 年龄(Ma) | 地质时代 | 构造阶段 | 构造旋回 | 构造运动 湘北 | 湘北湘南 | 形成矿产 |
|---|---|---|---|---|---|---|
| 2.6 | Q | 陆相盆地及山体抬升阶段 | 晚燕山—喜马拉雅旋回 | 喜马拉雅亚旋回 | 喜马拉雅运动Ⅱ | 黏土矿、稀土矿、砂锡矿、金刚石矿等 |
| 23.0 | N | | | | 喜马拉雅运动Ⅰ | |
| 65.5 | E | | | 晚燕山亚旋回 | | 沉积型石膏矿、盐矿 |
| 99.6 | K₂ | | | | | 沉积-改造型铜矿 |
| 145.5 | K₁ | | | | 早燕山运动 | 有色金属、萤石等热液矿床及长石等岩浆矿床 |
| 175.6 | J₂₋₃ | | 早旋回旋回 | | | |
| 199.6 | J₁ | | | | | 煤矿 |
| 228.7 | T₃ | | | | 印支运动 | 有色金属、萤石等热液矿床及长石等浆矿床 |
| 245.9 | T₂ | 陆表海盆地阶段 | 华力西—印支旋回 | | | 灰岩矿、白云岩矿、砂岩矿、黏土矿等 |
| 251.0 | T₁ | | | | | |
| 260.4 | P₃ | | | | 东吴上升 | 龙潭组煤矿 孤峰组沉积型锰矿 梁山组煤矿 |
| 270.6 | P₂ | | | | 黔桂上升 | |
| 299.0 | P₁ | | | | | |
| 318.1 | C₂ | | | | 淮南上升 | 测水组煤矿、梓门桥组石膏矿 |
| 359.2 | C₁ | | | | 柳江上升 | |
| 385.3 | D₃ | | | | | 岳麓山组、欧家冲组、黄家磴组沉积型铁矿 |
| 397.5 | D₂ | | | | | 棋梓桥组沉积型锰矿 |
| 416.0 | D₁ | | | | | |
| 443.7 | S | 前陆盆地阶段 | 扬子—加里东旋回 | 扬子—加里东亚旋回 | 加里东运动(晚幕) | 热液型金、锑、铅锌矿 |
| 488.3 | O | | | | 加里东运动(早幕)(宜昌上升) | 烟溪组、天马山组锰矿 |
| 542.0 | Є | 被动陆缘盆地阶段 | | | 桐湾上升 | 牛蹄塘组中钒多金属矿及重晶石矿、石煤矿 |
| 635.0 | Z | | | | | 陡山沱组沉积型磷矿 |
| 720.0 | Nh | 陆内裂谷盆地阶段 | | 雪峰亚旋回 | 雪峰运动 | 大塘坡组沉积型锰矿 富禄组江口式铁矿 |
| 800.0 | QbB | | | | 武陵运动 | 马底驿组沉积型锰矿 |
| | QbL | 活动陆缘盆地阶段 | 武陵旋回 | | | 灰岩矿、玉石矿等、白云岩 |

全省从早至晚经历了武陵期(冷家溪期)活动大陆边缘盆地、雪峰期(板溪

期)-南华纪陆内裂谷盆地、震旦纪-早奥陶世被动陆缘盆地、晚奥陶世-志留纪前陆盆地、泥盆纪-中三叠世陆表海盆地、晚三叠世-第四纪陆相盆地及山体抬升等6个大的构造阶段;相应可分为武陵、扬子-加里东、华力西-印支、早燕山、晚燕山-喜马拉雅等5个构造旋回。

### 2.2.2 湘东北地区构造演化特征

湘东北地区构造复杂(图2-3),主要经历了武陵运动、雪峰运动、加里东运动、印支运动、燕山运动及喜山运动等多期次构造运动,多期次、多体制的构造变形、变质事件。前寒武纪的陆缘造山活动,加里东期的陆内造山活动再加上印支-燕山期以走滑为主的多类型造山运动的叠加改造,导致了该区十分复杂的构造组合。

(1)武陵运动为造山运动,使区内新元古界冷家溪群地层褶皱造山,形成褶皱基底,并发生区域浅变质作用。该区结晶基底以连云山杂岩为代表,其显著特征是由区域变质结晶矿物定向平行排列组成的区域性透入性构造片理、片麻理及变质分异的长英质细脉发育,构造面理走向北西-南东,倾向南与南西,极可能代表早期大型顺层掩卧褶皱的轴面。

(2)褶皱基底由新元古界区域浅变质黏土-砂泥质建造及复理石建造组成,变质程度仅为浅变质作用,变质虽低但变形颇为复杂。褶皱变形的总体样式是一系列的斜歪倒转-同斜倒转的连续褶皱,在褶皱翼部伴有纵向逆断层和剪切面理带纵向构造置换。褶皱方向有南北向、北西向-近东西向、北东向三组。南北向褶皱为早期褶皱叠加改造后片段残留;近东西向褶皱在区内广为分布,在横剖面上,主要由一系列不同级别、且两翼被多级褶皱复杂化的同斜紧闭褶皱共同组成。平面上褶皱轴迹近东西向延伸,并表现出微向北凸的"M"型变化趋势,显然与褶皱叠加影响有关。其伴生构造以透入性板劈理和低级别小褶皱发育最为突出,其次可见以脆-韧性变形为特征的近东西向断裂构造;北东向褶皱总体特征是褶皱规模大,轴向延伸可达 5~10 km,轴面倾向 100°~120°,倾角 50°~60°,轴面劈理、剪切片理构造置换强烈,并多被北东向断裂破坏。

(3)印支-燕山运动以挤压、逆冲走滑为主的多形式造山运动的叠加改造,定型了本区的基本构造格架,并伴随有大规模的岩浆活动(幕阜山岩体)。断裂走向主要有 NEE~EW 向、NE 向、NNE 向、NW 向等4组,NE 向、NNE 向、NW 向是区内主要的控矿断裂。

(4)喜山运动表现最清晰、最强烈的是在研究区西部,毗邻洞庭湖构造盆地。

(5)区内断裂发育,以北东向最发育,规模大,如公田压扭性断裂、桃林压扭性断裂、板口压扭性断裂、连云山压扭性断裂。其次为北西向和北西西向,北西向断裂主要分布于铜盆寺岩体和幕阜山岩体之间,如白羊田-板江断裂。北西西

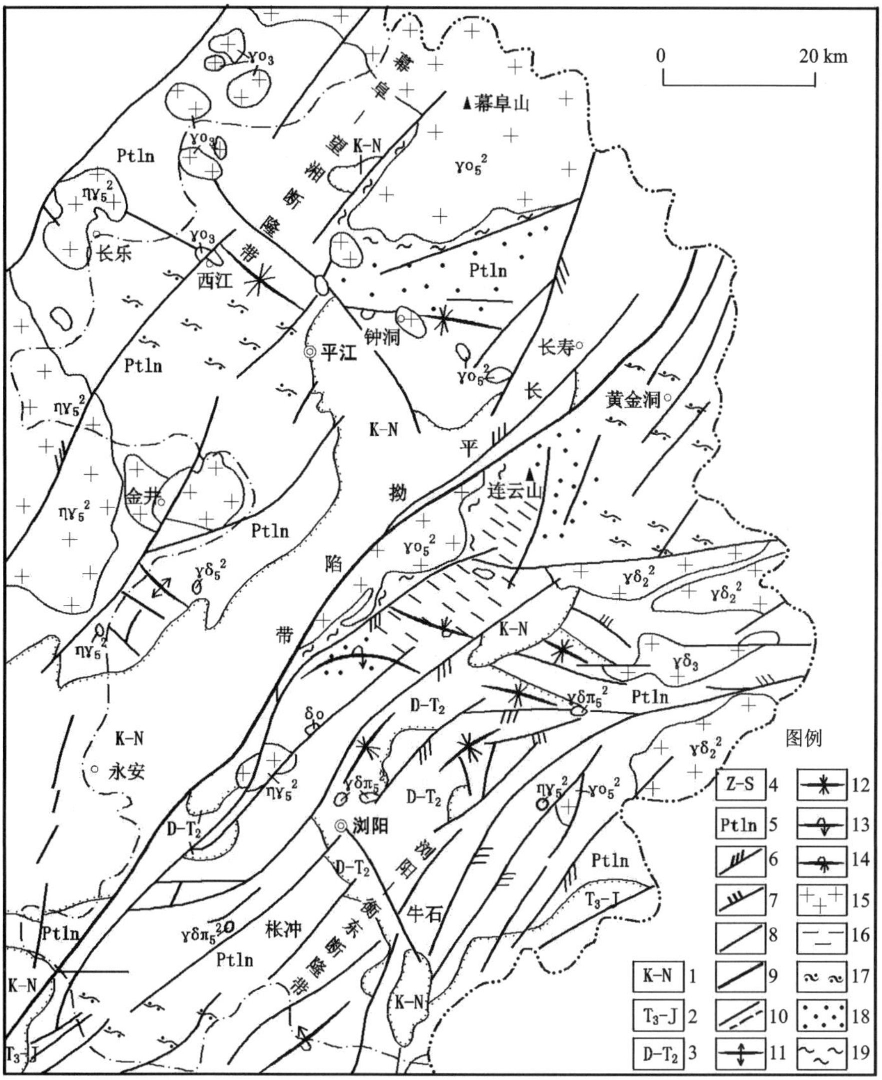

**图 2 - 3　湘东北地区构造纲要图**

(据"湘东北地区地质找矿成果集成专题研究报告"，2013)

1—白垩系 - 上第三系；2—上三叠系 - 侏罗系；3—泥盆系 - 中三叠系；4—震旦系 - 志留系；5—冷家溪群；

6—压扭性断裂；7—压性断裂；8—张(扭)性断裂；9—深大断裂；10—一般断裂及推测断裂；11—背斜；

12—向斜；13—倒转背斜；14—倒转向斜；15—岩体；16—片理化带；

17—韧性变形剪切带；18—热变质区；19—混合岩带

向断裂主要分布于区内北部临湘东西构造带中。主要断裂有以下四组。

①桃林压扭性断裂：属高序次一级压扭性断裂，沿断裂带有铅锌矿化，全长

约 50 km，宽为几米至几十米，走向 30°，倾向北西，倾角 45°。地貌呈一陡岩，该断裂东盘为新元古界、震旦系地层及晚侏罗世花岗岩，西盘为白垩系百花亭组。断层岩石破碎，片理发育，硅化明显，断层角砾呈棱角状，次棱角状、次圆状，有硅化、黄铁矿化、铅锌矿化、萤石化等。著名的桃林铅锌矿田位于桃林北东向压扭性断裂与北西向构造反接复合弧形转弯的南东侧外接触带中。

②公田压扭性断裂：为公田 – 灰汤 – 新宁断裂带一部分，它是控制着部分岩体边界及盆地展布的一级断裂构造，走向 20°~40°，倾向一般为北西，倾角 30°~45°，局部陡立或平缓。断裂所切错的地层皆呈现强烈的挤压、揉皱、强硅化破碎、糜棱岩化、角砾岩、或由角砾岩组成的透镜体发育，常有石英脉充填及矿化现象。它控制着区内公田 – 新市北东向内生金属成矿带的分布，矿田与矿点、矿化点位于公田压扭性断裂的东侧，幕阜山花岗岩体及长乐花岗岩体的内外接触带中。

③长平大断裂：在印支 – 燕山期的构造演化中表现突出，起着主导或分划作用，是中新生代盆地发育的主导构造，一般形成红盆的南东边界断裂，多期活动明显，早期具引张特征，晚期挤压导致红盆消亡。在连云山和南岳岩体西侧，存在较大规模的韧性变形带，在新桥东侧冷家溪群中发育东倒西倾同斜倒转褶皱，变形强烈。

④北西向断裂发育，规模较大的如白洋田 – 板江复活性断裂，位于幕阜山花岗岩体南缘，北西端被第四系覆盖，向南东延伸，经白羊田 – 大赵家，于铁山附近被公田断裂切割，断距约 1.5 km，于彭家里再现，然后向南东经月田 – 板江达南江桥，并在其附近与板口断裂反接，全长 15 km，该断裂总走向为北 50° 西，倾向南西，倾角 60°~70°。沿断裂广泛发育岩石挤压破碎产物，地层产状紊乱。有构造透镜体，其长轴与断裂走向平行。

### 2.2.3　构造与稀有矿产关系

湘东北地区的几条北东、北北东向主干大断裂，不仅是控岩、控相构造和导矿构造，而且其旁侧的次级低序列的北西向、北东向断裂裂隙系统，往往是储矿容矿构造，常常成为伟晶岩型稀有金属铌钽矿脉的储矿空间。特别是燕山运动以来的构造和新华夏系构造对伟晶岩侵位及其成矿起着重要的控制作用。

## 2.3　区域岩浆岩

### 2.3.1　湖南省岩浆岩演化过程

湖南的岩浆活动频繁，岩浆岩广泛分布。全省侵入岩出露于中东部广大地区，地表出露面积约 17544 km²，占全省面积的 8.3%；火山岩分布于武陵山东南侧广大地区内，地表出露面积仅 76 km²，占湖南岩浆岩出露总面积的 0.43%。在地质时代上，从新元古代 – 古近纪均有不同程度的岩浆岩活动，其中以侏罗纪 – 白垩纪岩浆岩活动最为强烈，侏罗纪 – 白垩纪也是省内最主要金属矿成矿时期。

湖南岩浆岩的岩石类型较为齐全，从超基性岩到基性、中性及酸性岩均有发育，其中以燕山期中酸性花岗质侵入岩最为发育（图 2 – 4），超基性 – 基性岩局部出露。在岩浆岩中，湖南花岗岩是一种最为发育又具有特色的地质体，具有岩石类型多，化学成分富酸、碱和挥发分等特点；花岗岩体多数是复式岩体或同期多次侵入体，岩浆分异、演化较全，W、Li 等元素含量高，特别是与岩体有关的有色金属和稀有、稀土矿产丰富；按岩浆成因分类，可分为壳源重熔型和壳 – 幔源混合型，湖南花岗岩大部分为壳源重熔型。

各类岩浆岩在各地质时代和各构造带的发育程度有显著的差别。中、酸性侵入岩主要发育于加里东期、印支期和燕山期，分布多受背斜隆起构造和断裂构造控制，尤其是印支期花岗岩侵位受断裂构造控制明显，常德 – 安仁断裂、郴州 – 邵阳断裂呈北西向的带状展布 [图 2 – 4(b)]，燕山期花岗岩主要分布在湘东北和湘南地区，具集中分布特点。基性、超基性侵入岩主要发育于武陵期、雪峰期及印支—燕山期；火山岩主要发育于新元古代及中生代，多分布在武陵运动和雪峰运动表现强烈的湘西雪峰冲断带和湘东北断隆带。煌斑岩主要发育于印支期和燕山期，分布在雪峰冲断带东侧及印支期和燕山期中、酸性侵入岩体内及其外围。

湖南省岩浆岩总体属扬子陆块构造岩浆岩带（Ⅰ），岩浆岩带的分区见图 2 – 4(a)；以近年来同位素测年结果及公开发表的同位素年龄资料，初步建立了湖南省岩浆岩侵入序列及年代框架，并据岩浆岩与构造运动的相互关系，划分了武陵期、雪峰期、加里东期、海西 – 印支期、燕山期、喜马拉雅期等六个构造 – 岩浆期（表 2 – 4）（湖南省地质调查院，2013，2017）。

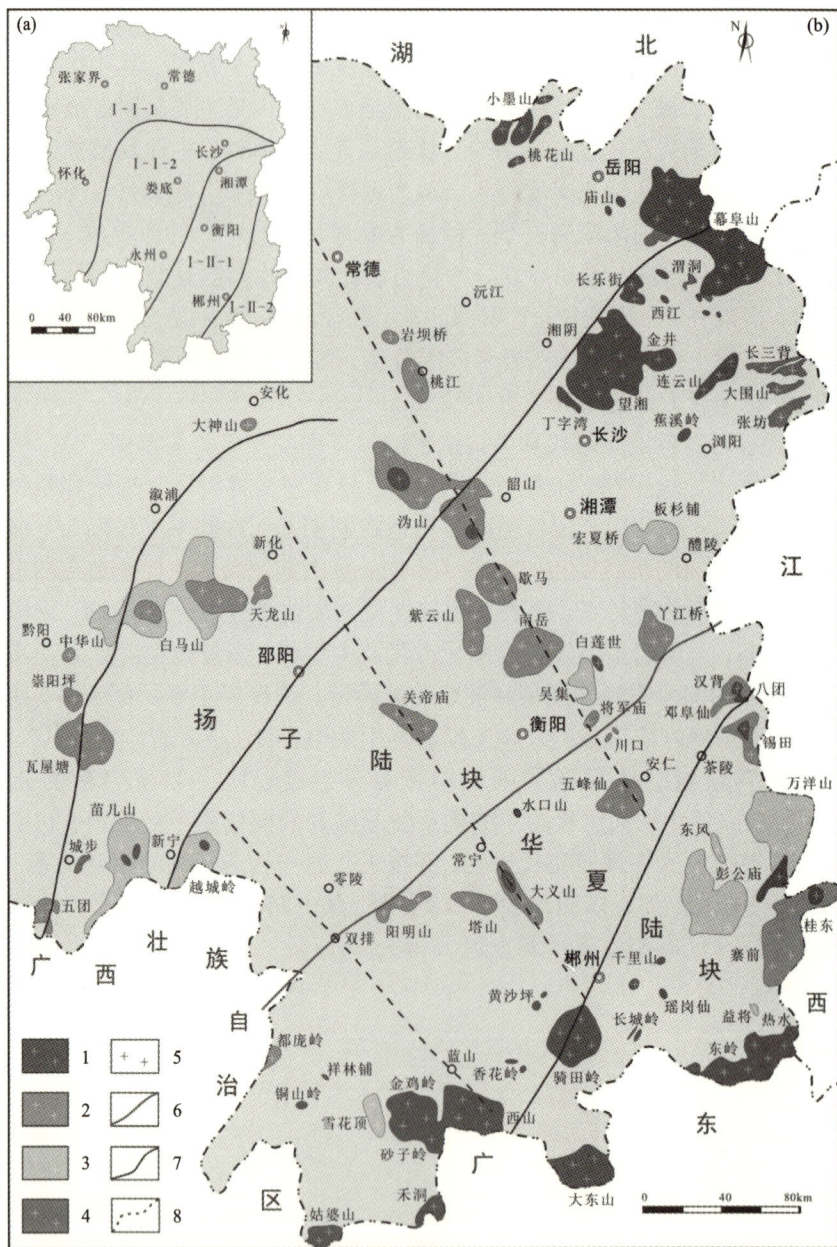

图 2-4　湖南省中、酸性侵入岩体分区图(a)和岩体分布略图(b)
(据湖南省地质调查院,2013)

Ⅰ-Ⅰ-1:幕阜山-雪峰山岩浆岩带;Ⅰ-Ⅰ-2:沩山-白马山岩浆岩带;Ⅰ-Ⅱ-1:衡山-九嶷山岩浆岩带;Ⅰ-Ⅱ-2:八面山-雷公仙岩浆岩带;1—燕山期花岗岩;2—印支期花岗岩;3—加里东期花岗岩;4—武陵期花岗岩;5—花岗岩花纹;6—陆块边界断裂;7—区域大断裂;8—北西向隐伏断裂

表 2-4　岩浆-构造事件序列表

| 代 | 纪 | 地质年代/Ma | 构造期 | 构造环境 | 侵入岩（及共生火山岩）组合 | 同位素年龄/Ma |
|---|---|---|---|---|---|---|
| 新生代 | 新近纪 古近纪 | | 喜马拉雅期 | 大陆裂谷 +弧后 | | |
| | | 65 | | | 亚碱性玄武岩 | 70～62 |
| 中生代 | 白垩纪 | | 燕山期 | | S型花岗岩、花岗斑岩脉、碱性岩 | 145～92 |
| | | 145 | | 后碰撞- 裂解陆源 | S型、H型及A型花岗岩、基性火山岩 | 165～151 |
| | 侏罗纪 | | | 非造山 | 拉斑系列镁铁质岩 | 190～170 |
| | | 200 | 华力西期—印支期 | 后碰撞 | 壳源（强过铝质）、壳幔混合花岗岩 | 220～205 |
| | 三叠纪 | | | 同碰撞 | S型、H型花岗岩 | 240～225 |
| 晚古生代 | | 251 | | | | |
| | 二叠纪 | 299 | | | | |
| | 石炭纪 | 359 | | | | |
| 早古生代 | 泥盆纪 | | 扬子—加里东期 | 后碰撞 | $T_1G_1G_2QM$组合 | 420～388 |
| | | 416 | | 俯冲 | $T_1G_1QM$组合 | 450～421 |
| | 志留纪 | 444 | | | | |
| | 奥陶纪 | 488 | | | | |
| | 寒武纪 | 542 | | | | |
| 新元古代 | 震旦纪 | 635 | | 非造山 | 基性-中酸性火山岩 铁镁质岩石等 | 792～636 |
| | 南华纪 | 720 | 雪峰期 | | | |
| | | 800 | 武陵期 | 后碰撞 俯冲 | $T_1T_2G_1G_2QM$组合　$T_1T_2G_1G_2$组合 变基性火山岩 | 830～806 860 |
| | 青白口纪 | 1000 | | | | |

## 2.3.2　湘东北地区岩浆岩分布

区内岩浆岩发育，面积达 1400 多 $km^2$，约占工作区总面积的 20%，岩体侵入于新元古代浅变质岩系中，形成于南华纪、晚侏罗纪世与早白垩世，其中新元古代花岗岩可分为二次侵入体，晚侏罗世花岗岩可分为四次侵入体，早白垩世花岗岩可分为四次侵入体，各期次花岗岩体具有同源岩浆演化特征。

### 1. 中元古代花岗岩（武陵期）

出露于湘东北葛藤岭岩体的琵琶园地区，为片麻状中细粒斑状黑云母英云闪长岩。

### 2. 青白口纪花岗岩（雪峰期）

出露于湘东北长平断裂两侧，北西侧有渭洞-梅山-钟洞-种德洞等 20 余个小岩株,呈北西向带状分布;南东侧有大围山、长三背、葛藤岭、西圆坑等岩基、岩株、岩体长轴呈东西向。

渭洞-种德洞岩石类型为英云闪长岩、斜长花岗岩,少量花岗闪长岩和石英闪长岩,黑云母含量高,部分岩石有角闪石和白云母,最大特征是所有岩石的化学成分碱质含量较低,且 $Na_2O$ 含量均高于 $K_2O$ 含量。

大围山、长三背、葛藤岭、西园坑等南东侧岩体,其岩石类型主要为花岗闪长岩和二长花岗岩,少量英云闪长岩,部分岩石内有数量不等的堇青石。岩石化学成分和北西带不同的是 $K_2O$ 含量均高于 $Na_2O$ 含量。

**3. 晚震旦世花岗岩(雪峰期)**

出露于望湘复式岩体的西部密岩山、袁家铺、玉池山、桥头驿等地,呈残留体存在于 $T_2 \sim J_3$ 等时代花岗岩及糜棱岩化、混合岩化岩石带内。其岩性有石英闪长岩(少)、英云闪长岩、花岗闪长岩。岩石具明显片麻状构造,中细粒结构,黑云母含量较多。

**4. 中寒武世花岗岩(加里东期)**

出露于湘东北浏阳张家坊等地,侵入于中元古代地层中,被上古生代地层沉积覆盖,岩性以黑云母花岗闪长岩为主,其次为黑云母二长花岗岩和二云母二长花岗岩。

**5. 幕阜山岩体(燕山期)**

幕阜山岩体呈岩基状,为晚侏罗世-早白垩世复式岩体,晚侏罗世岩体岩石主要为细〈中〉粒黑云母二长花岗岩和二云母二长花岗岩,早期岩性比晚期岩性偏基性,$SiO_2$ 及 $K_2O + Na_2O$、$K_2O$ 含量相对较低,$TiO_2$、$Fe_2O_3 + FeO$、$MgO$、$CaO$ 等含量偏高。岩石中微量元素 Co、V、Ba、Zr 等相容元素丰度值早期侵入体略高于晚期侵入体,而 Cu、Pb、Mo、Li 等晚期侵入体略高于早期侵入体。与维氏酸性岩平均丰度值相比大部分元素含量偏高,其中 Pb、Mo、Li 等元素明显富集,高出维氏酸性岩值 $2 \sim 6$ 倍;Bi 高出维氏酸性岩值 $10 \sim 130$ 倍。晚侏罗纪岩体与区内矿产关系密切,是区内铜金钨多金属矿的主要成矿母岩。

**6. 连云山岩体(燕山期)**

岩性主要为二云母二长花岗岩,个别侵入体其岩性为细粒电气石二云母正长花岗岩;主要造岩矿物有斜长石、钾长石、石英及黑云母、白云母,个别见电气石;矿物粒径主要为 $0.5 \sim 2$ mm。斜长石多呈半自形板状,见钠氏双晶、卡钠复合双晶等,钾长石主要为微斜长石,呈他形-半自形板状,石英矿物呈他形粒状,黑云母呈半自形板片状。岩石副矿物为钛铁矿-锆石-独居石组合,钛铁矿含量甚高,达 200.3 g/t,磁铁矿含量很少,平均仅 0.56 g/t。

## 2.3.3 花岗岩演化特征

从各时代花岗岩类的特征不难看出,加里东期-燕山晚期,花岗岩类在其发展过程中，具有明显的演化规律。由于花岗岩类不同岩石类型的成矿专属性各异，因此，这里仅就与稀有、稀土、稀散元素成矿有产的花岗岩的演化规律概述如下。

**1. 主要造岩矿物含量变化**

随花岗岩的演化，条纹长石数量增加，条纹形态趋于复杂，钠长石条纹从印支期开始逐渐增加，斜长石减少，牌号降低，有更中长石→更长石→钠长石的变化趋势；石英和白云母含量增加，黑云母减少，普通角闪石少量→无。表现在岩石类型上有黑云母花岗岩→二云母花岗岩→白云母花岗岩的演化序列。

**2. 岩石化学成分的变化**

（1）$SiO_2$ 随时代变新而增高，燕山晚期稍有降低，但各时代花岗岩中 $SiO_2$ 含量均高于中国和世界花岗岩平均值。

（2）$Al_2O_3$ 含量随时代变新而增加，除燕山晚期花岗岩略高于中国花岗岩平均值外，其余都低于中国花岗岩，且所有时代花岗岩都低于世界花岗岩。

（3）$CaO$、$MgO$、$Fe_2O_3 + FeO$ 趋于减少，除加里东期以外，都低于中国和世界花岗岩平均值。

（4）$Na_2O + K_2O$ 趋于增加，除加里东期花岗岩略低于中国和世界花岗岩平均值外，其余均比中国和世界花岗岩平均值高。

（5）$TiO_2$ 含量渐趋减少，且都低于世界花岗岩平均值，仅加里东期和印支期花岗岩高于中国花岗岩平均值。

（6）各时代花岗岩内 $SiO_2 + K_2O + Na_2O/Fe_2O_3 + FeO + MgO$ 比值逐渐增大，说明岩石的酸性增加，碱质增强，暗色矿物渐少，浅色矿物增多。

**3. 副矿物出现规律**

（1）钨锡矿物在加里东期出现，但量少，海西期未现，印支期开始出现，到燕山早期含量最高，燕山晚期又略有降低。

（2）稀有、稀土元素的矿物在加里东期、印支期仅有独居石、磷钇矿和锆石出现，燕山期出现多种稀有元素矿物，且含量增加，以至成为外生风化壳和砂矿的物质来源。

（3）气成矿物在印支期才出现，燕山期则普遍出现，含量增多，而且出现了黄玉。

## 2.3.4　花岗岩中稀有元素丰度

不同时代花岗岩中的微量元素丰度各异，表 2-5 中列出了某些稀有、稀土元素的丰度值及相应的富集系数（夏卫华等，1989）。多种成矿元素的丰度高出对照值 1 至数倍，甚至 10 倍以上，锂和钽高出 2 倍，铌、铷近 1.5 倍，铯 4 倍，铍高出 1 倍多。另一方面，时代由老到新，各元素的丰度由低到高，到燕山期达到最大值。燕山期早、晚阶段的花岗岩类中，微量元素丰度亦有所不同，锂、稀土在燕山早阶段有较大的富集，而铍、铌、钽则在晚阶段相对高一些。

表 2-5　湖南不同时代花岗岩中稀有、稀土元素丰度（$w_B/10^{-6}$）及富集系数

|  | Li | Rb | Cs | Be | Nb | Ta | REE |
|---|---|---|---|---|---|---|---|
| 四堡-雪峰期 | 67 | 190 | 16 | 1.6 | 15 | 3 | 208 |
| 富集系数 | 1.68 | 0.95 | 3.2 | 0.44 | 0.73 | 0.33 | 0.59 |
| 加里东期 | 58 | 214 | 16 | 2.6 | 21 | 6 | 209 |
| 富集系数 | 1.45 | 1.07 | 3.2 | 0.72 | 1.05 | 1.71 | 0.6 |
| 海西-印支期 |  | 235 | 15 | 2.9 | 21~25 | 3~4 | 152~195 |
| 富集系数 |  | 1.18 | 3.0 | 0.81 | 1.05~1.25 | 0.88~1.14 | 0.43~0.55 |
| 燕山期 | 96 | 358 | 25 | 5.4 | 35 | 8 | 256 |
| 富集系数 | 2.4 | 1.79 | 5 | 1.5 | 1.75 | 2.29 | 0.72 |
| 总丰度 | 78 | 279 | 20 | 4.2 | 29 | 7 | 229 |
| 富集系数 | 1.95 | 1.40 | 4 | 1.16 | 1.45 | 2 | 0.65 |

# 2.4　区域伟晶岩

　　湘东北地区伟晶岩集中分布在幕阜山矿集区和连云山矿集区内，围绕幕阜山岩体和连云山岩体内外接触带密集分布。其中幕阜山矿集区内稀有金属伟晶岩主要位于幕阜山南缘地带，形成了具有工业意义的传梓源和仁里伟晶岩型稀有金属矿床；连云山矿集区内稀有金属伟晶岩位于连云山东南侧，以白沙窝伟晶岩型稀有金属矿床为代表。

## 2.4.1　幕阜山矿集区伟晶岩特征

　　幕阜山地区伟晶岩极为发育，在花岗岩内以及外接触带片岩地层中的伟晶岩脉广泛分布，多达4000条，含矿伟晶岩主要富含稀有金属和非金属矿产资源（图2-5）。

　　文春华（2017）将幕阜山南缘地区伟晶岩由北往划分五个岩性类型。钾长石伟晶岩（Ⅰ类型），沿花岗岩张裂隙呈多组平行或斜交产出，伟晶岩脉主要为板脉状、细脉状，分布在贺家山地区［图2-6(a)］；斜长石伟晶岩（Ⅱ类型），距离幕阜山岩体0~1 km，伟晶岩沿幕阜山岩体外接触带呈斜交或相互穿插接触关系

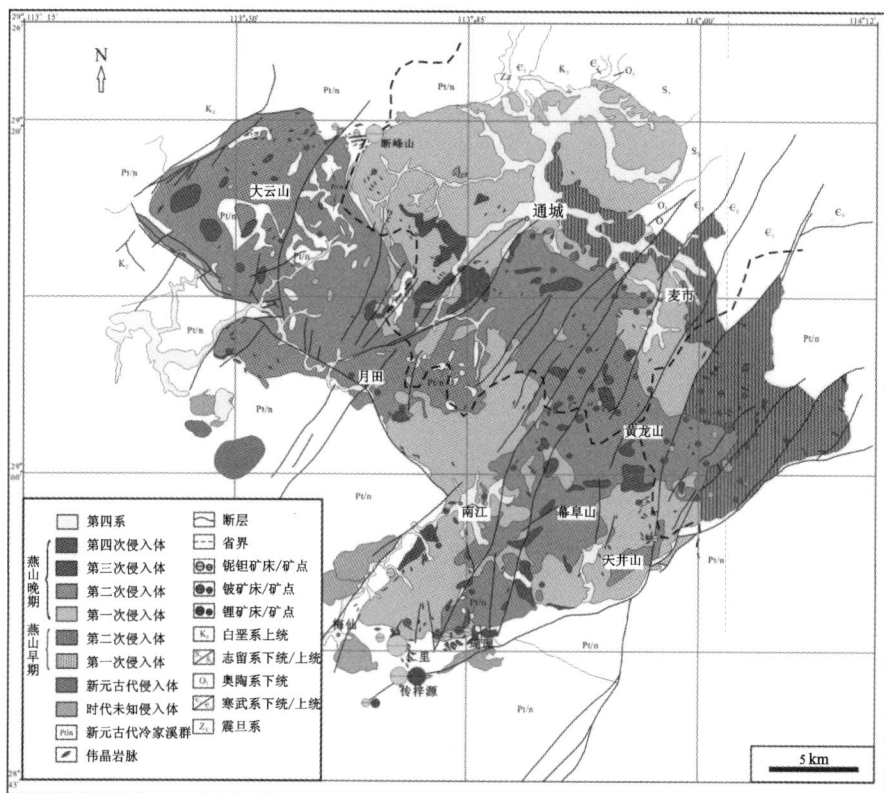

**图 2 - 5 幕阜山地区伟晶岩及矿床分布图**

(据李鹏等，2017)

[图 2 - 6(b)]，伟晶岩分布在梅仙、仁里地区，产在花岗岩外接触带周边或沿板岩地层板理及层理分布，以脉状为主；斜长石 - 钠长石伟晶岩阶段(Ⅲ类型)，距幕阜山岩体 1~2 km，伟晶岩主要分布在瑚珮地区，产于板岩地层中，沿板理、裂隙呈脉状分布；钠长石伟晶岩阶段(Ⅳ类型)，距离幕阜山岩体 3~4 km，伟晶岩分布在三墩地区，产在板岩、片岩地层中，沿地层层理裂隙及板理、节理呈脉状分布[图 2 - 6(c)]；钠长石 - 锂辉石伟晶岩阶段(Ⅴ类型)，主要分布于传梓源地区，距离幕阜山岩体 4~5 km，伟晶岩产在板岩地层中，呈板脉状、脉状展布。稀有金属元素含量由北往南从贺家山至传梓源表现为 Li、Be、Nb、Ta 元素递变富集的特征。

幕阜山北缘断峰山伟晶岩密集带处于幕阜山花岗岩体北缘，伟晶岩沿近东西向呈密集带状展布，主要分布于花岗岩体和围岩接触变质带内，根据副矿物特征分为四个类型：电气石伟晶岩、电气石 - 绿柱石伟晶岩、绿柱石伟晶岩、铌钽铁

矿 – 绿柱石伟晶岩(李乐广等, 2018)。

　　伟晶岩中稀有金属矿产主要表现为在幕阜山岩体中以铍矿为主，在幕阜山岩体接触带及外围片岩地层稀有金属矿依次为铍矿[图2-6(d)]、铌钽矿[图2-6(e)]、锂辉石矿[图2-6(f)]、最远为热液脉型铍矿。

图2-6　幕阜山地区伟晶岩类型及稀有金属矿物

## 2.4.2　连云山矿集区伟晶岩特征

### 1. 伟晶岩分布特征

区内伟晶岩脉发育，产于连云山岩体内外接触带 8 km 的范围内（图 2-7），脉体形态主要为板脉状，次为分叉脉状，膨胀脉状，细脉状等。脉壁与片岩呈突变接触，接触面清晰，成平直状，或受片岩不同节理控制而呈小阶梯状等；花岗岩裂隙中的伟晶岩多分布在岩体顶部，伟晶岩与花岗岩接触界面平直。

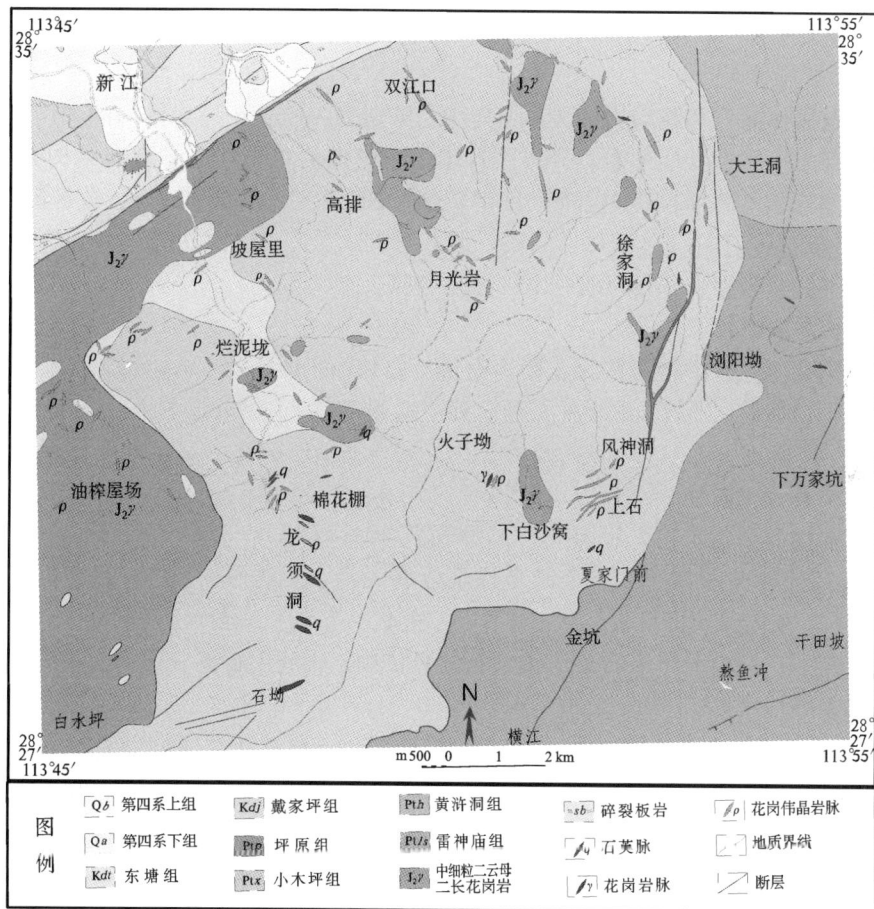

**图 2-7　连云山矿集区伟晶岩分布图**

[据（文春华等，2018）修改]

从岩体内伟晶岩到外围板岩地层中的伟晶岩具岩性分带特征。岩体内伟晶岩或岩体外接触带的伟晶岩主要为微斜长石伟晶岩，伟晶岩脉出露较多，沿岩体顶部裂隙分布,多数伟晶岩中稀有金属矿化较差,但在分带伟晶岩的核部富集稀有金属;岩体外 1~2 km 范围的伟晶岩主要为微斜长石－斜长石伟晶岩,沿板岩地层分布,伟晶岩脉大小为 1~500 m,稀有金属矿化少量达边界品位;岩体外 3~8 km 范围内的伟晶岩主要为斜长石－钠长石－锂辉石伟晶岩,分布于板岩地层中,稀有金属矿化好,可见工业品位的矿体。

### 2. 伟晶岩脉特征

伟晶岩呈脉状、不规则状产出,出露于连云山岩体内外,宽度多大于 0.5 m,形态极不规则,主要为脉状、分支脉状、板脉状,部分为透镜体状、筒状及网脉状;规模大小不一,相差悬殊,最大者长可达数千米、宽几十米,最小者宽、厚仅数厘米,长数米。

按花岗伟晶岩和花岗岩的关系,其产状可划分为产于花岗岩体内的和产于花岗岩体外的接触带变质片岩。分布在岩体张裂隙内的花岗伟晶岩常有结构分带,分带清楚的常可分细粒花岗岩带、细中粒带、中粗粒带、核部带、石英核带等 3~5 个带,核部带有时可分云母－石英－铌钽矿带;分布在岩体外接触带的单条伟晶岩脉不具分带性,一般为细－中粒伟晶岩脉。

### 3. 伟晶岩矿物

矿物共生组合中造岩矿物主要为石英、斜长石、钾长石、云母等。工业有用矿物有铌钽铁矿、锂辉石、绿柱石等。伴生矿物有锡石、锆石、独居石、石榴石、电气石、磷灰石等。

### 4. 稀有金属矿物

主要稀有金属矿物有铌钽铁矿、锂辉石、绿柱石等。

(1)铌钽铁矿:黑色、半金属光泽至金属光泽,不透明,条痕棕褐色及血红色,颗粒一般较细,多呈板柱状、叶片状、板状、茅头状,晶面上有间断条纹。铌钽铁矿较多产在白云母－石英－钠长石集合体中,或产于石英－锂辉石－钠长石集合体中嵌接之处。

(2)锂辉石:淡蓝绿色,玻璃光泽,板柱状体,薄片中呈无色透明至微粉红色,多与石英－钠长石共生,构成石英－锂辉石集合体。

(3)绿柱石:淡绿色,粒状体,玻璃至油脂光泽,薄片中为无色透明、规则的六边形或矩形切面。多产于白云母－石英－钠长石集合体中。绿柱石因被钠长石、石英、云母等矿物交代而呈他形残余状。

## 2.5 区域矿产

湘东北地区为扬子地块雪峰古陆(江南古陆)成矿带的一个重要组成部分,成矿地质条件优越。在广泛分布的元古宙地层中,蕴藏着较为丰富的矿产资源,目前已发现矿种有20多种，金属矿产有金、银、铜、铅、锌、钴、钨、铁、锰、钒、铀等。稀有金属矿产有铌、钽、铍、锂及独居石砂矿。非金属矿产有石煤、萤石、长石、重晶石、磷、钾长石、白云母、高岭土、海泡石、耐火黏土、大理岩、石灰岩等，并形成了迄今为止较大的矿集区。区内已知矿床(点)100多处，其中大型矿床有传梓源铌钽锂矿床、仁里钽铌矿床、虎形山钨铍矿床、桃林铅锌矿床；中型规模的有白沙窝铌钽铍矿床、万古金矿床、黄金洞金矿床和七宝山铜、银、金、铅、锌多金属矿床及井冲铜矿床及永和磷锰矿床；小型的有秦家坊铍矿床、雁林寺、洪源、杨山庄和中岳金矿及东冲等铜矿床(图2-8)。

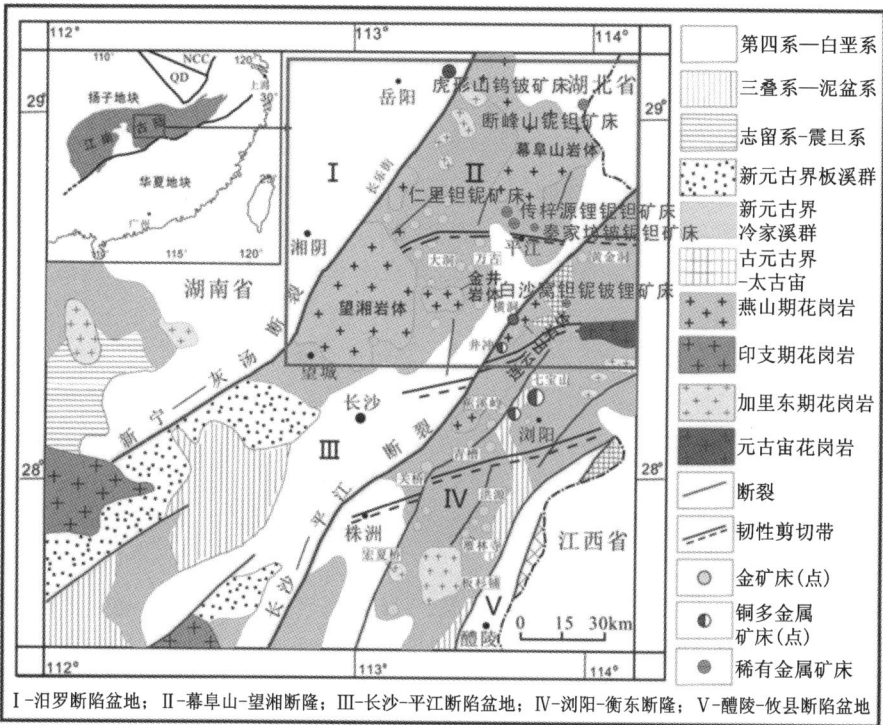

**图 2-8　湘东北地区稀有-多金属矿产略图**

[据(许德如等，2017)修改]

Ⅰ-汨罗断陷盆地；Ⅱ-幕阜山-望湘断隆；Ⅲ-长沙-平江断陷盆地；Ⅳ-浏阳-衡东断隆；Ⅴ-醴陵-攸县断陷盆地

对湘东北地区矿床有许多地质工作者(刘义茂等，1986；刘英俊等，1993；毛景文等，2002；华仁民等，2003；Hofman et al.，1977；Barley et al.，1992；文春华等，2016，2017；刘翔等，2018；许德如等，2017)曾从多角度研究和论述其地质演化和成矿规律。

# 第3章 湘东北燕山期成岩、成矿时空格架

湘东北地区岩浆活动强烈,在新元古代发生了华夏和扬子板块的碰撞,开启了 Rodinia 超大陆聚合的重要事件(Li et al., 2008; Shu et al., 2011),产生湘东北古老的新元代岩浆活动,在幕阜山地区西南侧见小岩株状的梅仙、三墩等小岩体;在连云山地区东南侧分布有长三背岩体和板背岩体等。早古生代开启了强烈的加里东期造山作用幕,形成了板杉铺加里东期花岗闪长岩体(许德如等,2006)。印支运动造成区内广泛的印支期变质作用和岩浆作用,如邓阜仙早期岩体。燕山期以来区内岩浆活动剧烈,形成大规模的燕山期花岗岩,如幕阜山岩体、连云山岩体和望湘岩体等;并发生了燕山期爆发式的成矿作用,形成了大型的稀有金属矿床和金矿床,显示了燕山期岩浆活动与区内成矿作用密切相关。

## 3.1 燕山期花岗岩成岩时代

### 3.1.1 幕阜山岩体

#### 3.1.1.1 幕阜山花岗岩特征

幕阜山花岗岩体是湘东北出露面积最大的岩体,横跨湖南东北部,江西西部及湖北的东南部,出露面积 2440 km$^2$(图 3 - 1)。

幕阜山花岗岩从早到晚经历了燕山早期及燕山晚期两次大的岩浆侵位活动,形成了多期次叠加的复式岩体。按岩性依次有闪长岩、花岗闪长岩、黑云母二长花岗岩、二云母二长花岗岩及二云母花岗岩等,其特征如下。

**1. 闪长岩**

该侵入体见于通城县马徐家附近,由于遭受后期侵入体蚕蚀,呈极不规则的弧岛状残存于燕山晚期花岗岩体中,与其界线清楚。

岩石特征:岩石类型主要为灰绿色至暗绿色中细粒黑云母闪长岩及暗色石英闪长岩,呈半自形粒状结构,局部具嵌晶包含结构,块状构造。斜长石呈半自形 - 自形板状,钠长聚片双晶较常见,有时见角闪石嵌在较大斜长石颗粒中,含量 35% ~52%;角闪石呈自形 - 半自形柱状,长柱状,淡绿色、浅褐绿色,有时见黑云母晶片包体,含量 40% ~55%;黑云母呈自形片状,多色性明显,棕黄色、

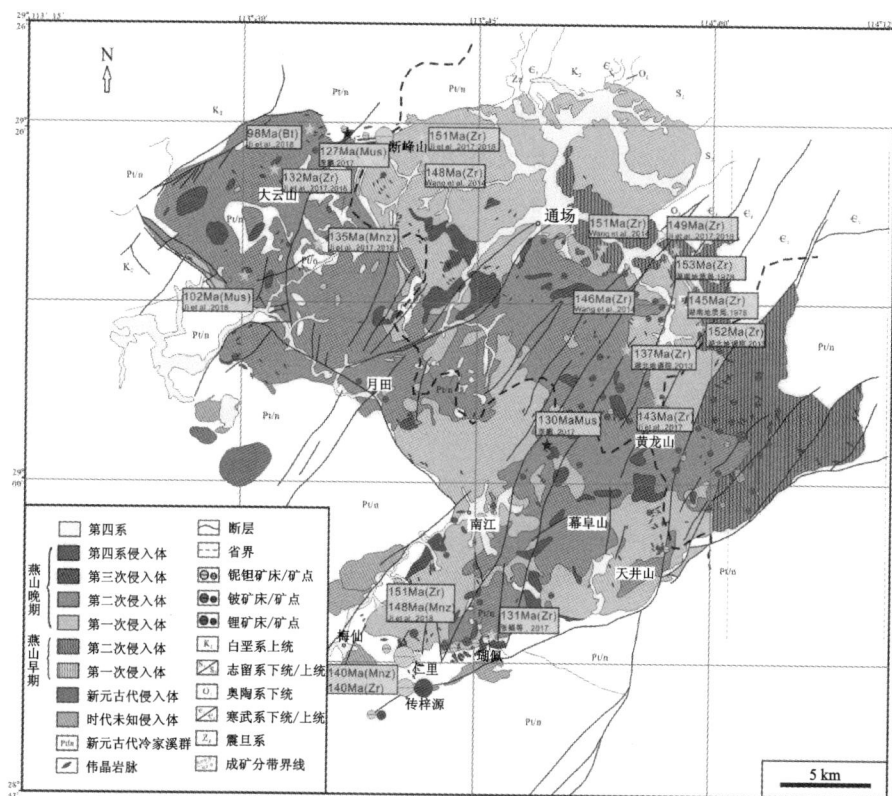

图 3-1　幕阜山岩体地质图及岩体年代分布图（底图据李鹏等，2017）

淡黄色，含量 5%；石英呈他形粒状，充填在其他矿物之间，含量 3%～5%。副矿物见有赤铁矿、榍石、金红石、褐帘石、锆石、磷灰石等。

**2. 花岗闪长岩**

分布于幕阜山花岗岩体东北部关刀桥一带，出露面积 100 km²。岩体大部分与燕山晚期侵入体直接接触，岩体东侧与寒武系、奥陶系等地层呈侵入接触。

岩石特征：岩石呈浅灰色、灰白色，具中细粒-细中粒花岗结构、块状构造。钾长石以微斜长石为主，具格子状双晶，个别具钠长石条纹，呈他形粒状，不规则板状、半自形板状；斜长石一般为中长石，呈半自形板柱状，普遍具钠长双晶，多数具环带构造或环带消光，与钾长石接触处，常见蠕英结构；石英呈他形粒状、等轴状，有的具斜长石和黑云母细小包体；黑云母呈他形-半自形板状及条状薄片，或呈聚集状出现，常含副矿物包体。副矿物见有磁铁矿、榍石、帘石、锆石、磷灰石等。

### 3.黑云母二长花岗岩

该带主要分布于通城以北,盘石街以东,虹桥-南汇桥-秦家坊一带,是侵入体分布较广的一个岩性带,出露面积约500 km²。

岩石呈灰白色,以中细粒-中粒斑状黑云母二长花岗岩为主,呈细粒-中粒斑状花岗岩结构,块状构造。矿物以微斜长石为主,微纹长石、条纹长石次之;斑晶为钾长石,呈自形-半自形板状体,以微纹长石、微斜长石为主;基质中钾长石特征与斑晶相似,但结晶程度稍差,为他形-半自形板状;斜长石呈自形-半自形板状、柱状,普遍具聚片双晶,常被钾长石溶蚀交代而呈不规则状;石英呈他形粒状,充填状;黑云母呈自形片状,多聚集产出。副矿物见有磷灰石、锆石、金红石等。

### 4.二云母二长花岗岩

该带侵入体是区内分布较广的岩性带,出露面积约710 km²,岩石呈灰白色,以二云母二长花岗岩为主,具细粒-中粒花岗结构,块状构造。钾长石呈自形-半自形板状、板柱状,为微斜长石、微纹长石,格子双晶发育;斜长石呈自形-半自形板状,钠长石聚片双晶较发育,与钾长石接触处见蠕英结构;石英呈他形粒状,部分呈聚集体,多具波状消光;黑云母及白云母呈自形片状,部分白云母片较黑云母及其他矿物粒径大,黑云母多色性明显,为浅褐-深棕色。副矿物见有磷灰石、锆石、独居石等。

### 5.二云母花岗岩

为晚期小岩株,出露面积小,一般为几平方千米,与围岩界线清楚。岩石呈灰白色,以细粒二云母花岗岩为主,呈细粒花岗结构,部分为中细粒花岗结构。矿物组成主要为斜长石、石英及白云母,副矿物有锆石、磷灰石、磷钇矿、石榴石、磁铁矿等。

#### 3.1.1.2 幕阜山花岗岩年代学特征

幕阜山岩体研究程度较高,前人对幕阜山花岗岩成岩时代开展了一系列的年代学研究(湖南省地质局区域地质测量队,1978;湖北省地质调查院,2013;Wang et al.,2014;Ji et al.,2017,2018;张鲲等,2017),获得了一大批年龄数据(图3-1,表3-1)。从表3-1年龄数据可见,幕阜山岩体从闪长岩到二云母花岗岩年龄从154 Ma到98 Ma,存在多期次岩浆活动,演化时间为侏罗纪至白垩纪(154~98 Ma),时间跨度约60 Ma。其中闪长岩出露面积小,Wang et al.(2014)测得锆石年龄为154 Ma,代表了闪长岩的成岩年龄。

表 3 - 1　幕阜山地区花岗岩年龄数据表

| 岩性 | 测试年龄 | 测试方法 | 参考文献 |
|---|---|---|---|
| 闪长岩 | 154 Ma | 锆石 U - Pb | Wang et al., 2014 |
| 花岗闪长岩 | 153 Ma | 锆石 U - Pb | 湖南省地质局区域地质测量队, 1978 |
|  | 152 Ma | 锆石 U - Pb | 湖北省地质调查院, 2013 |
|  | 151 Ma | 锆石 U - Pb | Wang et al., 2014 |
|  | 149 Ma | 锆石 U - Pb | Ji et al., 2017, 2018 |
| 黑云母<br>二长花岗岩 | 145 Ma | 锆石 U - Pb | 湖南省地质局区域地质测量队, 1978 |
|  | 146 Ma, 148 Ma | 锆石 U - Pb | Wang et al., 2014 |
|  | 143 Ma, 151 Ma | 锆石 U - Pb | Ji et al., 2017, 2018 |
| 二云母<br>二长花岗岩 | 137 Ma | 锆石 U - Pb | 湖北省地质调查院, 2013 |
|  | 132 Ma, 135 Ma | 锆石 U - Pb | Ji et al., 2017, 2018 |
|  | 140 Ma | 独居石 U - Pb | 未发表数据 |
|  | 131 Ma | 锆石 U - Pb | 张鲲等, 2017 |
| 二云母花岗岩 | 98 Ma | 黑云母 Ar - Ar | Ji et al., 2018 |
|  | 102 Ma | 白云母 Ar - Ar |  |

　　花岗闪长岩由湖南省地质局区域地质测量队(1978)测得锆石年龄为 153 Ma；湖北省地质调查院(2013)测得锆石年龄为 152 Ma；Wang et al. (2014)测得锆石年龄为 151 Ma；Ji et al. (2017, 2018)测得锆石年龄为 149 Ma。幕阜山早期岩体闪长岩年龄范围为 149 Ma ~ 153 Ma。

　　黑云母二长花岗岩由湖南省地质局区域地质测量队(1978)测得锆石年龄为 145 Ma；Wang et al. (2014)测得锆石年龄为 146 Ma, 148 Ma；Ji et al. (2017, 2018)测得锆石年龄为 143 Ma, 151 Ma。幕阜山岩体黑云母二长花岗岩年龄范围为 143 ~ 151 Ma。

　　二云母二长花岗岩由湖北省地质调查院(2013)测得锆石年龄为 137 Ma；Ji et al. (2017, 2018)测得锆石年龄为 132 Ma, 135 Ma；独居石年龄 140 Ma(未发表数据)；张鲲等(2017)测得锆石年龄为 131 Ma。幕阜山岩体二云母二长花岗岩年龄范围为 131 ~ 140 Ma。

　　二云母花岗岩由 Ji et al. (2018)测得云母年龄为 98 Ma(黑云母)，102 Ma(白云母)。幕阜山岩体二云母花岗岩小岩株年龄范围为 98 ~ 102 Ma。

### 3.1.1.3 幕阜山花岗岩地球化学特征

我们对幕阜山岩体不同阶段花岗岩采集了样品进行主量元素和微量元素研究，分析岩石地球化学特征。

#### 1. 主量元素

幕阜山各阶段花岗岩主量元素分析结果如表 3 − 2 所示，主要特征如下：(1)由花岗闪长岩到二云母花岗岩，$SiO_2$(62.7% ~ 73.1%)、$K_2O$(3.15% ~ 5.07%)含量逐渐增高，而 $TiO_2$(0.75% ~ 0.29%)、$Fe_2O_3$(1.83% ~ 0.17%)、$MgO$(3.36% ~ 0.32%)、$CaO$(5.75% ~ 1.12%)则逐渐降低，从数据图解来看样品落入花岗闪长岩区域和花岗岩区域[图 3 −2(a)]，早期花岗闪长岩为镁质花岗岩类，黑云母二长花岗岩 − 二云母花岗岩为铁质花岗岩类[图 3 −2(c)]；(2)铝饱和指数变化较大，从花岗闪长岩到二云母花岗岩，$Al_2O_3$由 17.2% 降低至 14.3%，A/CNK 值变化于0.88 ~ 1.32，大多数样品 A/CNK 大于1，数据图解落入过铝质区域[图 3 −2(d)]，为过铝质岩石；(3)碱含量变化较大，$Na_2O + K_2O$ 含量从花岗闪长岩6.02% 逐渐增高到二云母二长花岗岩的 8.44%，碱质成分逐渐增加，花岗岩由暗色花岗岩演化为浅色花岗岩；(4)$K_2O$ 含量变化规律性明显，在 $SiO_2$ − $K_2O$ 图解[图 3 −2(b)]上，投影点均落在高钾钙碱性岩系内；$K_2O/Na_2O$ 比值也随岩浆演化程度有明显的规律，变化于 0.86 ~ 1.7，其中二云母二长花岗岩和二云母花岗岩 $w(K) > w(Na)$，而黑云母二长花岗岩和花岗闪长岩一般 $w(Na) > w(K)$。

表 3 −2  幕阜山岩体不同阶段花岗岩主量元素分析结果($w_B$/%)

| 岩性 | 二云母花岗岩 | 二云母二长花岗岩 | | 黑云母二长花岗岩 | 花岗闪长岩 | |
| --- | --- | --- | --- | --- | --- | --- |
| | Y6 | Y10 | Y12 | Y8 | Y7 | Y13 |
| $SiO_2$ | 73.10 | 72.70 | 72.90 | 70.20 | 62.70 | 66.90 |
| $TiO_2$ | 0.29 | 0.20 | 0.23 | 0.39 | 0.75 | 0.56 |
| $Al_2O_3$ | 14.30 | 14.40 | 14.40 | 14.80 | 16.00 | 17.20 |
| $Fe_2O_3$ | 0.36 | 0.28 | 0.17 | 0.49 | 1.11 | 1.83 |
| FeO | 2.15 | 2.34 | 1.99 | 3.43 | 4.05 | 2.82 |
| MnO | 0.04 | 0.04 | 0.03 | 0.06 | 0.09 | 0.07 |
| MgO | 0.38 | 0.32 | 0.40 | 0.93 | 3.36 | 1.59 |
| CaO | 1.68 | 1.12 | 1.70 | 2.44 | 5.22 | 2.75 |
| $Na_2O$ | 3.43 | 3.36 | 3.13 | 3.80 | 3.23 | 2.64 |
| $K_2O$ | 4.18 | 5.08 | 4.90 | 3.28 | 3.15 | 3.38 |

续表 3 - 2

| 岩性 | 二云母花岗岩 | 二云母二长花岗岩 | | 黑云母二长花岗岩 | 花岗闪长岩 | |
|---|---|---|---|---|---|---|
| | Y6 | Y10 | Y12 | Y8 | Y7 | Y13 |
| $P_2O_5$ | 0.09 | 0.19 | 0.12 | 0.13 | 0.25 | 0.33 |
| $H_2O^+$ | 0.51 | 0.67 | 0.50 | 0.62 | 0.94 | 2.08 |
| LOI | 0.13 | 0.28 | 0.21 | 0.01 | 0.39 | 1.76 |
| $\Sigma$ | 100.64 | 100.98 | 100.68 | 100.58 | 101.24 | 103.91 |
| $Na_2O + K_2O$ | 7.61 | 8.44 | 8.03 | 7.08 | 6.38 | 6.02 |
| $K_2O/Na_2O$ | 1.22 | 1.51 | 1.57 | 0.86 | 0.98 | 1.28 |
| $FeO/(FeO + MgO)$ | 0.85 | 0.88 | 0.83 | 0.79 | 0.55 | 0.64 |
| A/NK | 1.41 | 1.31 | 1.38 | 1.51 | 1.83 | 2.15 |
| A/CNK | 1.08 | 1.10 | 1.06 | 1.04 | 0.88 | 1.32 |
| R1 | 277.00 | 193.00 | 419.00 | 237.00 | 247.00 | 309.00 |
| R2 | 51.00 | 34.00 | 80.00 | 58.00 | 120.00 | 85.00 |
| 刚玉(C) | 3.43 | 3.33 | 3.43 | 3.23 | 0.28 | 6.73 |
| 分异指数 DI | 87.27 | 88.89 | 87.96 | 80.45 | 61.61 | 73.73 |

在 Harker 图解上(图 3 - 3),随着 $SiO_2$ 含量的增加,MgO、$Al_2O_3$、CaO、FeO 含量降低,表明存在辉石、斜长石、角闪石、钛铁矿等的结晶分异作用。

**2. 微量元素**

幕阜山岩体各阶段花岗岩微量元素数据列于表 3 - 3。在原始地幔标准化蛛网图上各阶段花岗岩分布形式类似[图 3 - 4(a)],均具右倾变化特征,表现为明显亏损 Ba、Nb、Sr、P 和 Ti 等高场强元素,而富集 Rb、Th 等大离子亲石元素。Ba 和 Sr 的亏损表明存在斜长石熔融残留相或结晶分离相(Patino et al.,1995)。P 和 Ti 的亏损与磷灰石和钛铁矿的分离结晶有密切关系。

从花岗闪长岩到二云母花岗岩均以右倾形轻稀土富集型稀土配分模式为特征[图 3 - 4(b)]。具有如下特征:(1)稀土总量较低,由花岗闪长岩稀土总量为 $125 \times 10^{-6}$ 演化到二云母花岗岩为 $181.24 \times 10^{-6}$;(2)轻重稀土分馏强烈,LREE/HREE 从花岗闪长岩到二云母花岗岩变化为 11.94 ~ 28.23,$(La/Yb)_N$ 为 17.3 ~ 76.17;(3)Eu 亏损变化明显,δEu 值由花岗闪长岩的 0.88 逐渐亏损至二云母二长花岗岩的 0.33,表现为晚期花岗岩中 δEu 负异常明显[图 3 - 4(b)]。

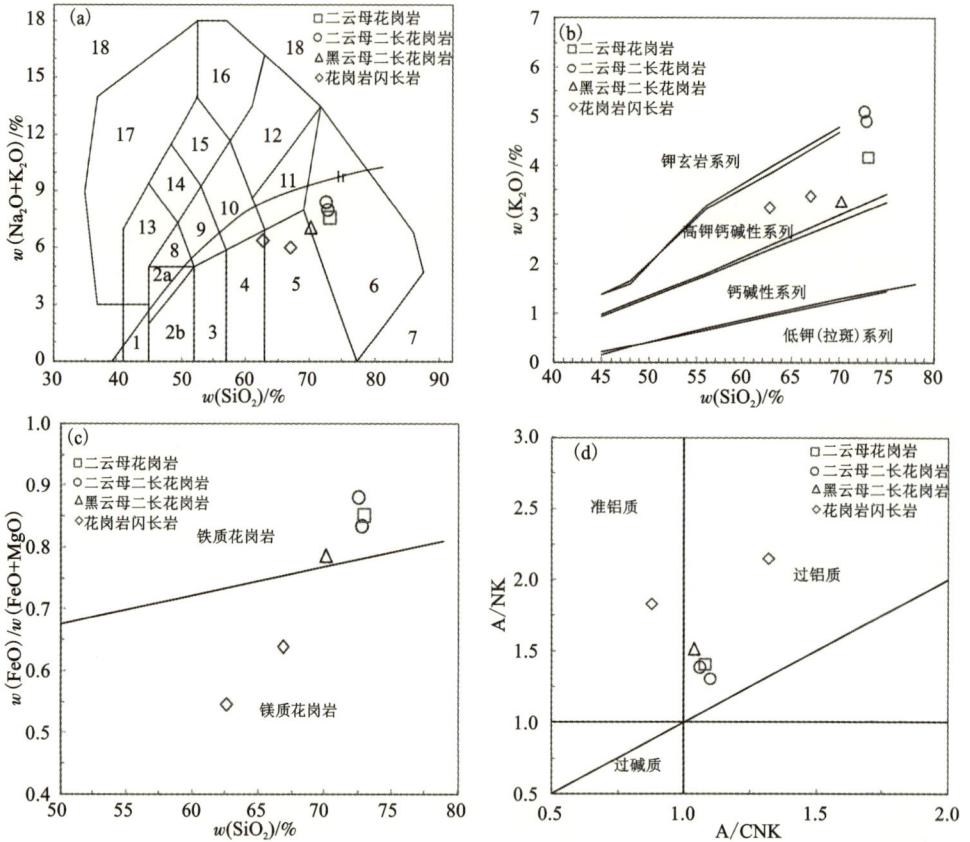

**图3-2　幕阜山岩体不同阶段花岗岩 $w(SiO_2)-w(Na_2O+K_2O)$、$w(SiO_2)-w(K_2O)$、$w(SiO_2)-w(FeO)/w(FeO+MgO)$、A/CNK-A/NK 图解**

图3-2(a)底图据 Middlemost,1994;其中:1—橄榄辉长岩;2a—碱性辉长岩;2b—亚碱性辉长岩;3—辉长闪长岩;4—闪长岩;5-花岗闪长岩;6—花岗岩;7—硅英岩;8—二长辉长岩;9—二长闪长岩;10—二长岩;11—石英二长岩;12—正长岩;13—副长石辉长岩;14—副长石二长闪长岩;15—副长石二长正长岩;16—副长正长岩;17-副长深成岩;18-霓方钠岩/磷霞岩/粗白榴岩。图3-2(b)底图中实线据 Peccerillo and Taylor,1976;虚线据 Middlemost,1985;图3-2(c)底图据 Frost et al.,2001;图3-2(d)底图据 Maniar and Piccoli,1989

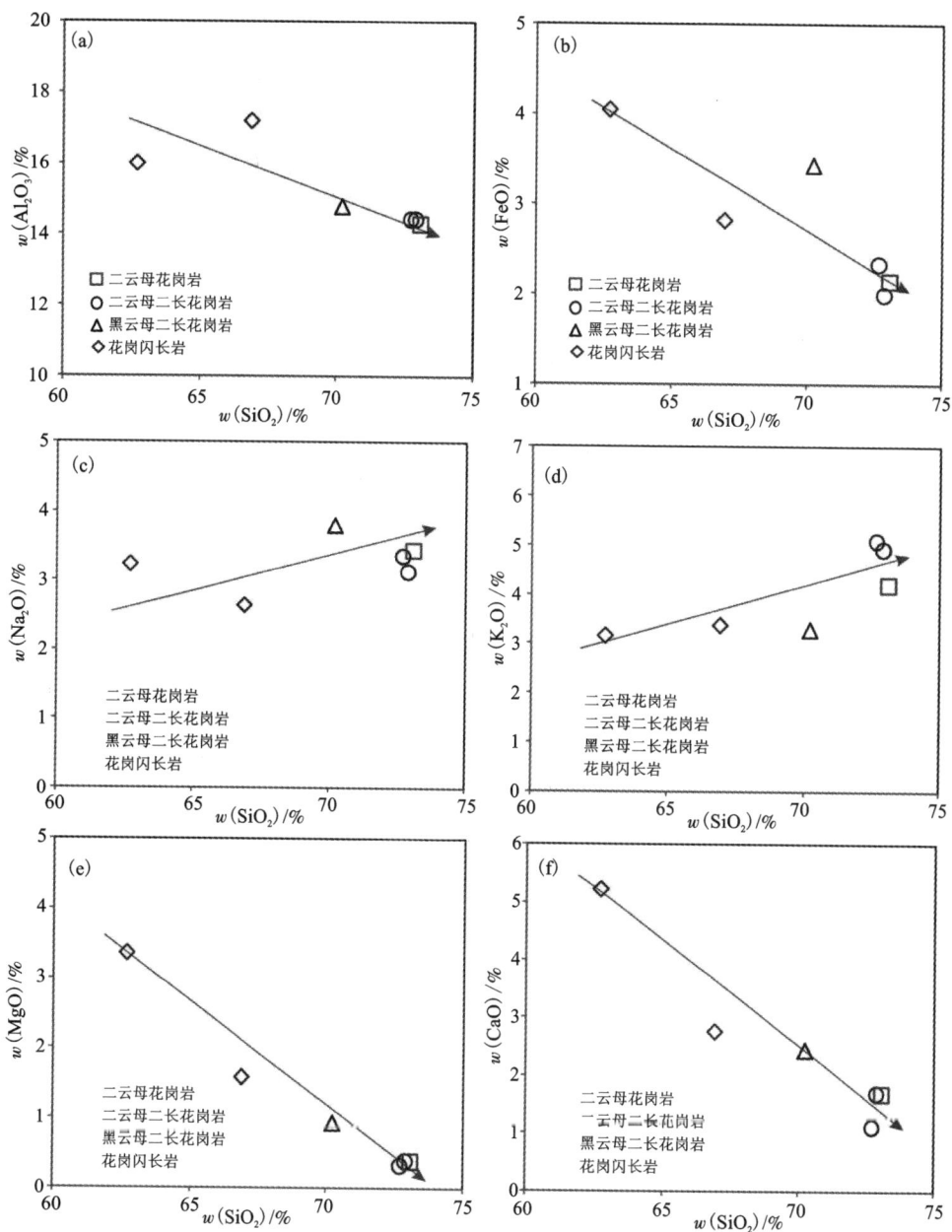

图 3 - 3　幕阜山岩体不同阶段花岗岩主量元素哈克图解

表 3 – 3　幕阜山岩体不同阶段花岗岩微量元素分析结果($w_B/10^{-6}$)

| 岩性 | 二云母花岗岩 | 二云母二长花岗岩 | | 黑云母二长花岗岩 | 花岗岩闪长岩 | |
|---|---|---|---|---|---|---|
| | Y6 | Y10 | Y12 | Y8 | Y7 | Y13 |
| La | 39.75 | 34.36 | 48.85 | 37.75 | 36.41 | 26.49 |
| Ce | 69.13 | 65.56 | 81.87 | 64.55 | 67.93 | 56.21 |
| Pr | 7.98 | 8.22 | 9.58 | 7.41 | 8.28 | 6.45 |
| Nd | 26.82 | 26.92 | 29.17 | 24.80 | 29.82 | 22.34 |
| Sm | 4.09 | 5.40 | 4.82 | 4.10 | 5.13 | 4.02 |
| Eu | 0.73 | 0.50 | 0.75 | 0.80 | 1.34 | 0.95 |
| Gd | 2.60 | 3.94 | 2.84 | 2.77 | 4.23 | 3.22 |
| Tb | 0.34 | 0.58 | 0.33 | 0.37 | 0.59 | 0.39 |
| Dy | 1.49 | 2.63 | 1.50 | 1.85 | 3.34 | 2.23 |
| Ho | 0.24 | 0.44 | 0.28 | 0.34 | 0.64 | 0.39 |
| Er | 0.55 | 1.01 | 0.64 | 0.82 | 1.67 | 1.00 |
| Tm | 0.07 | 0.15 | 0.09 | 0.12 | 0.26 | 0.16 |
| Yb | 0.40 | 0.78 | 0.46 | 0.66 | 1.51 | 0.99 |
| Lu | 0.06 | 0.11 | 0.06 | 0.10 | 0.23 | 0.16 |
| Y | 5.60 | 10.79 | 5.65 | 7.70 | 15.36 | 9.10 |
| Rb | 237.00 | 360.00 | 191.00 | 194.00 | 139.00 | 144.00 |
| K | 34699 | 42171 | 40676 | 27228 | 26149 | 28058 |
| Ba | 554.00 | 288.00 | 747.00 | 509.00 | 635.00 | 861.00 |
| Th | 21.00 | 28.20 | 37.40 | 22.20 | 13.80 | 11.20 |
| U | 2.20 | 4.20 | 2.30 | 2.40 | 2.30 | 2.20 |
| Nb | 11.40 | 15.30 | 7.80 | 6.50 | 10.40 | 7.20 |
| Sr | 148.00 | 67.10 | 213.00 | 291.00 | 375.00 | 364.00 |
| Nd | 26.82 | 26.92 | 29.17 | 24.80 | 29.82 | 22.34 |
| P | 392.81 | 829.27 | 523.75 | 567.40 | 1091.15 | 1440.32 |
| Zr | 143.00 | 118.00 | 131.00 | 147.00 | 138.00 | 161.00 |
| Hf | 3.00 | 3.80 | 4.70 | 5.50 | 4.50 | 6.10 |

续表 3 - 3

| 岩性 | 二云母花岗岩 | 二云母二长花岗岩 | | 黑云母二长花岗岩 | 花岗岩闪长岩 | |
|---|---|---|---|---|---|---|
| Ti | 1738.55 | 1199.00 | 1378.85 | 2338.05 | 4496.25 | 3357.20 |
| ΣREE | 154.25 | 150.60 | 181.24 | 146.44 | 161.38 | 125.00 |
| LREE | 148.50 | 140.96 | 175.04 | 139.41 | 148.91 | 116.46 |
| HREE | 5.75 | 9.64 | 6.20 | 7.03 | 12.47 | 8.54 |
| LREE/HREE | 25.83 | 14.62 | 28.23 | 19.83 | 11.94 | 13.64 |
| $La_N/Yb_N$ | 71.28 | 31.60 | 76.17 | 41.03 | 17.30 | 19.19 |
| $\delta Eu$ | 0.68 | 0.33 | 0.62 | 0.73 | 0.88 | 0.81 |
| $\delta Ce$ | 0.95 | 0.96 | 0.93 | 0.95 | 0.96 | 1.05 |

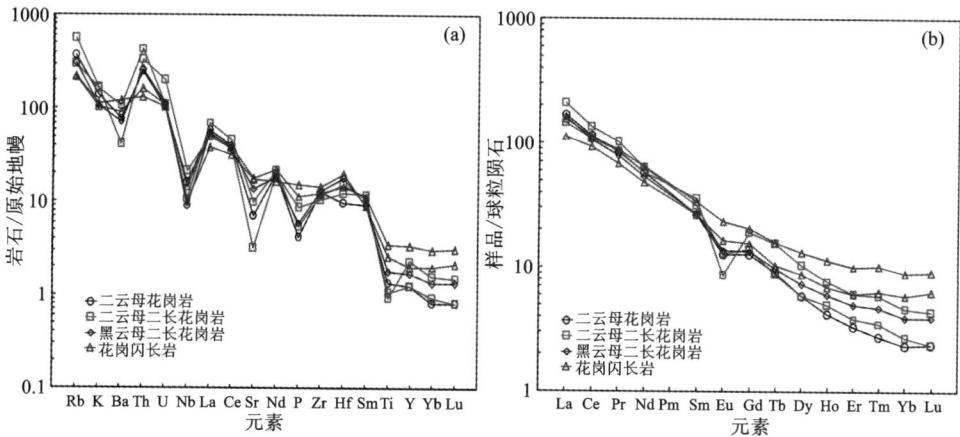

图 3 - 4　幕阜山岩体不同阶段花岗岩微量元素蛛网图(a)及稀土元素配分图(b)

### 3. 稀有金属特征

幕阜山地区不同阶段花岗岩稀有元素含量列于表 3 - 4。从表 3 - 4、图 3 - 5 中可以看出从花岗闪长岩到二云母花岗岩稀有元素含量呈现规律性变化特征，Li、Be、Ta、Nb、Rb、Cs 元素含量在花岗闪长岩中较低(依次为 $52.5 \times 10^{-6}$，$2.5 \times 10^{-6}$，$0.71 \times 10^{-6}$，$7.2 \times 10^{-6}$，$139 \times 10^{-6}$，$9.3 \times 10^{-6}$)，演化到二云母二长花岗岩达到最高(依次为 $191 \times 10^{-6}$，$8.4 \times 10^{-6}$，$3 \times 10^{-6}$，$15.3 \times 10^{-6}$，$360 \times 10^{-6}$，$51.6 \times 10^{-6}$)。而 Zr、Hf、Sr 元素呈相反变化特征，在早期花岗闪长岩中含量较高(依次为 $161 \times 10^{-6}$，$6.1 \times 10^{-6}$，$364 \times 10^{-6}$)。

表 3-4　幕阜山地区不同阶段花岗岩稀有、挥发分元素分析结果（$w_B/10^{-6}$）

| 岩性 | 二云母花岗岩 | 二云母二长花岗岩 | | 黑云母二长花岗岩 | 花岗岩闪长岩 | |
| --- | --- | --- | --- | --- | --- | --- |
| | Y6 | Y10 | Y12 | Y8 | Y7 | Y13 |
| Li | 85.8 | 191 | 34.4 | 103 | 52.5 | 54.6 |
| Be | 3.9 | 8.4 | 2.5 | 5.9 | 2.5 | 3.5 |
| Ta | 1.1 | 3 | 0.64 | 0.6 | 0.76 | 0.71 |
| Nb | 11.4 | 15.3 | 7.8 | 6.5 | 10.4 | 7.2 |
| Zr | 143 | 118 | 131 | 147 | 138 | 161 |
| Hf | 3 | 3.8 | 4.7 | 5.5 | 4.5 | 6.1 |
| Rb | 237 | 360 | 191 | 194 | 139 | 144 |
| Sr | 148 | 67.1 | 213 | 291 | 375 | 364 |
| Cs | 7.7 | 51.6 | 7 | 35.8 | 9.3 | 9.6 |
| F | 837 | 1133 | 905 | 928 | 764 | 738 |

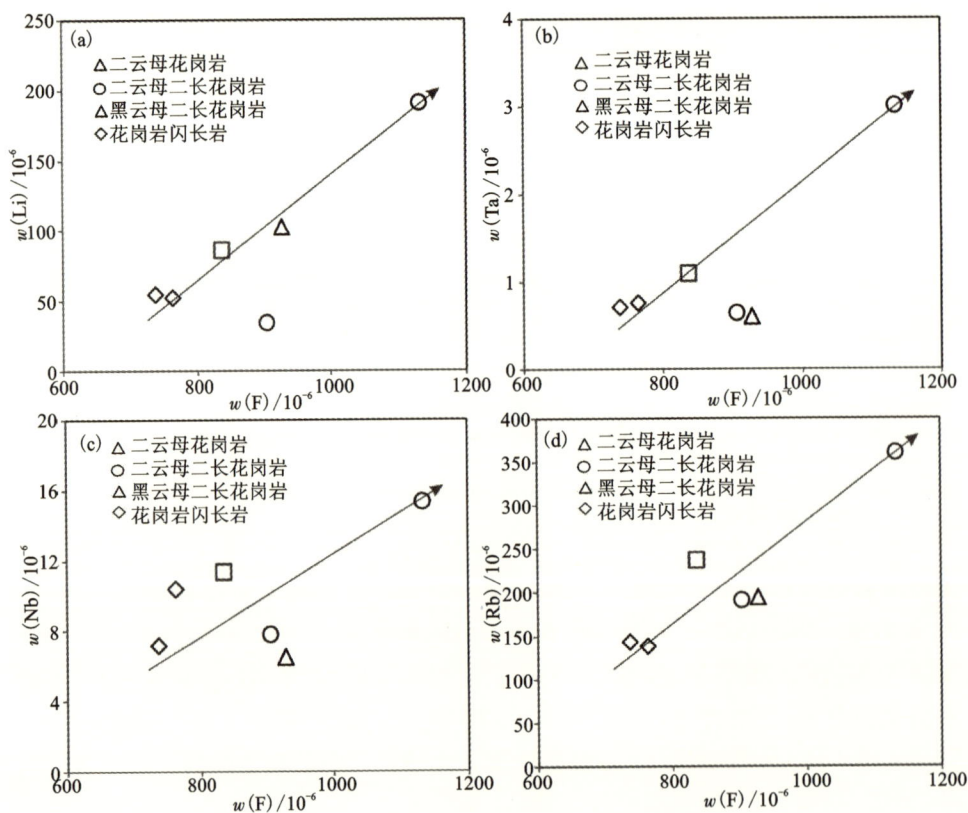

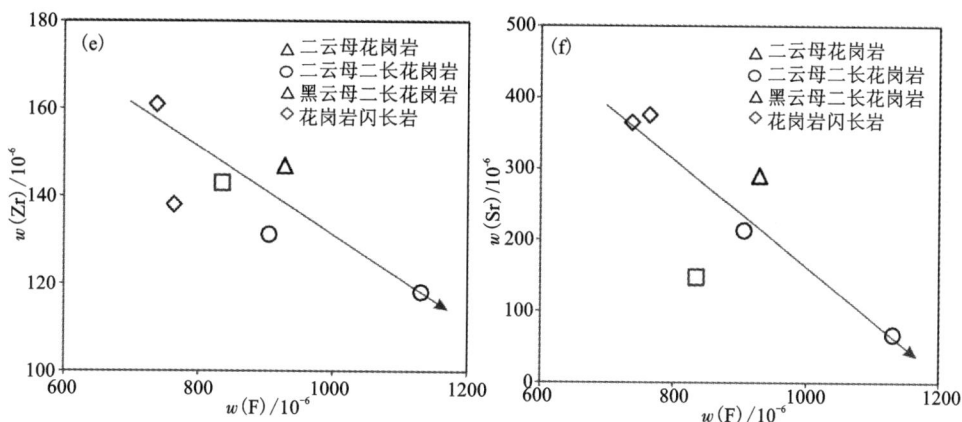

图 3-5　幕阜山地区不同阶段花岗岩 F-稀有金属关系图

从图 3-5 中可见，随挥发分 F 元素含量增加，稀有元素也呈现线性变化的特征。表现为从花岗闪长岩到二云母花岗岩，Li、Ta、Nb、Rb 元素随 F 元素含量增高呈正相关变化；Zr、Sr 元素随 F 元素含量增高呈反相关变化。表明 Li、Ta、Nb、Rb 等元素在岩浆演化晚阶段富集，而 Zr、Sr 等元素随岩浆演化逐渐亏损。

## 3.1.2　连云山岩体

### 3.1.2.1　连云山花岗岩特征

连云山岩体位于长平大断裂东侧，北东起于白石江，南面止于福寿山，该范围内分布一系列岩体，大小岩体近 20 个，总面积为 140 km²，形态受北北东构造控制。连云山岩体岩性主要为黑云母二长花岗岩及二云母二长花岗岩。

连云山岩体主要岩性为中细粒（少斑）黑云母二长花岗岩和中细粒（斑状）二云母二长花岗岩（图 3-6）。

中细粒（少斑）黑云母二长花岗岩呈灰色，似斑状结构，斑晶由粗大的钾长石组成，定向性较好，斜长石呈扭曲双晶、碎裂结构，黑云母略显定向排列；主要成分包括石英（26%）、斜长石（3%）、钾长石（35%）、黑云母（6%），主要副矿物为钛铁矿、磁铁矿、独居石、榍石、磷灰石等（许德如等，2009）；细（中）粒二云母二长花岗岩，灰白色，块状构造，细（中）粒花岗结构。主要矿物组成为石英（20%~25%）、碱性长石（25%~30%）、斜长石（30%~35%）、黑云母（7%）和白云母（5%）。副矿物主要为磷灰石，独居石和锆石（许德如等，2017）。

### 3.1.2.2　连云山花岗岩年代学特征

根据湖南地质研究所（1995）同位素定年资料：连云山岩体黑云母二长花岗岩

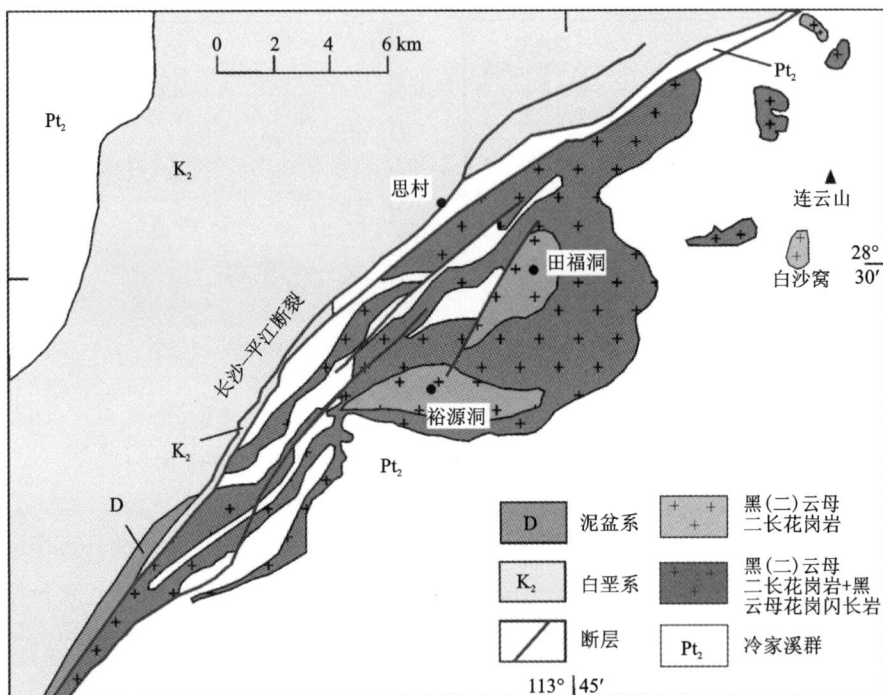

图 3 – 6　连云山岩体地质简图(据许德如等, 2017)

和黑云母花岗闪长岩中黑云母 K – Ar 测定年龄为 160 Ma、独居石 U – Th – Pb 测定年龄为 164 Ma, 形成时代为中侏罗世(164 ~ 160 Ma)。

连云山二云母二长花岗岩锆石 U – Pb 加权平均年龄为(145 ± 1) Ma(许德如等, 2017)。

综合前人对连云山花岗岩测年结果, 连云山岩体形成于 164 ~ 145 Ma。

### 3.1.3　白沙窝岩体

#### 3.1.3.1　白沙窝花岗岩特征

白沙窝岩体位于连云山岩体东面约 10 km, 侵入到冷家溪群地层中, 呈小岩株状产出, 野外见有伟晶岩脉沿花岗岩张裂隙充填[图 3 – 7(a)]。岩性主要为细(中)粒二云母二长花岗岩, 岩石具细(中)粒花岗结构, 主要矿物组成为石英(20% ~ 25%)、碱性长石(30% ~ 35%)、斜长石(25% ~ 30%)、黑云母(3% ~ 5%)和白云母(5% ~ 8%)[图 3 – 7(b)]。从镜下特征观察来看, 斜长石为半自形 – 自形板状, 大小一般为 0.2 ~ 1.5 mm; 钠长石呈自形板状, 大小一般为 0.5 ~ 2 mm; 石英为他形粒状, 大小一般为 0.5 ~ 1.5 mm; 云母为细小板片状, 片径一般为 0.2~1 mm[图 3-7(c)]。花岗岩中副矿物主要见有浅红色粒状石榴石[图 3-7(d)]、电气石等矿物。

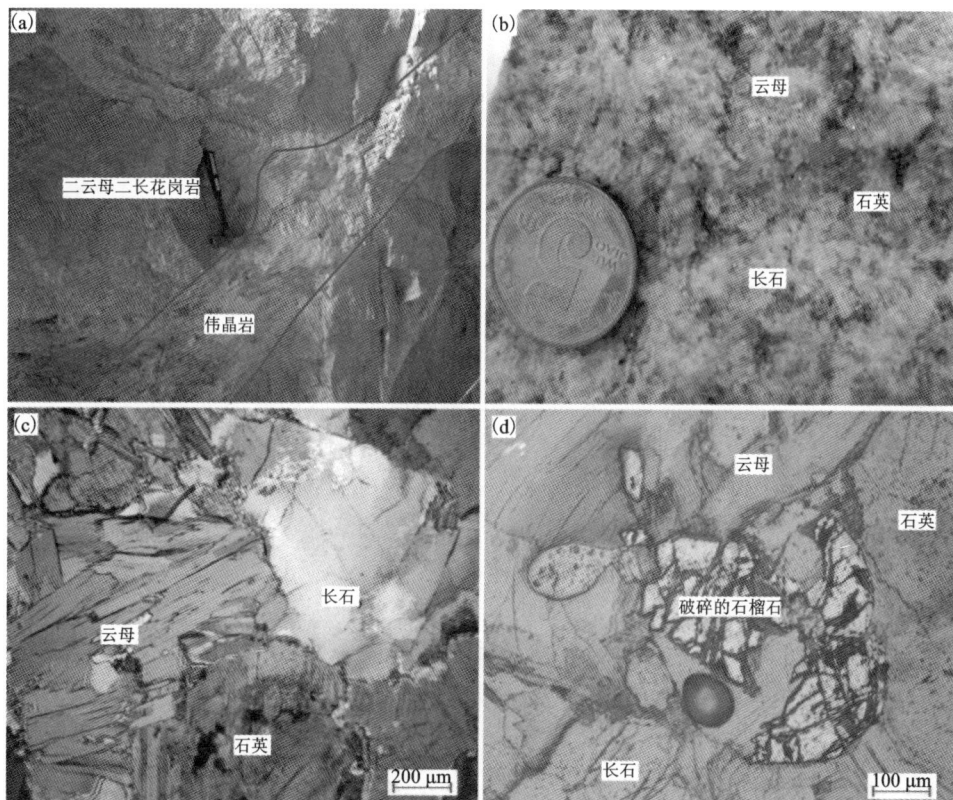

图 3-7　白沙窝花岗岩岩石学及镜下特征

### 3.1.3.2　白沙窝花岗岩年代学及 Hf 同位素特征

**1. 样品选取及实验方法**

本书的分析测试样品采自白沙窝岩体未遭受风化蚀变的新鲜二云母二长花岗岩。

锆石单矿物的挑选是在无污染的环境下用人工重砂方法分选出(包括手工碎样、水洗、磁选),然后在双目镜下挑选,选出晶形较好、具代表性的锆石用环氧树脂充分固定、抛光,制成样品靶。锆石的 CL 图像和 LA - ICPMS U - Pb 定年是在中国科学院地球化学研究所矿床地球化学国家重点实验室完成的。

锆石 U - Pb 测试分析仪器为 Perkinelmer 生产的 ELAN DRC - e 型等离子质谱仪,配套 GeoLasPro 195 nm 型准分子激光剥蚀系统,所用束斑直径为 32 μm。原始测试数据用 ICPMSDataCal 软件进行处理(Liu et al.，2008)。普通 Pb 校正方法参照 Andersen(2002)，$^{206}$Pb - $^{238}$U 加权平均年龄和协和图解由 ISOPLOT 软件获得(Ludwig，2003a，b)。单个数据点误差均为 1σ。

锆石 Hf 同位素分析在西北大学(西安)实验室 Nuplasma 多接收 MC - ICP - MS 仪器上进行。激光剥蚀所用斑束直径为 44 μm。仪器条件和数据获取详见 Hu et al.(2012)。为了校正 $^{176}$Lu 和 $^{176}$Yb 对 $^{176}$Hf 的干扰，取 $^{176}$Lu/$^{175}$Hf = 0.02656 和 $^{176}$Yb/$^{173}$Yb = 0.79381(Blichert et al.，1997；Segal et al.，2003)为定值。采用 $^{173}$Yb/$^{171}$Yb = 1.13017 和 $^{179}$Hf/$^{177}$Hf = 0.7325 分别对 Yb 同位素和 Hf 同位素进行指数归一化质量歧视校正(Segal et al.，2003)。锆石标样 GJ - 1 的 $^{176}$Hf/$^{177}$Hf 标准值为 0.282013 ± 19(Hu et al.，2012)。

**2. 锆石 U - Pb 年龄**

锆石均呈浅黄色至无色，绝大部分锆石晶型为自形 - 半自形；柱状，大小 80 ~ 200 μm，长轴与短轴之比多为 2 ~ 3，从阴极发光的图像上看，多数锆石具有典型的继承核和增生边结构，大多显示出岩浆锆石所特有的韵律环带(Hoskin et al.，2003；吴元保等，2004)(图 3 - 8)，其颜色一般较白，指示了较低的 U 和 Th 含量，而边部的颜色较黑，且大部分具明显的岩浆环带。本次选择了环带清晰、无裂纹、锆石表面清晰的位置对其进行分析。

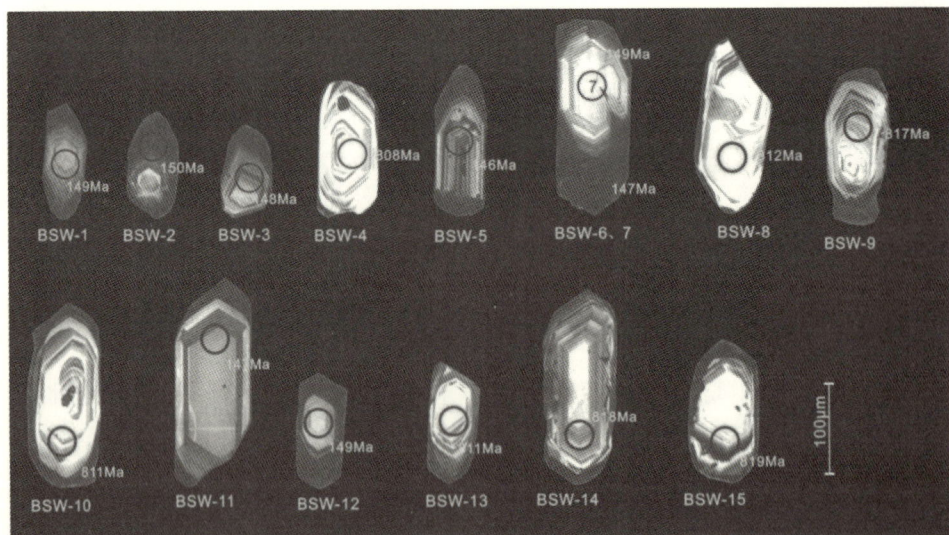

**图 3 - 8 样品中代表性锆石阴极发光(CL)图像及其 U - Pb 年龄**

(样品中圆圈为取样点位置)

对样品进行了共计 15 个点的测试(图 3 - 8，表 3 - 5)，测点在 U - Pb 年龄曲线图上(图 3 - 9),谐和度均较好。其中 BSW - 04、08 ~ 10 和 13 ~ 15 号测试点的年龄值明显高于其他测点,所对应的$^{206}$Pb/$^{238}$U 年龄值为 808 ~ 819 Ma,这些年龄值明显偏高的锆石为继承锆石。其余测点其加权平均值为 147.5 ± 1.6 Ma(MSWD = 0.37)(图 3 - 9)。

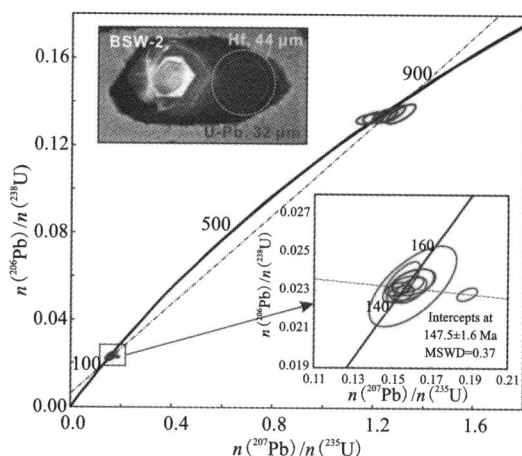

图 3 - 9　白沙窝花岗岩体的锆石 U - Pb 谐和曲线图

### 3. Hf 同位素特征

对测年样品锆石中的 12 个测点(包含 5 个继承锆石)进行了原位 Hf 同位素分析,除继承锆石用测点的年龄计算外,其余锆石 Hf 同位素计算所用的年龄为该样品的$^{206}$Pb/$^{238}$U 年龄加权平均值,分析结果见表 3 - 6。本次分析样品共计 12 颗锆石的$^{176}$Yb/$^{177}$Hf 和$^{176}$Lu/$^{177}$Hf 比值范围分别为 0.016623 ~ 0.025437 和 0.000635 ~ 0.000893(其中 5 个继承锆石$^{176}$Yb/$^{177}$Hf 和$^{176}$Lu/$^{177}$Hf 比值范围分别为 0.015163 ~ 0.043762 和 0.000619 ~ 0.001922),$^{176}$Lu/$^{177}$Hf 比值均小于 0.002,表明这些锆石在形成以后,仅具有较少放射成因 Hf 的积累,因而可以用初始$^{176}$Hf/$^{177}$Hf 比值来代表锆石形成时的$^{176}$Hf/$^{177}$Hf 比值(吴福元等,2007)。考虑到样品的$f_{Lu/Hf}$平均值为 - 0.97,明显小于铁镁质地壳的$f_{Lu/Hf}$值( - 0.34,Ameilin et al.,1999)和硅铝质地壳的$f_{Lu/Hf}$值( - 0.72,Vervoort et al.,1996)。因此其二阶段模式年龄更能反映其源区物质从亏损地幔抽取的时间。

7 颗锆石样品的($^{176}$Hf/$^{177}$Hf)$_i$的变化范围为 0.282298 ~ 0.282417(表 3 - 5,图 3 - 10),对应的$\varepsilon_{Hf}(t)$变化范围为 - 9.4 ~ - 13.6,平均值为 - 10.9;地壳模式年龄$T_{DM2}$变化范围为 1790 ~ 2054 Ma。5 颗继承锆石的($^{176}$Hf/$^{177}$Hf)$_i$的变化范围为 0.282286 ~ 0.282340(表 3 - 5,图 3 - 10),对应的$\varepsilon Hf(t)$变化范围为 - 0.1 ~

2.0，平均值为 1.02；地壳模式年龄 $T_{DM2}$ 变化范围为 1577～1702 Ma。

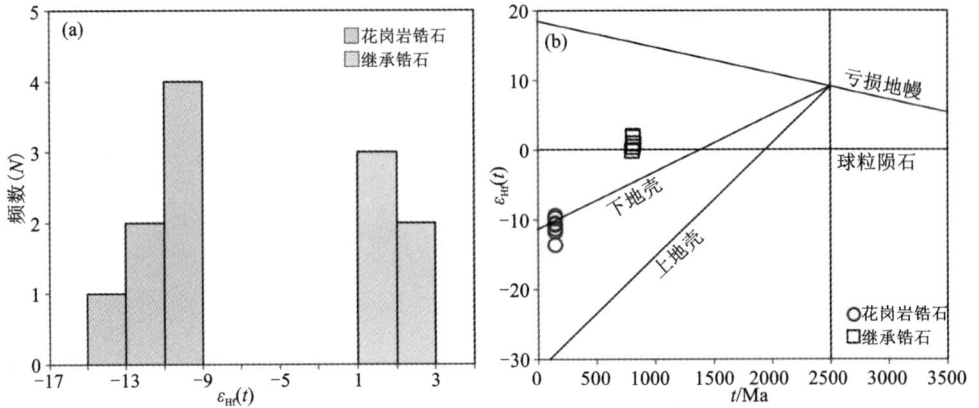

图 3-10　花岗岩锆石 $\varepsilon_{Hf}(t)$ 直方图（a）和 Hf 同位素演化图解（b）

　　Hf 同位素示踪研究已经广泛地应用于揭示地壳演化和示踪岩浆源区（吴福元等，2007）。花岗岩样品的锆石的 Hf 同位素组成比较均一，具有相似的 $\varepsilon Hf(t)$ 变化范围（集中于 -9.4～-13.6），Hf 同位素二阶段模式年龄非常集中（1.79～2.05 Ma）。Hf 同位素 $\varepsilon_{Hf}(t)<0$ 表明岩石为古老地壳部分熔融而成（Griffin et al.，2002，2006）。

　　根据白沙窝岩体花岗岩 $\varepsilon_{Hf}(t)<0$ 的特征，在 $\varepsilon_{Hf}(t)-t$ 图解中［图 3-10（b）］，样品点均集中分布于亏损地幔线及球粒陨石演化线之下（Wu et al.，2006；吴福元等，2007），表明白沙窝岩体花岗岩为古老地壳物质部分熔融的产物。继承锆石样品点落在亏损地幔和球粒陨石之间，表明其岩浆源区为亏损地幔分异产生的新生地壳的迅速重熔区，新生地壳年龄为新元古代，与张鲲等（2017）研究的继承锆石结果类似。

表 3-5　白沙窝花岗岩 LA-ICP-MS 锆石 U-Th-Pb 同位素测试结果

| 分析点 | 含量/10⁻⁶ | | | Th/U | 同位素比值($n_A/n_B$) | | | | | | | 年龄/Ma | | | | | | 协和度/% |
|---|---|---|---|---|---|---|---|---|---|---|---|---|---|---|---|---|---|---|
| | Pb | Th | U | | $\frac{207Pb}{206Pb}$ | 1σ | $\frac{207Pb}{235U}$ | 1σ | $\frac{206Pb}{238U}$ | 1σ | | $\frac{207Pb}{206Pb}$ | 1σ | $\frac{207Pb}{235U}$ | 1σ | $\frac{206Pb}{238U}$ | 1σ | |
| BSW -01 | 15 | 259 | 502 | 0.516 | 0.0492 | 0.0016 | 0.1583 | 0.0052 | 0.0234 | 0.0003 | | 154 | 76 | 149 | 5 | 149 | 2 | 99 |
| BSW -02 | 54 | 426 | 2278 | 0.187 | 0.0479 | 0.0016 | 0.1547 | 0.0061 | 0.0235 | 0.0007 | | 95 | 80 | 146 | 5 | 150 | 4 | 97 |

续表 3－5

| 分析点 | 含量/10⁻⁶ | | | Th/U | 同位素比值($n_A/n_B$) | | | | | | 年龄/Ma | | | | | | 协和度/% |
|---|---|---|---|---|---|---|---|---|---|---|---|---|---|---|---|---|---|
| | Pb | Th | U | | $^{207}Pb/^{206}Pb$ | 1σ | $^{207}Pb/^{235}U$ | 1σ | $^{206}Pb/^{238}U$ | 1σ | $^{207}Pb/^{206}Pb$ | 1σ | $^{207}Pb/^{235}U$ | 1σ | $^{206}Pb/^{238}U$ | 1σ | |
| BSW-03 | 17 | 364 | 623 | 0.583 | 0.0525 | 0.0036 | 0.1609 | 0.0147 | 0.0233 | 0.0014 | 306 | 157 | 151 | 13 | 148 | 9 | 97 |
| BSW-04 | 75 | 112 | 495 | 0.227 | 0.0645 | 0.0014 | 1.1973 | 0.0284 | 0.1335 | 0.0016 | 767 | 245 | 799 | 13 | 808 | 9 | 98 |
| BSW-05 | 36 | 667 | 1207 | 0.553 | 0.0489 | 0.0014 | 0.1542 | 0.0045 | 0.0228 | 0.0003 | 143 | 69 | 146 | 4 | 146 | 2 | 99 |
| BSW-06 | 59 | 412 | 2466 | 0.167 | 0.0496 | 0.0014 | 0.1594 | 0.0055 | 0.0231 | 0.0004 | 176 | 65 | 150 | 5 | 147 | 3 | 97 |
| BSW-07 | 15 | 343 | 459 | 0.748 | 0.0503 | 0.0024 | 0.1611 | 0.0074 | 0.0235 | 0.0005 | 206 | 111 | 152 | 6 | 149 | 3 | 98 |
| BSW-08 | 43 | 37 | 299 | 0.125 | 0.0668 | 0.0015 | 1.2409 | 0.0322 | 0.1342 | 0.0022 | 831 | 46 | 819 | 15 | 812 | 12 | 99 |
| BSW-9 | 64 | 64 | 432 | 0.149 | 0.0705 | 0.0023 | 1.3038 | 0.0372 | 0.1351 | 0.0029 | 944 | 67 | 847 | 16 | 817 | 17 | 96 |
| BSW-10 | 53 | 65 | 353 | 0.183 | 0.0714 | 0.0019 | 1.3498 | 0.0449 | 0.1340 | 0.0029 | 969 | 58 | 867 | 19 | 811 | 17 | 93 |
| BSW-11 | 31 | 519 | 1059 | 0.490 | 0.0475 | 0.0012 | 0.1531 | 0.0041 | 0.0231 | 0.0002 | 76 | 94 | 145 | 4 | 147 | 1 | 98 |
| BSW-12 | 10 | 238 | 295 | 0.806 | 0.0512 | 0.0028 | 0.1598 | 0.0077 | 0.0233 | 0.0005 | 256 | 126 | 151 | 7 | 149 | 3 | 98 |
| BSW-13 | 60 | 184 | 351 | 0.525 | 0.0680 | 0.0019 | 1.2636 | 0.0352 | 0.1341 | 0.0020 | 878 | 56 | 830 | 16 | 811 | 11 | 97 |
| BSW-14 | 56 | 139 | 354 | 0.393 | 0.0687 | 0.0019 | 1.2791 | 0.0342 | 0.1352 | 0.0024 | 900 | 57 | 836 | 15 | 818 | 14 | 97 |
| BSW-15 | 63 | 92 | 416 | 0.220 | 0.0642 | 0.0013 | 1.2063 | 0.0262 | 0.1354 | 0.0016 | 750 | 44 | 803 | 12 | 819 | 9 | 98 |

表 3 - 6　白沙窝花岗岩锆石 Lu - Hf 同位素分析结果

| 分析点 | $n(^{176}Hf)/$ $n(^{177}Hf)$ | 1s | $n(^{176}Yb)/$ $n(^{177}Hf)$ | 1s | $n(^{176}Lu)/$ $n(^{177}Hf)$ | 1s | $t/Ma$ | $\varepsilon Hf(t)$ | TDM1 | TDM2 | fs |
|---|---|---|---|---|---|---|---|---|---|---|---|
| 1 | 0.282387 | 0.000016 | 0.025437 | 0.001112 | 0.000850 | 0.000029 | 149 | -10.5 | 1217 | 1858 | -0.97 |
| 2 | 0.282408 | 0.000020 | 0.023412 | 0.000251 | 0.000893 | 0.000009 | 150 | -9.7 | 1190 | 1811 | -0.97 |
| 3 | 0.282382 | 0.000018 | 0.023205 | 0.000138 | 0.000813 | 0.000004 | 148 | -10.6 | 1223 | 1868 | -0.98 |
| 4 | 0.282331 | 0.000017 | 0.015163 | 0.000298 | 0.000619 | 0.000013 | 808 | 2.0 | 1288 | 1577 | |
| 5 | 0.282417 | 0.000014 | 0.021360 | 0.000211 | 0.000724 | 0.000007 | 146 | -9.4 | 1172 | 1790 | -0.98 |
| 6 | 0.282298 | 0.000038 | 0.020609 | 0.000476 | 0.000788 | 0.000018 | 147 | -13.6 | 1339 | 2054 | -0.98 |
| 7 | 0.282354 | 0.000016 | 0.022064 | 0.000185 | 0.000880 | 0.000007 | 149 | -11.6 | 1264 | 1930 | -0.98 |
| 8 | 0.282286 | 0.000014 | 0.030421 | 0.001292 | 0.001217 | 0.000050 | 812 | -0.1 | 1371 | 1702 | -0.96 |
| 9 | 0.282340 | 0.000014 | 0.036639 | 0.000164 | 0.001520 | 0.000007 | 817 | 1.8 | 1306 | 1587 | -0.95 |
| 10 | 0.282317 | 0.000018 | 0.043762 | 0.000332 | 0.001922 | 0.000014 | 811 | 0.9 | 1352 | 1648 | -0.97 |
| 11 | 0.282364 | 0.000022 | 0.016623 | 0.000454 | 0.000635 | 0.000014 | 147 | -11.2 | 1242 | 1906 | -0.94 |
| 12 | 0.282301 | 0.000021 | 0.036560 | 0.000634 | 0.001497 | 0.000026 | 818 | 0.4 | 1360 | 1673 | -0.95 |

### 3.1.3.3　白沙窝花岗岩地球化学特征

#### 1. 主量元素

白沙窝二云母二长花岗岩主量元素分析结果如表 3 - 7 所示。$SiO_2$ 含量为 72.5% ~ 74.91%，硅质含量较高，数据点落入花岗岩类[图 3 - 11(a)]；$Al_2O_3$ 含量为 14.61% ~ 15.12%，A/CNK 值变化于 1.19 ~ 1.24，样品数据均大于 1，数据点落入过铝质区域[图 3 - 11(d)]，为过铝质岩石；$Na_2O$ 含量为 3.76% ~ 4.13%，$K_2O$ 含量为 4.16% ~ 4.4%，总碱 $Na_2O + K_2O$ 含量为 8.09% ~ 8.53%；$K_2O/Na_2O$ 比值为 1.03 ~ 1.15，在 $SiO_2$ - $K_2O$ 图解[图 3 - 11(b)]上，投影点均落在高钾钙碱性岩系中；FeO 含量为 0.81% ~ 1.42%，FeO/FeO + MgO 比值为 0.86% ~ 0.91%，为铁质花岗岩类[图 3 - 11(c)]。白沙窝花岗岩主量元素特征与连云山花岗岩相类似(许德如等，2017)。

表 3 - 7　白沙窝花岗岩主量元素分析结果($w_B/\%$)

| 样品号 | 二云母二长花岗岩 | | | | | |
|---|---|---|---|---|---|---|
| | BSW - H1 | BSW - H2 | BSW - H3 | BSW - H4 | BSW - H5 | BSW - H6 |
| $SiO_2$ | 74.91 | 73.9 | 73.26 | 74.75 | 74.72 | 72.5 |
| $Al_2O_3$ | 14.61 | 14.72 | 14.91 | 14.7 | 15.05 | 15.12 |

续表 3 - 7

| 样品号 | 二云母二长花岗岩 | | | | | |
|---|---|---|---|---|---|---|
| | BSW - H1 | BSW - H2 | BSW - H3 | BSW - H4 | BSW - H5 | BSW - H6 |
| CaO | 0.61 | 0.57 | 0.67 | 0.67 | 0.82 | 1.01 |
| $Fe_2O_3$ | 0.11 | 0.22 | 0.21 | 0.21 | 0.11 | 0.13 |
| FeO | 1.42 | 0.81 | 1.32 | 1.14 | 1.12 | 0.98 |
| $K_2O$ | 4.16 | 4.32 | 4.24 | 4.27 | 4.26 | 4.4 |
| MgO | 0.14 | 0.15 | 0.16 | 0.15 | 0.16 | 0.16 |
| MnO | 0.07 | 0.07 | 0.07 | 0.06 | 0.06 | 0.05 |
| $Na_2O$ | 4.05 | 3.76 | 3.96 | 3.82 | 3.96 | 4.13 |
| $P_2O_5$ | 0.15 | 0.13 | 0.13 | 0.13 | 0.13 | 0.14 |
| $TiO_2$ | 0.04 | 0.04 | 0.04 | 0.05 | 0.05 | 0.05 |
| $CO_2$ | 0.34 | 0.21 | 0.55 | 0.05 | 0.21 | 0.44 |
| $H_2O^+$ | 0.38 | 0.47 | 0.47 | 0.48 | 0.86 | 0.64 |
| LOI | 0.9 | 1.1 | 0.8 | 0.9 | 0.8 | 0.84 |
| 合计 | 101.2 | 99.8 | 99.8 | 100.9 | 101.2 | 99.5 |
| $Na_2O + K_2O$ | 8.21 | 8.08 | 8.20 | 8.09 | 8.22 | 8.53 |
| $K_2O/Na_2O$ | 1.03 | 1.15 | 1.07 | 1.12 | 1.08 | 1.07 |
| FeO/FeO + MgO | 0.91 | 0.84 | 0.89 | 0.88 | 0.88 | 0.86 |
| $Fe_2O_3/FeO$ | 0.08 | 0.27 | 0.16 | 0.18 | 0.10 | 0.13 |
| 分异指数(DI) | 92.27 | 92.71 | 91.13 | 91.68 | 91.49 | 91.8 |
| A/NK | 1.308 | 1.355 | 1.343 | 1.348 | 1.353 | 1.308 |
| A/CNK | 1.19 | 1.237 | 1.21 | 1.212 | 1.193 | 1.129 |
| R1 | 2519 | 2576 | 2450 | 2585 | 2522 | 2322 |
| R2 | 357 | 361 | 374 | 367 | 388 | 416 |
| 刚玉(C) | 3.45 | 3.65 | 4.18 | 2.99 | 3.2 | 3.1 |

## 2. 微量元素

花岗岩样品的微量元素和稀土元素测试结果如表 3 - 8 所示。在原始地幔标准化蛛网图上花岗岩分布型式 [图 3 - 12(a)] 具右倾变化特征,与南岭地区花岗岩、幕阜山二云母二长花岗岩及连云山二云母二长花岗岩特征类似。表现为明显

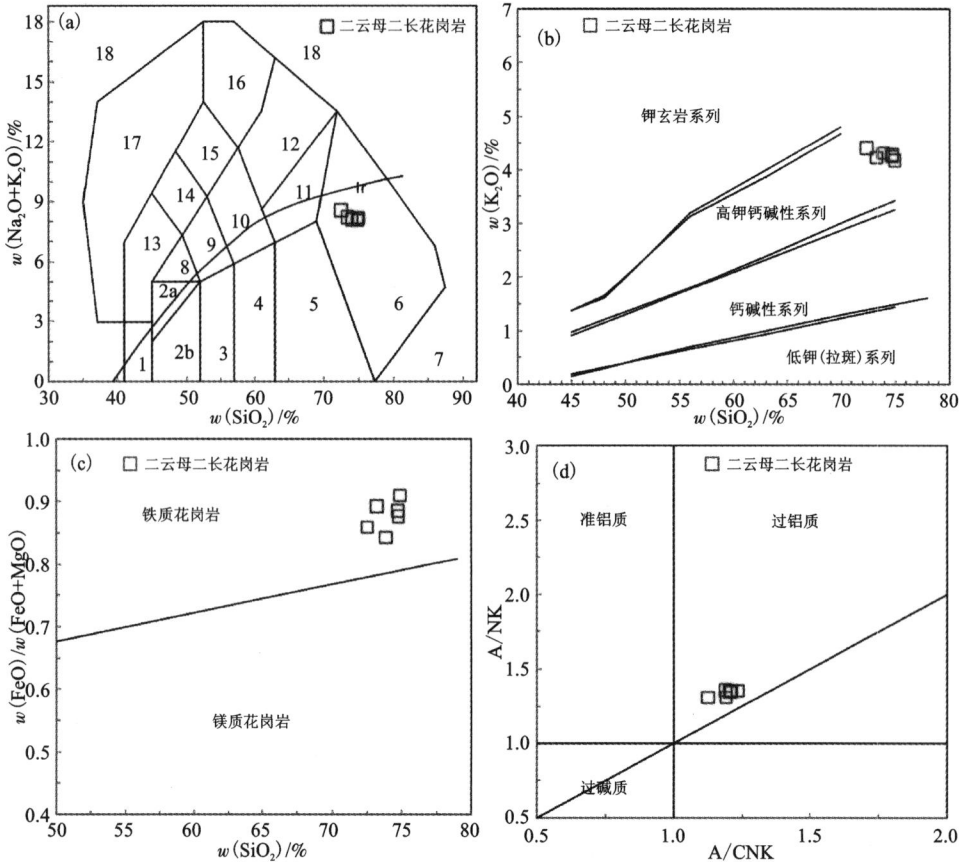

图 3 - 11　白沙窝花岗岩 $w(SiO_2) - w(Na_2O + K_2O)$、$w(SiO_2) - w(K_2O)$、
$w(SiO_2) - w(FeO)/w(FeO + MgO)$、A/CNK - A/NK 图解

图 3 - 11(a)底图据 Middlemost, 1994；其中：1—橄榄辉长岩；2a—碱性辉长岩；2b—亚碱性辉长岩；3—辉长闪长岩；4—闪长岩；5—花岗闪长岩；6—花岗岩；7—硅英岩；8—二长辉长岩；9—二长闪长岩；10—二长岩；11—石英二长岩；12—正长岩；13—副长石辉长岩；14—副长石二长闪长岩；15—副长石二长正长岩；16—副长正长岩；17—副长深成岩；18—霓方钠岩/磷白榴岩/粗白榴岩。图 3 - 11(b)底图中实线据 Peccerillo and Taylor, 1976；虚线据 Middlemost, 1985；图 3 - 11(c)底图据 Frost et al., 2001；图 3 - 11(d)底图据 Maniar and Piccoli, 1989

亏损 Ba、Sr 和 Ti 等高场强元素，而富集 Rb、Th 等大离子亲石元素。Ba 和 Sr 的亏损表明存在斜长石熔融残留相或结晶分离相(Patino et al., 1995)。Ti 的亏损与钛铁矿的分离结晶有密切关系。

花岗岩样品的 ΣREE 值变化范围为 $(28.18 \sim 37.86) \times 10^{-6}$，轻重稀土分馏不明显，LREE/HREE 比值为 $3.04 \sim 4.36$，$(La/Yb)_N$ 为 $3.37 \sim 6.27$，显示出轻稀土

富集的特征；$\delta Ce$ 值为 0.75 ~ 1.07，Ce 异常不明显，$\delta Eu$ 值 0.22 ~ 0.32，显示出明显的铕负异常特征[图 3 - 12(b)]。

表 3 - 8　白沙窝花岗岩微量元素分析结果($w_B/10^{-6}$)

| 样品号 | 二云母二长花岗岩 | | | | | |
|---|---|---|---|---|---|---|
| | BSW - H1 | BSW - H2 | BSW - H3 | BSW - H4 | BSW - H5 | BSW - H6 |
| Rb | 399 | 385 | 396 | 421 | 458 | 422 |
| K | 34533 | 35862 | 35198 | 35447 | 35364 | 36526 |
| Ba | 40.7 | 74.9 | 61.7 | 72.3 | 80.9 | 85.4 |
| Th | 3.18 | 4.18 | 4.1 | 3.21 | 4.3 | 3.98 |
| U | 3.72 | 5.58 | 2.91 | 4.65 | 8.63 | 14.4 |
| Nb | 18.3 | 17.7 | 18.9 | 18.7 | 13.4 | 12.9 |
| Sr | 32.5 | 47.3 | 45.1 | 49.4 | 43.1 | 49.4 |
| Nd | 4.28 | 5.83 | 5.52 | 4.41 | 6.13 | 5.72 |
| P | 654.7 | 567.4 | 567.4 | 567.4 | 567.4 | 611.0 |
| Zr | 27.8 | 27.5 | 27.6 | 25.6 | 21.9 | 24.6 |
| Hf | 1.76 | 1.55 | 1.66 | 1.49 | 1.36 | 1.45 |
| Sm | 1.24 | 1.73 | 1.68 | 1.44 | 1.67 | 1.6 |
| Ti | 272 | 295 | 286 | 301 | 237 | 256 |
| La | 4.56 | 6.5 | 6.38 | 4.88 | 6.99 | 6.57 |
| Ce | 9.07 | 12.4 | 12.2 | 9.2 | 14.3 | 13.3 |
| Pr | 1.95 | 2.05 | 2.18 | 1.53 | 1.53 | 1.41 |
| Nd | 4.28 | 5.83 | 5.52 | 4.41 | 6.13 | 5.72 |
| Sm | 1.24 | 1.73 | 1.68 | 1.44 | 1.67 | 1.6 |
| Eu | 0.1 | 0.18 | 0.17 | 0.19 | 0.18 | 0.18 |
| Gd | 1.59 | 2.08 | 2.12 | 1.85 | 1.82 | 1.82 |
| Tb | 0.37 | 0.46 | 0.45 | 0.39 | 0.42 | 0.4 |
| Dy | 2.31 | 2.6 | 2.74 | 2.39 | 2.43 | 2.42 |
| Ho | 0.4 | 0.43 | 0.48 | 0.4 | 0.39 | 0.39 |
| Er | 1.05 | 1.04 | 1.2 | 0.96 | 0.96 | 1.01 |

续表 3-8

| 样品号 | 二云母二长花岗岩 | | | | | |
|---|---|---|---|---|---|---|
| | BSW-H1 | BSW-H2 | BSW-H3 | BSW-H4 | BSW-H5 | BSW-H6 |
| Tm | 0.16 | 0.14 | 0.17 | 0.13 | 0.13 | 0.13 |
| Yb | 0.97 | 0.8 | 0.97 | 0.74 | 0.8 | 0.83 |
| Lu | 0.13 | 0.11 | 0.13 | 0.1 | 0.11 | 0.11 |
| Y | 12.3 | 12.8 | 14.6 | 11.9 | 12.5 | 13.7 |
| ΣREE | 28.18 | 36.35 | 36.39 | 28.61 | 37.86 | 35.89 |
| LREE | 21.20 | 28.69 | 28.13 | 21.65 | 30.80 | 28.78 |
| HREE | 6.98 | 7.66 | 8.26 | 6.96 | 7.06 | 7.11 |
| LREE/HREE | 3.04 | 3.75 | 3.41 | 3.11 | 4.36 | 4.05 |
| $La_N/Yb_N$ | 3.37 | 5.83 | 4.72 | 4.73 | 6.27 | 5.68 |
| δEu | 0.22 | 0.29 | 0.28 | 0.36 | 0.32 | 0.32 |
| δCe | 0.75 | 0.83 | 0.80 | 0.83 | 1.07 | 1.07 |

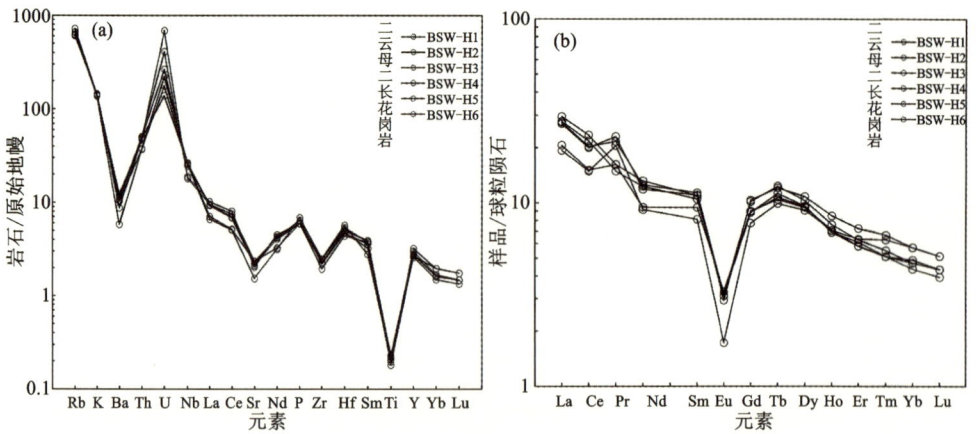

图 3-12 白沙窝花岗岩微量元素蛛网图(a)及稀土元素配分图(b)

## 3. 稀有元素

白沙窝花岗岩稀有元素含量列于表 3-9。Li($208 \times 10^{-6} \sim 399 \times 10^{-6}$)和 Rb($385 \times 10^{-6} \sim 458 \times 10^{-6}$)元素含量较高，Be($11.5 \times 10^{-6} \sim 39.0 \times 10^{-6}$)、Ta($4.2 \times 10^{-6} \sim 7.7 \times 10^{-6}$)、Nb($12.9 \times 10^{-6} \sim 18.9 \times 10^{-6}$)、Cs($51.7 \times 10^{-6} \sim 81.0 \times 10^{-6}$)元素含量相对较低。对比于幕阜山花岗岩，白沙窝花岗岩中 Li、Rb、Be、

Cs 含量明显偏高(图 3 – 13),暗示白沙窝岩体可能为伟晶岩成矿母岩。

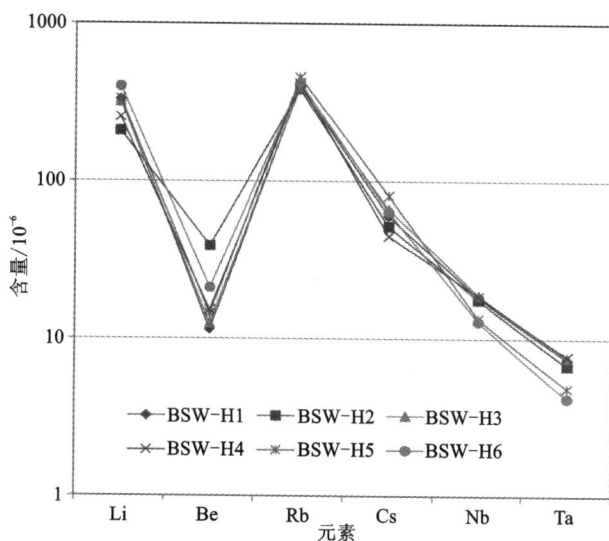

图 3 – 13　白沙窝花岗岩稀有金属含量图

表 3 – 9　白沙窝花岗岩稀有元素分析结果($w_B/10^{-6}$)

| 样品号 | BSW – H1 | BSW – H2 | BSW – H3 | BSW – H4 | BSW – H5 | BSW – H6 |
|---|---|---|---|---|---|---|
| Li | 330.0 | 208.0 | 319.0 | 255.0 | 334.0 | 399.0 |
| Be | 11.5 | 39.0 | 12.5 | 15.2 | 14.4 | 21.1 |
| Rb | 399.0 | 385.0 | 396.0 | 421.0 | 458.0 | 422.0 |
| Cs | 60.0 | 51.7 | 66.5 | 45.0 | 81.0 | 63.7 |
| Nb | 18.3 | 17.7 | 18.9 | 18.7 | 13.4 | 12.9 |
| Ta | 7.4 | 6.8 | 7.7 | 7.7 | 4.9 | 4.2 |

## 3.2　伟晶岩型稀有金属矿床成矿时代

### 3.2.1　幕阜山地区伟晶岩矿床成矿年龄

幕阜山矿集区内伟晶岩的年代学数据相对较少(表 3 – 10),李鹏等(2017)对断峰山铌钽矿床中白云母和大兴红柱石矿床中白云母$^{40}$Ar – $^{39}$Ar 测年数据分别为

127.7 ±0.9 Ma 和 130.5 ±0.9 Ma(图 3 -1)。王开朗等(2017)对虎形山钨铍矿床成矿阶段石英中包裹体 Rb - Sr 测年结果为 135 ±5 Ma, 134 ±2 Ma, 132 ±2 Ma。

表 3 -10　幕阜山地区伟晶岩矿床成矿年龄表

| 岩性 | 测试年龄 | 测试方法 | 参考文献 |
|---|---|---|---|
| 断峰山铌钽矿床 | 127.7 ±0.9 Ma | 白云母 Ar - Ar | 李鹏等, 2017 |
| 大兴红柱石矿床 | 130.5 ±0.9 Ma | 白云母 Ar - Ar | |
| 虎形山钨铍矿床 | 135 ±5 Ma, 134 ±2 Ma, 131 ±2 Ma | 石英中包裹体 Rb - Sr | 王开朗等, 2013 |
| 仁里铌钽矿床 | 140 Ma | 铌钽矿 U - Pb | 未发表数据 |

另据本书目前尚未发表的数据,仁里铌钽矿床中铌钽矿 U - Pb 年龄为 140 Ma,反映出成矿年龄较白云母$^{40}$Ar - $^{39}$Ar 年龄和石英 Rb - Sr 年龄早约 10 Ma,可能是白云母和石英中包裹体经历了后期热液作用所导致。因此,幕阜山地区伟晶岩矿床的成矿年龄应为 127 ~140 Ma,位于早白垩世。

### 3.2.2　连云山地区伟晶岩矿床成矿年龄

#### 1. 样品选取及实验方法

本次研究的辉钼矿采自白沙窝分带伟晶岩的 Ⅱ 带,辉钼矿呈团块状分布在长石和石英之间。

辉钼矿 Re - Os 同位素分析在国家地质实验测试中心 Re - Os 同位素实验室完成。采用同位素稀释卡洛斯管逆王水溶样技术,220℃条件下封闭溶解 24 h(屈文俊等,2003),直接蒸馏法分离富集 Os(李超等,2010),丙酮萃取法分离纯化 Re(李超等,2009),四级杆质谱(热电公司 X - Series)测定同位素比值。

#### 2. 伟晶岩中辉钼矿 Re - Os 年龄

白沙窝矿床 5 件辉钼矿样品的 Re - Os 同位素测试结果列于表 3 -11。本次测定的辉钼矿中的 Os(普)含量很低,表明辉钼矿形成时几乎不含$^{187}$Os,其中$^{187}$Os 由$^{187}$Re 衰变形成,所获得的模式年龄能够准确反映成矿年龄。$^{187}$Re 含量为4437 ~5643 ng·g$^{-1}$,$^{187}$Os 含量为 10.06 ~12.88 ng·g$^{-1}$,两者变化协调一致。将 5 件样品的$^{187}$Re - $^{187}$Os 同位素含量进行拟合,构成一条良好的$^{187}$Re - $^{187}$Os 等时线,求得等时线年龄为 140.2 ±6.7 Ma, MSWD =0.079[图 3 -14(a)];样品的模式年龄非常接近,为 135.9 ~136.9 Ma,利用 Isoplot 软件(Ludwig,2003a,b)获得加权平均年龄为 136.32 ±0.85 Ma, MSWD =0.21[图 3 -14(b)]。等时线年龄与加权平均年龄值相近,说明本次测试结果可信,具有地质意义。

表 3 - 11　白沙窝矿床辉钼矿单矿物 Re - Os 同位素数据

| 样品名 | 样重 /g | Re/(ng·g$^{-1}$) | | Os(普)/(ng·g$^{-1}$) | | $^{187}$Re/(ng·g$^{-1}$) | | $^{187}$Os/(ng·g$^{-1}$) | | 模式年龄 Ma | |
|---|---|---|---|---|---|---|---|---|---|---|---|
| | | 测定值 | 不确定度 | 测定值 | 不确定度 | 测定值 | 不确定度 | 测定值 | 不确定度 | 测定值 | 不确定度 |
| BSW - 1 | 0.05074 | 8979 | 70 | 0.3333 | 0.0263 | 5643 | 44 | 12.86 | 0.08 | 136.6 | 1.9 |
| BSW - 2 | 0.05049 | 8971 | 85 | 0.1169 | 0.0163 | 5638 | 53 | 12.88 | 0.08 | 136.9 | 2.1 |
| BSW - 3 | 0.05013 | 7886 | 69 | 0.1005 | 0.0102 | 4957 | 43 | 11.27 | 0.07 | 136.3 | 2.0 |
| BSW - 4 | 0.05048 | 7842 | 60 | 0.0675 | 0.0128 | 4929 | 38 | 11.18 | 0.08 | 136.0 | 1.9 |
| BSW - 5 | 0.05070 | 7060 | 51 | 0.0491 | 0.0071 | 4437 | 32 | 10.06 | 0.06 | 135.9 | 1.9 |

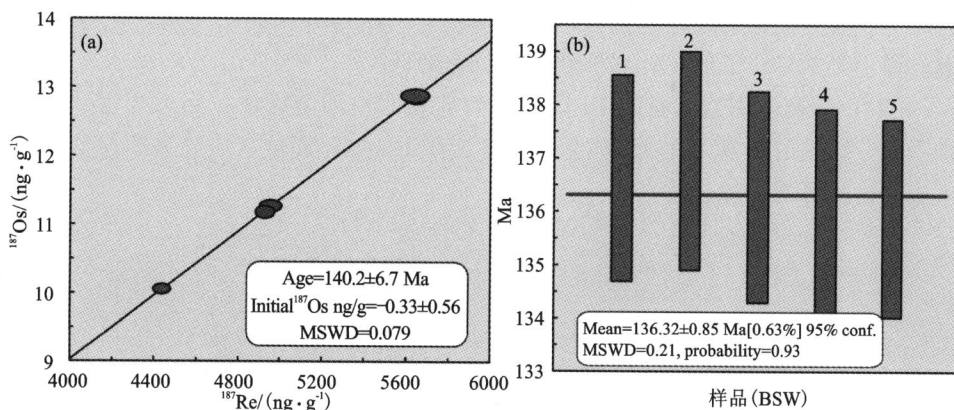

图 3 - 14　白沙窝伟晶岩辉钼矿 Re - Os 年龄

　　本次研究用于 Re - Os 同位素测试的辉钼矿处于封闭体系，其形成年龄可代表辉钼矿形成年龄，即白沙窝伟晶岩成矿年龄为 140 Ma。

　　Re Os 同位素体系可以示踪成矿物质来源以及指示成矿过程中不同来源物质混入的程度(Stein et al.，1998；Lambert et al.，1999)。前人研究认为从幔源、壳 - 幔混源到壳源，其辉钼矿单矿物样品中的 Re 含量变化规律为 $n \times 10^{-4} \rightarrow n \times 10^{-5} \rightarrow n \times 10^{-6}$，即呈数量级下降趋势(Mao et al.，1999；Stein et al.，2001，2003)。白沙窝伟晶岩中辉钼矿单矿物样品的 $w$(Re)为(7.06 ~ 8.98)× $10^{-6}$(表 3 - 11)，与壳源矿床的 Re 含量相当，表明白沙窝矿床成矿物质可能来源于地壳。

## 3.3 本章小结

(1)幕阜山花岗岩具有多期的复式岩体特征,岩性从早到晚有闪长岩、花岗闪长岩、黑云母二长花岗岩、二云母二长花岗岩及二云母花岗岩等,成岩年龄为98~154 Ma,其中与成矿作用密切的二云母二长花岗岩年龄为131~140 Ma。伟晶岩成矿年龄为127~140 Ma,略晚于二云母二长花岗岩年龄;连云山二云母二长花岗岩年龄为145 Ma,与其东南面的白沙窝二云母二长花岗岩年龄为147 Ma,代表了岩体形成年龄。白沙窝地区伟晶岩成矿年龄为140 Ma,稍晚于花岗岩年龄。从成岩、成矿年龄反映出连云山地区二云母二长花岗岩和伟晶岩成矿年龄比幕阜山地区早5~10 Ma。

(2)幕阜山和白沙窝地区二云母二长花岗岩主量元素均具有高 $SiO_2$、高 $Na_2O$ + $K_2O$,低 $TiO_2$ 和 $Fe_2O_3$ 的特征,为过铝质、高钾钙碱性花岗岩系列。微量元素均表现为明显亏损 Ba、Nb、Sr、P 和 Ti 等高场强元素,富集 Rb、Th 等大离子亲石元素。稀土元素具较低的 $\Sigma REE$ 值和 $\delta Eu$ 负异常特征。

(3)白沙窝花岗岩锆石的 Hf 同位素研究表明白沙窝岩体花岗岩为古老地壳物质部分熔融的产物,白沙窝伟晶岩中辉钼矿 Re – Os 同位素研究表明白沙窝矿床成矿物质可能来源于地壳。

# 第 4 章　伟晶岩型稀有金属矿床地质特征

## 4.1　矿床类型及分布

湘东北地区稀有金属矿产资源丰富，在 20 世纪 70 年代由湖南省地质矿产局在湘东北地区开展过详细的地质调查工作，最近几年湖南省地质调查院、核工业地质局 311 队，湖南省有色地勘局 247 队等地质找矿工作取得突破，发现了一大批花岗岩型、伟晶岩型及砂矿型稀有、稀土金属矿床（点）（表 4 - 1）。在幕阜山矿集区，铍矿主要分布在幕阜山岩体中，见有两种类型：一为二云母花岗岩和云英岩型铍矿；二为岩体裂隙中伟晶岩型铍矿。铌钽矿多见于岩体接触带及附近地层中，在幕阜山北面分布有断峰山大型铌钽矿床，在幕阜山南面分布有仁里大型钽铌矿床；锂矿分布则远离岩体 3 ~ 5 km，主要为幕阜山南面传梓源锂铌钽矿床；热液脉型铍矿分布则离岩体更远（5 ~ 10 km），主要为幕阜山西北方向的虎形山大型钨铍矿床；而砂矿型独居石矿分布于地势较低的河流沉积区，主要集中在岳阳新墙河流域，发现了多个大型独居石砂矿床。在连云山矿集区，铍、铌钽伟晶岩脉分布在花岗岩裂隙及片岩地层中，锂、铌钽则在远离岩体 3 ~ 5 km 的片岩地层中产出，代表性的矿床有白沙窝铍、铌钽、锂多金属矿床。

从矿床成因方面来看，湘东北地区稀有金属矿床可分为：①花岗岩型稀有金属矿床；②花岗伟晶岩型稀有金属矿床；③云英岩 - 热液脉型稀有金属矿床；④稀有、稀土金属冲积砂矿床等。

其中伟晶岩型铌钽、锂、铍矿床最具代表性，典型矿床地质特征参见表4 - 1。

表 4 - 1　湘东北地区稀有金属矿床（点）表（部分）

| 矿床名称 | 位置 | 矿床类型 | 矿种 | 规模 | 参考文献 |
|---|---|---|---|---|---|
| 簸箕窝铍矿 | 江西修水簸箕窝 | 花岗岩型 | 铍矿 | 中型 | 冷双梁等，2018 |
| 盆形山铍矿 | 江西修水盆形山 | 花岗岩型 | 铍矿 | 中型 | 冷双梁等，2018 |
| 毛家岭铍矿点 | 江西修水毛家岭 | 花岗岩型 | 铍矿 | 矿点 | 冷双梁等，2018 |
| 狮子尖铍矿点 | 湖北通城麦市狮子尖 | 花岗岩型 | 铍矿 | 矿点 | 冷双梁等，2018 |

续表 4-1

| 矿床名称 | 位置 | 矿床类型 | 矿种 | 规模 | 参考文献 |
|---|---|---|---|---|---|
| 麦市铍矿点 | 湖北通城麦市 | 花岗岩型 | 铍矿 | 矿点 | 冷双梁等，2018 |
| 凤凰翅锂钽矿点 | 湖北通城凤凰翅 | 伟晶岩型 | 锂、钽矿 | 矿点 | 冷双梁等，2018 |
| 平江县仁里铌钽矿 | 湖南平江县仁里 | 伟晶岩型 | 铌钽矿 | 超大型 | 周芳春等，2017 |
| 平江县传梓源铌钽锂矿 | 湖南平江县传梓源 | 伟晶岩型 | 铌钽、锂矿 | 大型 | 湖北省第五地质队，1971 |
| 平江县梅仙铌钽矿 | 湖南平江县梅仙 | 伟晶岩型 | 铌钽矿 | 小型 | 文春华等，2018 |
| 平江县大坳绿柱石矿 | 湖南平江县大坳 | 伟晶岩型 | 铍矿 | 小型 | 湖南省地质局，1977 |
| 平江县寨上绿柱石、铌钽矿 | 湖南平江县寨上 | 伟晶岩型 | 铌钽矿、铍矿 | 小型 | 湖南省地质局，1977 |
| 平江县秦家坊绿柱石、铌钽矿 | 湖南平江县秦家坊 | 伟晶岩型 | 铌钽矿、铍矿 | 小型 | 湖南省地质局，1977 |
| 通城县断峰山铌钽矿 | 湖北通城断峰山 | 伟晶岩型 | 铌钽矿 | 大型 | 湖南省地质局，1977 |
| 通城县麦埚绿柱石矿 | 湖北通城麦埚 | 伟晶岩型 | 铍矿 | 小型 | 湖南省地质局，1977 |
| 通城县黄泥洞绿柱石矿 | 湖北通城黄泥洞 | 伟晶岩型 | 铍矿 | 矿点 | 湖南省地质局，1977 |
| 虎形山钨铍矿 | 湖南临湘虎形山 | 石英脉型 | 铍、钨矿 | 大型 | 张强录等，2017 |
| 汨罗县天井山绿柱石矿 | 湖南汨罗县天井山 | 石英脉型 | 铍矿 | 小型 | 湖南省地质局，1977 |
| 岳阳新墙河流域独居石砂矿 | 湖南岳阳新墙河流域 | 砂矿床 | 独居石 | 大型 | 湖南省地质局，1977 |
| 临湘县方山独居石砂矿 | 湖南临湘县方山 | 砂矿床 | 独居石 | 中型 | 湖南省地质局，1977 |
| 临湘詹家桥独居石砂矿 | 湖南临湘县詹家桥 | 砂矿床 | 独居石 | 中型 | 湖南省地质局，1977 |
| 平江县南江桥独居石砂矿 | 湖南平江南江桥 | 砂矿床 | 独居石 | 中型 | 湖南省地质局，1977 |
| 平江县洞口铌钽矿砂矿 | 湖南平江县洞口 | 砂矿床 | 铌钽矿 | 矿点 | 湖南省地质局，1977 |

**续表 4 - 1**

| 矿床名称 | 位置 | 矿床类型 | 矿种 | 规模 | 参考文献 |
|---|---|---|---|---|---|
| 通城县隽水独居石砂矿 | 湖北通城县隽水 | 砂矿床 | 独居石 | 中型 | 湖南省地质局，1977 |
| 通城县南港独居石砂矿 | 湖北通城县南港 | 砂矿床 | 独居石 | 中型 | 湖南省地质局，1977 |
| 通城蔡石窝铌钽砂矿 | 湖北通城县蔡石窝 | 砂矿床 | 铌钽矿 | 矿点 | 湖南省地质局，1977 |
| 白沙窝铍铌钽锂矿床 | 湖南浏阳白沙窝 | 伟晶岩型 | 铍铌钽锂矿 | 中 - 大型 | 文春华等，2018 |

# 4.2 仁里伟晶岩型钽铌矿床

## 4.2.1 地质概况

矿区位于平江县北面，幕阜山复式花岗岩体的西南缘；大地构造上位于扬子陆块与华夏陆块的交接部位、江南隆起带中段的幕阜山 - 九岭构造岩浆带，钦杭成矿带的中段。

矿区获 $333 + 334 Nb_2O_5$ 资源量 16395 t，$Ta_2O_5$ 资源量 11395 t（达超大型规模）、$Rb_2O$ 资源量 20026 t（大型规模）。矿床平均厚度 3.47 m，平均品位：$Nb_2O_5$ 0.043%、$Ta_2O_5$ 0.029%、$Rb_2O$ 0.06%，属富钽的稀有金属矿床（周芳春等，2017）。

### 4.2.1.1 地层

区内出露地层简单，主要为中元古界冷家溪群坪原组云母片岩及第四系。

冷家溪群坪原组云母片岩：在矿区中、南部广泛出露，呈薄层状。岩性为云母片岩，呈灰黄色、灰黑色，局部呈紫红色，片理发育，倾向南西，局部北东，倾角22°~70°。

因受幕阜山花岗岩体影响，区内片岩出现了分带，由岩体接触带往外，依次为石榴石片岩带（夹少量白云母，局部可见白云母石英片岩）- 含石榴石二云母片岩带（夹二云母片岩、二云母石英片岩及黑云母片岩薄层）- 绢云母片岩带（夹二云母片岩及含石榴石绢云母片岩）。在伟晶岩脉中的片岩以大小不一、形状复杂的包裹体形式存在，变质程度明显增强；伟晶岩脉上、下盘的片岩，自上、下盘往变质岩变质程度逐渐变弱。

第四系：主要分布于公路及溪沟两侧，由一些松散沉积物，泥砂质及砾岩组成。

#### 4.2.1.2 构造

区内断裂构造较发育，主要为北东向、北西向及近南北走向的构造。主要构造有近南北走向的黄柏山压扭性断裂（$F_{75}$）及其次级构造庙湾里 - 千坡里断裂（$F_{75-1}$）、北东走向的大山里 - 廖山里压扭性断裂（$F_{73}$）、北北西走向的柘江桥 - 江背压扭性断裂（$F_{72}$）及其3条次级构造、北东走向的江家坊 - 南江压扭性断裂（$F_{84}$）与北东走向的天宝山 - 石浆压扭性断裂（$F_{12}$），其中黄柏山张扭性断裂（$F_{75}$）贯穿矿区西部主要伟晶岩脉。矿区构造格架呈"入"字型，断裂构造的叠加部位往往是铅锌铜矿的富集地段。

#### 4.2.1.3 岩浆岩

区内岩浆活动强烈，规模较大的幕阜山花岗岩体分布于矿区北东部及秦家坊等地。矿区北面主要出露黑云母二长花岗岩、粗中粒斑状黑云母二长花岗岩，经锆石 U - Pb 同位素定年为（138.00 ~ 146.22）±0.69 Ma。矿区的北东方向出露中细粒及细粒二云母二长花岗岩、细粒花岗闪长岩；在矿区东南部出露少量的雪峰期花岗岩体，其岩性为中细粒黑云母斜长花岗岩，经锆石 U - Pb 同位素定年为821.8 ±2.5 Ma。

花岗岩按侵入先后分为一次和二次侵入，一次侵入的花岗岩呈大岩基产出，分边缘相和过渡相，其中分布有大量的伟晶岩脉；二次侵入的花岗岩呈北东和北西2个方向侵入于一次花岗岩中，普遍有白云母和斜长石化，在局部地段发育有钠长石化和云英岩化（图4-1）。

#### 4.2.1.4 围岩蚀变

花岗伟晶岩的围岩蚀变主要有钠长石化、白云母化、绿泥石化和硅化。硅化往往与断裂构造有关，形成大小不等的硅化带，个别硅化带有铌钽等矿化。其中钠长石化、白云母化与铌钽等稀有金属矿化呈正相关关系，幕阜山岩体外接触带冷家溪群地层的伟晶岩中钠长石化、白云母化较强烈。

### 4.2.2 伟晶岩特征

#### 4.2.2.1 伟晶岩分布

矿区分布大小伟晶岩脉140条（长度>100 m，宽度>2 m），其中在北部花岗岩体中有95条，在南部冷家溪群片岩中有45条。岩体内伟晶岩脉主要受北北东或近南北向构造控制，围岩为花岗岩，伟晶岩脉产状不一，形状不规则，规模较小，长度均小于670 m（如γρ13、γρ36、γρ20、γρ21 等），分带性较差，边缘带与围岩（花岗岩）呈渐变关系。局部有较强的钠长石化、白云母化，产状变化大。在岩体外接触带片岩地区的伟晶岩脉受北西向张扭性层状构造控制，其成矿期晚于

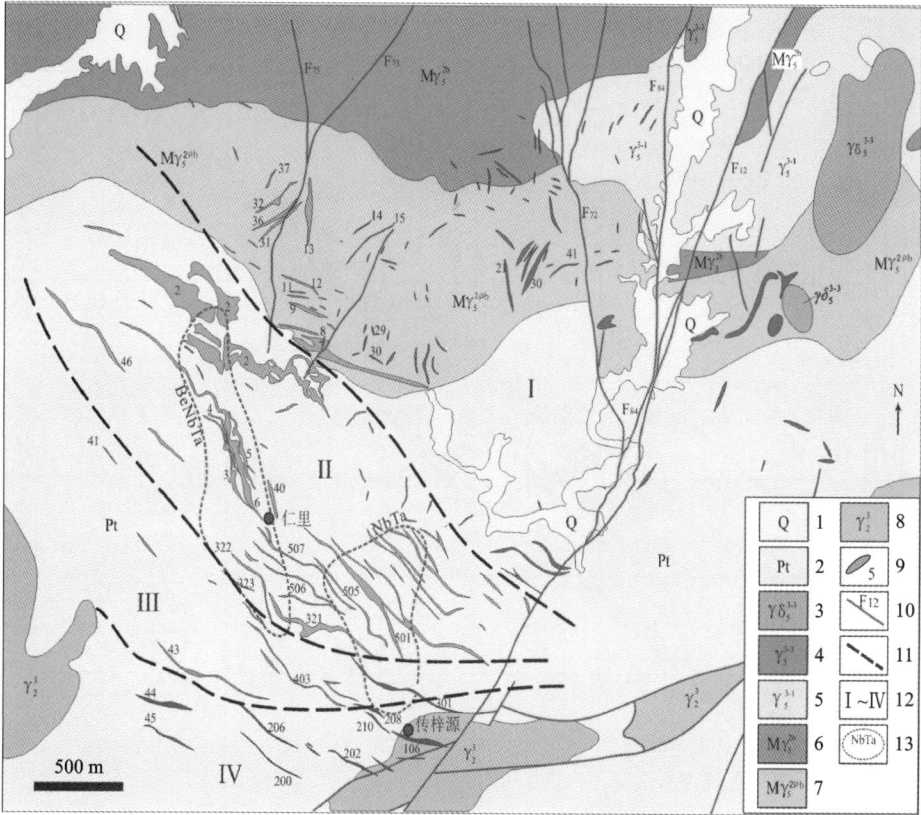

**图 4－1　仁里矿区地质简图（据周芳春等，2017）**

1—第四系；2—元古宙冷家溪群片岩；3—细粒花岗闪长岩；4—细粒二云母二长花岗岩；5—中粒二云母二长花岗岩；6—粗中粒似斑状黑云母二长花岗岩；7—粗中粒片麻状黑云母二长花岗岩；8—新元古代二云母斜长花岗岩；9—伟晶岩脉及其编号；10—断裂及其编号；11—伟晶岩类型分带界线；12—伟晶岩分带类型：Ⅰ—微斜长石型；Ⅱ—微斜长石－钠长石型；Ⅲ—钠长石型；Ⅳ—钠长石锂辉石型；13—重砂异常晕

北部的燕山期花岗岩，一般岩脉规模大（最长达 4000 m，如 γρ5 号伟晶岩脉），呈似层状产出、平行分布，其产状与围岩产状总体上一致。北西向组伟晶岩脉往往会形成大而富的铌钽矿矿体，是本区主要的矿体（图 4－2）。

矿区北部幕阜山岩体内的伟晶岩脉主要产于燕山早期第一次侵入体边缘相中，其围岩为花岗岩，伟晶岩脉中多含大小不一的花岗岩包裹体。其岩性以微斜长石为主，钠长石、石英次之，总体上伟晶岩中黑云母较多，白云母较少。局部地段钠长石化、白云母化较强烈，易形成小的铌钽等稀有金属矿体。矿区西南部伟晶岩脉主要产于片岩中，其围岩成分主要为片岩和花岗岩，伟晶岩脉中均存在大小不一的片岩、花岗岩包裹体。伟晶岩的主岩性为钠长石、微斜长石，云母、

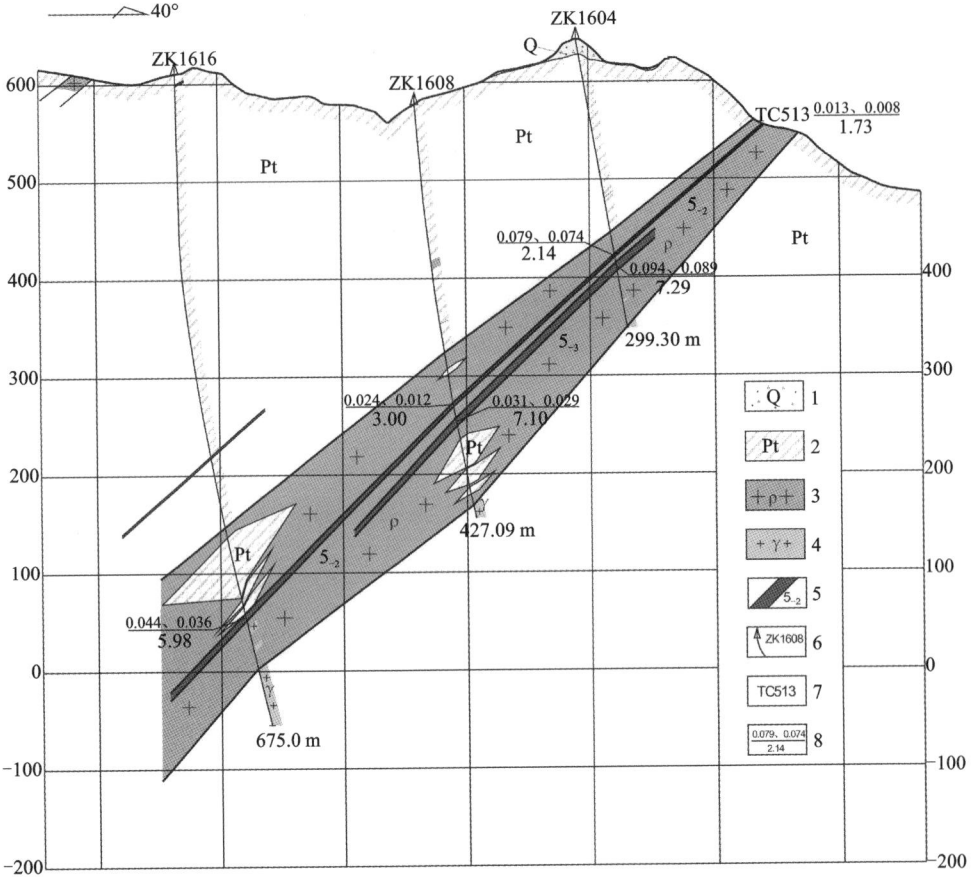

图 4-2 仁里矿区 16 号勘查线剖面图(据周芳春等, 2017)

1—第四系;2—冷家溪群片岩;3—伟晶岩;4—燕山期花岗岩;5—铌钽矿体及编号;6—钻孔及编号;
7—槽探及编号;8—单工程品位(Nb$_2$O$_5$、Ta$_2$O$_5$)(%)/厚度

石英次之,伟晶岩脉中均普遍存在钠长石化、白云母化。自北部幕阜山岩体接触带往南西方向,伟晶岩脉中钠质成分逐渐增加,黑云母逐渐减少,白云母逐渐增多。

#### 4.2.2.2 矿体特征

仁里矿区铌钽矿主要矿脉特征见表 4-2。

矿区内钽铌矿资源主要集中在仁里矿段(仁里矿段钽矿资源量占全区总资源量的 85% 以上),矿体密集,矿体厚度大、品位富且矿体延伸较稳定。而仁里矿段钽铌矿资源又主要集中在 3、5、6 号矿脉中(其钽矿资源量占全矿段的 84%),2、3、5、6 号矿脉分别赋存于 γρ$_2$、γρ$_3$、γρ$_5$、γρ$_6$ 号伟晶岩脉中并严格受伟晶岩控制。这些伟晶岩顶板为板岩，底板为板岩或花岗岩[图4-3(a)(b)]，有利于成矿溶液的结晶、分异，与钽铌等稀有金属关系密切的钠长石化、白云母化等蚀变比较强烈的地段，形成的矿体厚度大、品位富且矿化较均匀。

表4-2 仁里矿床伟晶岩脉特征表(据周芳春等, 2017)

| 矿脉编号 | 规模/m | | 产状/(°) | | 平均品位/% | | | | 矿脉特征 |
|---|---|---|---|---|---|---|---|---|---|
| | 长度 | 厚度 | 倾向 | 倾角 | $Rb_2O$ | $Nb_2O_5$ | $Ta_2O_5$ | $(Ta,Nb)_2O_5$ | |
| 1 | 220 | 2.32 | 220 | 45~50 | | | | 0.018 | 赋存于γρ1花岗伟晶岩中，岩石风化强烈，呈白色细砂状 |
| 2 | 1680 | 3.83 | 175~240 | 25~45 | 0.05 | 0.028 | 0.015 | | 赋存于γρ2接触带中钠长石化明显的中粗粒花岗伟晶岩中，矿脉云母富集，暗色矿物多，可见电气石、石榴石、绿柱石、铌钽矿、辉钼矿、辉铋矿等。铌钽矿主要以块状、颗粒状、针状、片状及小部分晶体形式赋存于中粗粒白云母－长石带或白云母－长石－石英带中 |
| 3 | 300 | 3.39 | 195~210 | 28~62 | 0.07 | 0.093 | 0.065 | | 赋存于γρ3接触带中钠长石化明显的中粗粒花岗伟晶岩中，矿脉中云母富集，暗色矿物多，可见电气石、石榴石、绿柱石、铌钽矿、辉钼矿、辉铋矿等。铌钽矿主要以块状、短柱状、颗粒状、针状形式赋存于钠长石化较强的中粗粒白云母－长石带或白云母－长石－石英带中 |
| 5 | 1280 | 3.42 | 198~218 | 27~52 | 0.06 | 0.051 | 0.037 | | 赋存于γρ5接触带中钠长石化明显的中粗粒花岗伟晶岩中，矿脉云母富集，暗色矿物多，可见电气石、石榴石、绿柱石、铌钽矿、辉钼矿、辉铋矿等。铌钽矿主要以块状、短柱状、颗粒状、针状形式赋存于钠长石化较强的中粗粒白云母－长石带或白云母－长石－石英带中 |

**续表 4 - 2**

| 矿脉编号 | 规模/m | | 产状/(°) | | 平均品位/% | | | | 矿脉特征 |
|---|---|---|---|---|---|---|---|---|---|
| | 长度 | 厚度 | 倾向 | 倾角 | Rb₂O | Nb₂O₅ | Ta₂O₅ | (Ta, Nb)₂O₅ | |
| 6 | 330 | 3.19 | 198 ~ 210 | 25 ~ 41 | 0.05 | 0.036 | 0.024 | | 赋存于γρ6接触带中钠长石化明显的中粗粒花岗伟晶岩中，矿脉云母富集，暗色矿物多，可见电气石、石榴石、绿柱石、铌钽矿、辉钼矿、辉铋矿等。铌钽矿主要以块状、短柱状、颗粒状、针状形式赋存于钠长石化较强的中粗粒白云母 – 长石带或白云母 – 长石 – 石英带中 |
| 19 | 140 | 3.64 | | | | | | 0.0352 | 赋存于γρ19花岗伟晶岩中，中粗粒结构，多暗色矿物 |
| 20 | 400 | 3.98 | 320 | 65 ~ 70 | 0.02 | 0.02 | 0.007 | | 赋存于γρ20花岗伟晶岩中，中粗粒结构，多暗色矿物，铌钽矿主要以块状、颗粒状、针状为主 |
| 21 | 410 | 4.38 | 260 | 80 | 0.07 | 0.05 | 0.016 | | 赋存于γρ21花岗伟晶岩中，中粗粒结构，多暗色矿物，铌钽矿主要以块状、颗粒状、针状为主 |
| 36 | 450 | 4.32 | 170 ~ 190 | 58 ~ 69 | | | 0.021 | 0.023 ~ 0.104 | 赋存于γρ36钠长石化明显的中粗粒花岗伟晶岩中，常见矿物有电气石、石榴石、绿柱石、铌钽矿、辉钼矿、辉铋矿、闪锌矿等。铌钽矿主要以针状形式存在。钽品位高 |

### 4.2.2.3 岩石矿物学特征

**1. 岩石学特征**

围岩(片岩)主要成分为黑云母、石英、石榴石、十字石。伟晶岩以钠长石为主，主要成分：钾长石、更长石、石英、钠长石、白云母、黑云母、石榴石、白云石、绿柱石、电气石等，其中钠长石占4% ~42%、白云母占1% ~5%。

**2. 稀有金属矿物特征**

主要稀有金属矿物有：锰铌钽铁矿(类)、细晶石、锆石、绿柱石[图4 – 3(c) ~ (f)]；铌钽矿按主次成分分为钽锰铌铁矿、钽铁铌锰矿(或铌锰钽铁矿、铌铁锰钽矿)；按在矿石中的粒度大小可分为粗晶矿和细晶矿，仁里矿床稀有金属矿物地表多为块状、柱状、粒状、针状，局部见片状，深部多以粒状、针状为主，

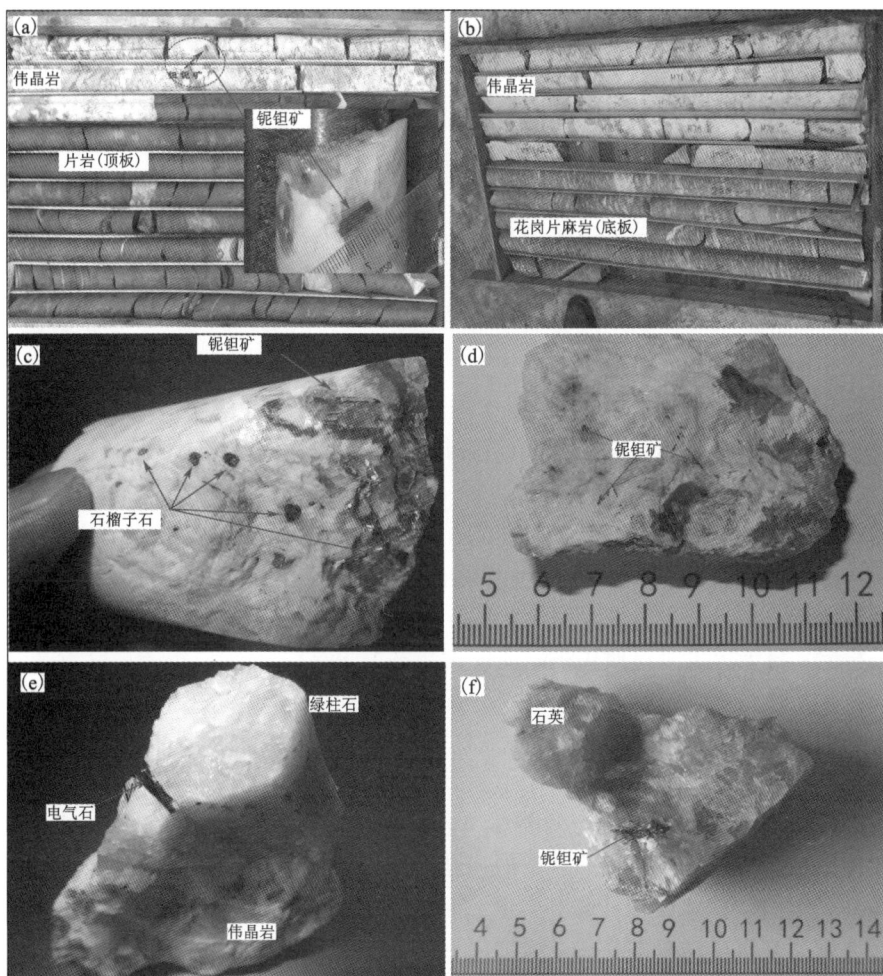

图 4-3 仁里矿床伟晶岩及稀有金属矿物照片(引自周芳春等, 2017)

地表矿物粒径大于深部的矿物粒径。矿石结构主要有文象结构、中粗粒结构、块状结构、交代残留结构、交代结构。矿石构造主要为斑杂状构造和块状构造。

## 4.3 传梓源铌钽锂矿床

### 4.3.1 地质概况

矿床位于湖南省平江县城东北 20 km,地理上处于幕阜山岩体西南边缘,湖北省第五地质队于 1971—1973 年在该地区开展了稀有金属勘探工作,提交了《湖南平江传梓源铌矿区初勘报告》，确定该矿床为一大型铌钽、锂的伟晶岩型矿床，铌钽铁矿工业矿石量 208 万 t，远景储量 466 万 t。

#### 4.3.1.1 地层

矿区出露元古界冷家溪群和第四系地层。

元古界冷家溪群：为一套变质岩系，主要由二云母片岩、千枚岩及板岩组成。在与花岗岩接触的外带，自近而远出现混合岩－片岩－千枚岩－板岩，岩层总体倾向南西，倾角 30°～50°。

混合岩：呈不规则状断续分布于幕阜山花岗岩体的外接触带。为深灰色、棕褐色，片麻状构造，鳞片花岗变晶结构。

片岩：岩石为灰绿色，片状构造，鳞片粒状变晶结构，主要为白云母片岩、二云母片岩，主要成分为石英、钾长石、斜长石、云母。有大量伟晶岩脉斜切片理或沿片理侵入。

千枚岩：环绕片岩带分布，与片岩呈渐变过渡关系。主要为绢云母千枚岩，砂质千枚岩，成分有泥质、绢云母、微量黑云母、白云母等，常见石英脉沿千枚岩片理贯入。

板岩：与千枚岩呈过渡关系，主要为千枚状板岩，粉砂质板岩，以青灰色为主，除含泥砂质及胶结物外，还有少量石英结核及绢云母等。

第四系：分布于沟谷，主要为含砂、砾黏土的松散沉积物及冲积物等。

#### 4.3.1.2 构造

区域构造主要由四条较大的断裂组成，总体走向北东。第一条是枫林－浆市压扭性断裂，第二条是张古冲－三墩压扭性断裂，第三条是塝上压扭性断裂，第四条是天宝山－石浆压扭性断裂。其特征如下：

枫林－浆市压扭性断裂：总体走向 60°～75°，倾向南东，倾角 50°～70°。是一条历史悠久、长期频繁活动、规模较大、切割较深、控矿导矿的区域性北东东向压扭性断裂。

张古冲－三墩压扭性断裂：总体走向 70°～80°，倾向南南东，倾角 55°～85°。断裂生成时间长，具长期活动特点，在空间上控制了铌、钽、锂稀有金属及其他矿产，主要赋存于断裂或两侧次级裂隙中。

塝上压扭性断裂：总体走向 25°，倾向北西西，倾角 60°～73°。断裂带宽 5～7 m，切割冷家溪群地层。

天宝山－石浆压扭性断裂：总体走向 20°～35°，倾向南东，倾角 35°～82°，为一条北北东向压扭性断裂。

#### 4.3.1.3 岩浆岩

区域内岩浆岩发育，岩体主要由北面的幕阜山岩体和南面的三墩岩体组成，其中三墩岩体年龄为 854 Ma，出露面积为 4 km²，岩体走向北东 45°，主要受北东向压扭性断裂控制，呈不规则状岩株侵入冷家溪群变质岩中。岩性为中细粒黑云母斜长花岗岩，岩石矿物组成为斜长石(45% ~50%)、钾长石(3% ~5%)、石英(35% ~40%)、白云母(3% ~7%)和黑云母(1% ~4%)，副矿物主要有钛铁矿、锆石、独居石、磷灰石等，微量元素丰度值大多低于世界酸性花岗岩；幕阜山岩体呈岩基侵入冷家溪群变质岩中，其南缘岩体为燕山早期花岗岩，年龄为140 Ma，沿幕阜山南缘呈带状分布，带宽500 ~2000 m。岩石呈灰白色，具似斑状结构、片麻状构造。斑晶为钾长石、斜长石及少量石英，含量8% ~25%，基质组成为斜长石(25% ~40%)、钾长石(30% ~40%)、石英(30% ~35%)、黑云母(6% ~13%)等，副矿物有锆石、独居石、石榴石等；微量元素中 Be、Bi、Li 平均含量远高于世界酸性岩值，此期花岗岩体可能是传梓源矿床伟晶岩成矿的母岩。

## 4.3.2 伟晶岩特征

区域伟晶岩分布广泛，西起窄板洞，东至三墩，北起秦家坊，南至传梓源共46 km² 范围内，有脉体厚度大于 1 m，长度大于50 m 的伟晶岩共926 条，其中产于花岗岩内的有712 条，产于岩体外片岩中的有214 条。伟晶岩主要产在幕阜山岩体中及其外缘的片岩(板岩)地层中，从幕阜山岩体至传梓源地区伟晶岩岩性具分带特征：①在岩体内带以钾长石伟晶岩为主；②岩体接触带南外带 1 ~2 km，以微斜长石 - 钠长石伟晶岩为主；③再往南外带 2 ~3 km，以钠长石伟晶岩为主；④再往南外带 3 km 以上至传梓源地区，以钠长石 - 锂辉石伟晶岩为主。

### 4.3.2.1 伟晶岩脉分布

传梓源矿床位于幕阜山花岗岩体西南边缘，伟晶岩脉产于三墩小花岗岩株及外接触带的片岩中。受北西向压扭性裂隙控制，形成三个彼此平行的脉组，在东西长 3.5 km、南北宽 1 km、约3.5 km² 的范围内，产有宽度大于 0.5 m，长度大于50 m 的伟晶岩脉 54 条，其中，成矿较好的有 32 条，形成 51 个工业矿体(图 4 -4)。

主要矿脉为 γρ106、γρ204、γρ206、γρ301、γρ208、γρ116、γρ202 7 条。尤以γρ106 矿脉最大，该脉组长 1000 ~1700 m，主单脉长 4000 ~1200 m，厚度约20 m，最厚达25.39 m(γρ106)，延深大于250 m。矿体形态呈板脉状、支岔脉状，倾向有倒转现象(图 4 -5)。

按伟晶岩产出状态可分为北西向脉体和南北向脉体。南北向脉体有 γρ101、γρ103、γρ108 等 10 条，分三组产于外带的花岗岩株的张裂隙中，且切穿北西向的 γρ106。脉体走向16° ~23°，倾向东或西，倾角60° ~80°，长度79 ~195 m，厚度0.5 ~6.3m，延深20 ~100 m；北西向脉体主要产于二云母石英片岩中，并斜切片理产出。受北西向压扭性裂隙控制，形成三个彼此平行的脉组。脉体走向277° ~314°，总体倾向南，局部倾向北。区内伟晶岩除少数为钠长石类型外，其

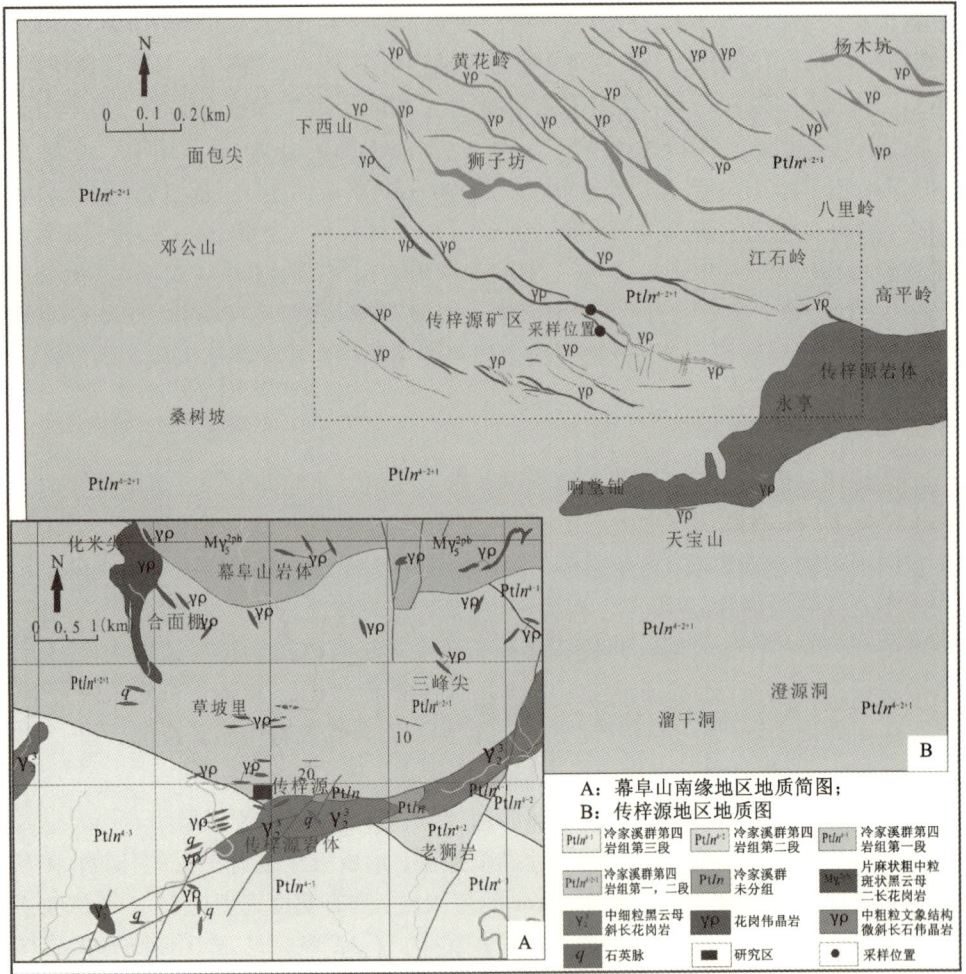

**图 4-4  平江县传梓源铌钽矿床地形地质图**

(底图据湖北省第五地质队，1971)

他均为钠长石-锂辉石类型。

#### 4.3.2.2  伟晶岩结构、构造

区内矿化伟晶岩为钠长石伟晶岩和钠长石-锂辉石伟晶岩。钠长石伟晶岩为单一的石英-钠长石结构，钠长石为粒片状或叶片状，局部见糖粒状钠长石。钠长石-锂辉石伟晶岩具有石英-钠长石和石英-钠长石-锂辉两个结构带。其中石英-钠长石带位于脉体两盘，石英-钠长石-锂辉石带位于脉体中部。

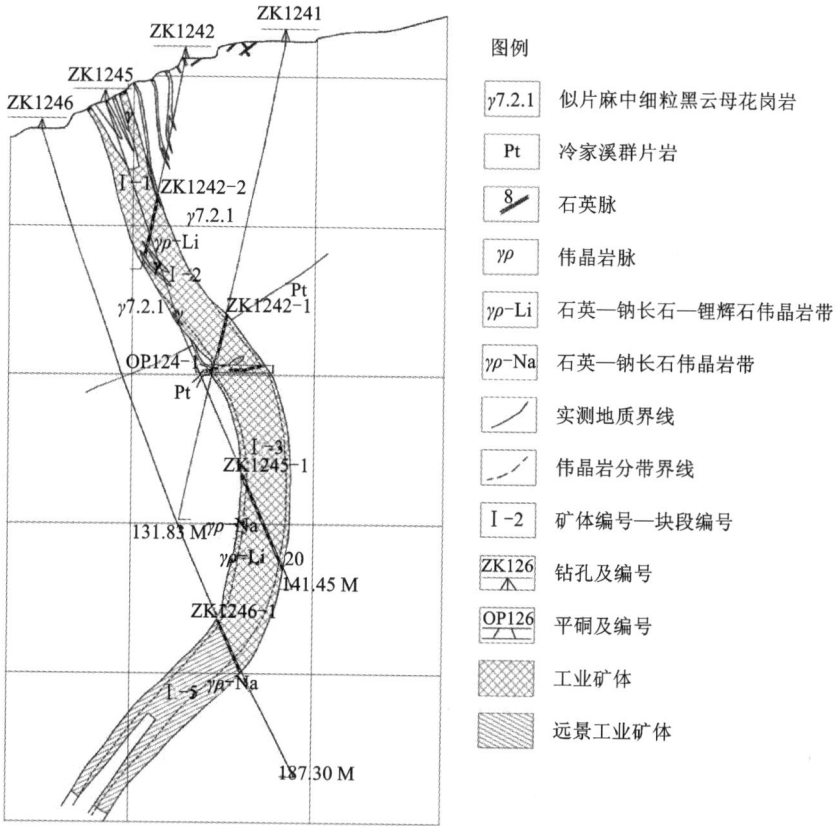

**图 4 – 5　平江县传梓源矿床 γp106 脉剖面图**

### 4.3.2.3　脉体矿化特征

脉体矿化主要为铌钽、铍、锂等稀有金属矿化。

（1）铌钽矿化：含量总体稳定，分布均匀，钽相对较富集。其中以南北向脉体、γp207 及东西向小脉中铌钽矿物较富集；东西向大脉中矿化相对较贫，但矿化较为均匀。根据铌钽矿物富集情况，具下列特征：

①沿走向有向南东倾伏变富趋势。南部、东部的脉体比北部、西部的脉体矿化富，含钽量高，延深大。就单脉而论，则东段比西段矿化好，钽含量高，矿化深度较大。

②沿倾斜方向，以脉体中心倾伏轴线为准，中上部矿化较富，且钽含量高，往深部则逐渐减弱。

③沿厚度方向，脉体顶部一般普遍成矿，且往深部有两盘矿化富集趋势，而中间矿化较贫。

（2）铍矿化：矿化均匀，BeO 含量大于 0.03%，与铌钽呈不明显的异步消长关系，有在石英–钠长石–锂辉石带富集的趋势。

（3）锂矿化：锂的矿化与铌钽呈明显的异步消长关系，主要以锂辉石形式赋存于石英–钠长石–锂辉石带中，其次，还有锂云母。矿化在脉体中下部较富。

#### 4.3.2.4 岩石、矿物学特征

含稀有金属伟晶岩主要为钠长石伟晶岩和锂辉石伟晶岩两种类型。其中钠长石伟晶岩[图4–6(b)]矿物组成为石英（40%～45%）、钠长石（45%～50%）、白云母（5%～10%），石英呈灰白–灰色，半自形–它形粒状；钠长石主要为细片状、糖粒状，结晶较好，自形–半自形；白云母呈细片状；副矿物见有细粒绿柱石。钠长石伟晶岩中见有针状、毛发状锰铌钽铁矿。锂辉石伟晶岩[图4–6(c)]矿物组成主要为石英（30%～35%）、钠长石（10%～20%）、锂辉石（35%～45%）、白云母（5%～10%），石英呈中–粗粒状，灰白–灰色；钠长石呈细片状、糖粒状，结晶较好；锂辉石为灰白色–白色长柱状，解理发育，部分锂辉石变为腐锂辉石；白云母呈细片状，Li 主要富含在锂辉石中。

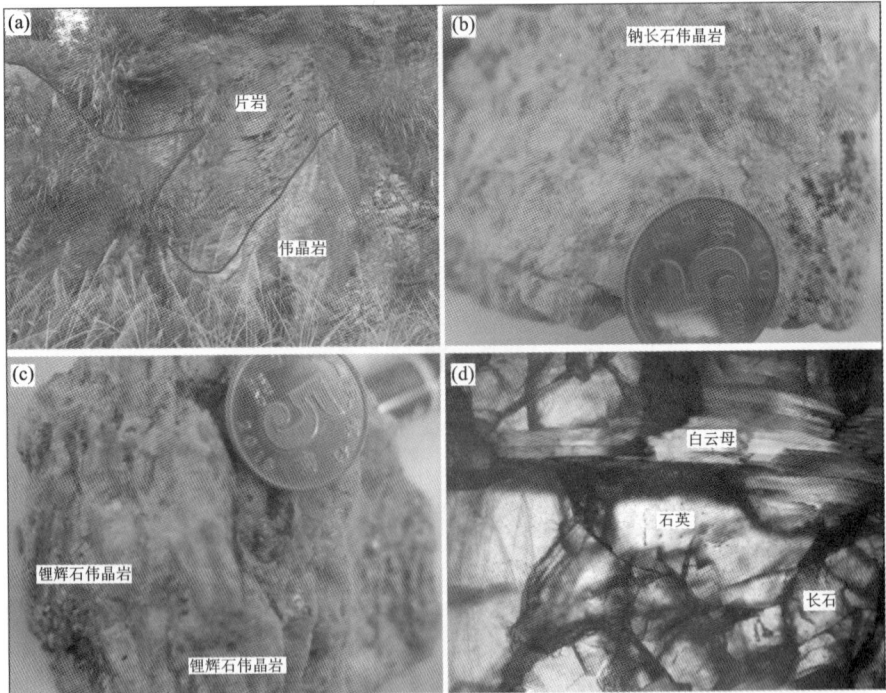

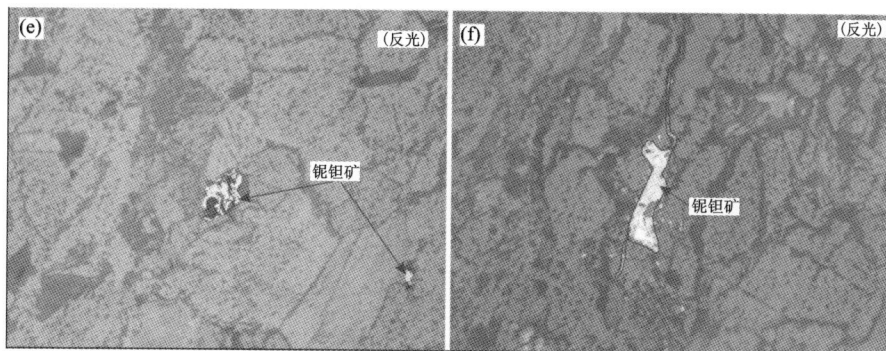

**图 4 - 6　传梓源矿床伟晶岩岩石、矿物学特征**

稀有金属矿物为锰钽铌铁矿[图 4 - 6(e)，图 4 - 6(f)]，次为锰钽矿及锂辉石。伴生有用矿物有绿柱石、矽铍石、锆石、石榴石及条纹微斜长石、钠长石。南北向脉体和北西向脉体均含锰铌钽铁矿，矿物呈黑色、柱状、板柱状、毛发状及细粒状等。其中南北向矿体 $Nb_2O_5$ 平均品位 0.018%，$Ta_2O_5$ 平均品位 0.023%；东西向矿体 $Nb_2O_5$ 平均品位 0.012%，$Ta_2O_5$ 平均品位 0.022%。

# 4.4　白沙窝铌钽铍矿床

## 4.4.1　地质概况

白沙窝铌钽铍矿床位于连云山岩体东面约 10 km 处，大地构造位于华夏陆块与扬子陆块接合部位，连云山岩体产出受长沙 - 平江大断裂控制。

### 4.4.1.1　地层

区内出露的地层主要为冷家溪群，属杨子陆块变质褶皱基底，为一套具复理石 - 类复理石建造特征的浅变质陆源碎屑岩系，据岩石组合特征、基本层序、相序特征及区域对比标志，由下而上可划分为黄浒洞组、小木坪组(图 4 - 7)。

(1)黄浒洞组($Jx_1h$)

系一套陆源碎屑浊积 - 沉积岩系，厚度 1145.7 ~ 2674.3 m，以单层、复层厚度大的碎屑岩组出现，岩性为灰绿色厚层状变质长石石英杂砂岩、砂质粉砂岩、粉砂岩，构成向上变细、单层变薄的往复式基本层序，间夹多套厚 - 块状岩屑杂砂岩。

(2)小木坪组($Jx_2x$)

整合于黄浒洞组之上，厚度 1068.8 ~ 1771 m。该组岩性主要为一套灰色条带

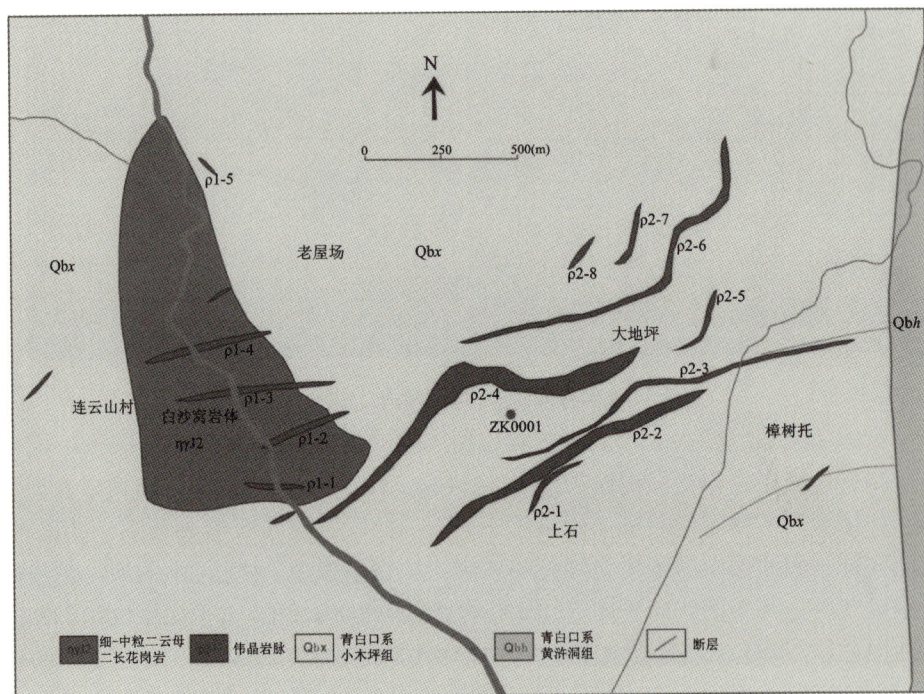

图4-7　白沙窝矿区地质简图(据文春华等, 2018)

状粉砂质板岩与绢云母板岩互层,间夹少量薄-中层状变质砂质粉砂岩、泥质粉砂岩,由下往上碎屑岩逐渐减少,该组以板岩占绝对优势,以单层厚度薄为特征。

### 4.4.1.2　构造

矿区内构造不发育,主要在东部见一条南北向断裂,走向长度约5 km,断裂中石英-硅化破碎带发育。其他为层间小断层,多为走向断层,使伟晶岩遭受到破坏,断距一般数十厘米,在片岩中形成一米多的破碎带。矿区节理发育,节理角度为40°~90°或50°~70°,伟晶岩一般与片岩节理几乎一致,表现伟晶岩产状受构造控制的特征。

### 4.4.1.3　岩浆岩

区内岩体为白沙窝岩体,侵入到冷家溪群地层中,呈小岩株状产出(图4-7)。岩性主要为细(中)粒二云母二长花岗岩,岩石具细(中)粒花岗结构,主要矿物组成为石英(20%~25%)、碱性长石(30%~35%)、斜长石(25%~30%)、黑云母(3%~5%)和白云母(5%~8%)。斜长石为半自形板状,大小一般为0.8~2 mm;钠长石呈自形板状,大小一般为0.5~2 mm;二云母为细小板片状,片径小于2 mm。

## 4.4.2 伟晶岩特征

### 4.4.2.1 伟晶岩分布

伟晶岩脉分布在岩体张裂隙和接触带部位,以及岩体东侧片岩地层中。区内规模较大的伟晶岩脉共 13 条(图 4-7,表 4-3),大多呈不规则状产出,规模大者长度可达千余米,宽数十米。脉体明显受构造裂隙控制,其走向以北东向及北西向为主,少数呈近东西向或南北向,倾角较大(60°~80°),形态不规则,宽大者形态较复杂,沿走向有膨大收缩或分支复合等现象。花岗伟晶岩脉主要分布于花岗岩体内、外接触带,其中以产于外接触带为主。在白沙窝岩体 0~3 km 范围内,伟晶岩主要为钠长石-锂辉石伟晶岩,脉体分布较多,大小不一,出露长度 10~200 m,宽度 1~20 m,伟晶岩中稀有金属矿化较好,铌钽铁矿和锂辉石品位在边界品位或工业品位之上。

表 4-3 白沙窝-上石地区伟晶岩脉统计表

| 地区 | 编号 | 类型 | 特征 | 含矿性 |
|---|---|---|---|---|
| 白沙窝矿段 | 1-1 | 斜长石-钠长石伟晶岩 | 伟晶岩具分带特征,见中粒伟晶岩带和块体长石带 | 铌钽铁矿、绿柱石 |
| | 1-2 | 斜长石-钠长石伟晶岩 | 伟晶岩具分带特征,见中粒伟晶岩带和块体长石带 | 铌钽铁矿、绿柱石 |
| | 1-3 | 斜长石-钠长石伟晶岩 | 伟晶岩具分带特征,见细粒伟晶岩带、中粒伟晶岩带、块体长石带、块体石英带、云母铌钽矿带 | 铌钽铁矿、绿柱石 |
| | 1-4 | 斜长石-钠长石伟晶岩 | 伟晶岩具分带特征,见中粒伟晶岩带和块体长石带 | 铌钽铁矿、绿柱石 |
| | 1-5 | 钠长石伟晶岩 | 不具分带,为细粒伟晶岩 | 铌钽铁矿 |

续表 4-3

| 地区 | 编号 | 类型 | 特征 | 含矿性 |
|---|---|---|---|---|
| 上石矿段 | 2-7, 2-8 | 钠长石伟晶岩 | 不具分带,为细粒伟晶岩、云英岩化 | 铌钽铁矿、绿柱石 |
| | 2-6 | 钠长石伟晶岩 | 不具分带,中粒伟晶岩 | 铌钽铁矿、绿柱石 |
| | 2-4, 2-5 | 钠长石伟晶岩 | 不具分带,中粒伟晶岩 | 铌钽铁矿、绿柱石 |
| | 2-2, 2-3 | 钠长石-锂辉石伟晶岩 | 不具分带,细-中粒伟晶岩 | 铌钽铁矿、绿柱石、锂辉石 |
| | 2-1 | 锂辉石-钠长石伟晶岩 | 不具分带,中粒伟晶岩 | 铌钽铁矿、绿柱石、锂辉石 |

#### 4.4.2.2 白沙窝矿段分带伟晶岩

白沙窝矿段分带伟晶岩:分布在白沙窝岩体裂隙中(图4-8),规模较大的伟晶岩脉共5条,以1~3号规模最大,分带最为完整。

1~3号伟晶岩脉走向近90°,脉宽10~20 m。伟晶岩具明显的分带特征(图4-8),由边缘到中心共分为5个岩性带,依次为细晶岩带(Ⅰ带),中粒伟晶岩带(Ⅱ带),块体长石带(Ⅲ带),块体石英带(Ⅳ带)和石英-云母-铌钽矿带(Ⅴ带),具体描述如下:

Ⅰ带:沿二云母花岗岩裂隙边缘分布,由长石-石英-白云母组成。为细晶结构,矿物粒径小于1 cm,多为3~6 mm;矿物成分长石(50%),自形至半自形柱状或粒状;石英(40%),它形粒状为主;白云母(10%),为细鳞片状。副矿物见有锆石、磷灰石等。

Ⅱ带:可细分为Ⅱ1带和Ⅱ2带两个亚带。其中Ⅱ1带紧临Ⅰ带分布,由长石-石英-白云母组成。为伟晶结构,矿物粒径大小为3~5 cm;矿物成分长石(35%),自形至半自形柱状或粒状;石英(47%),它形粒状为主;白云母(13%)为细鳞片状。副矿物见有电气石、锆石、铌钽铁矿及少量辉钼矿等,铌钽铁矿为柱状,粒径为1~3 cm[图4-9(h)]。Ⅱ2带沿二云母花岗岩裂隙边缘分布,与花岗岩界线清晰。由长石-石英-白云母组成。为伟晶结构,矿物粒径为2~6 cm;矿物成分长石(35%),自形至半自形柱状或粒状;石英(45%),它形粒状为主;白云母(13%),为细鳞片状。副矿物主要为电气石(2%),黑色柱状,粒径大小不一,大者粒径2~5 cm,小者粒径1~5 mm,呈团簇状分布。

Ⅲ带:紧临Ⅱ2带分布,由块体长石-石英组成。为伟晶-巨晶结构[图4-9(b)],矿物成分长石(75%),自形板状和柱状,颗粒大小为8~15 cm;石英(25%),它形粒状为主;其他矿物见少量白云母,为细鳞片状。

II带：中粒长石-石英-云母带　　III带：块体长石带　　V带：石英-云母-铌钽矿带

IV带：块体石英-绿柱石带　　II1带：中粒长石-石英-云母带　　I带：细粒长石-石英-云母带

图 4-8　白沙窝矿段 1 3 号分带伟晶岩剖面图

　　IV带：紧临II1带分布，IV带与II1带分界线清晰[图 4-9(g)]，由块体石英组成。为巨晶结构，矿物成分石英(99%)[图 4-9(c)]，自形粒状，颗粒大小多为 7~20 cm，其他矿物见少量白云母和绿柱石，绿柱石晶体直径最大可达 50 cm[图 4-9(i)]。

　　V带：分布于III带和IV带之间，IV带与V带分界线清晰[图 4-9(d)]，由长石-石英-白云母-铌钽铁矿组成。矿物成分：长石(35%)，自形至半自形柱状或粒状；石英(35%)，它形粒状为主；白云母(22%)，为鳞片状，片径大小为1~3 cm[图4-9(f)]；铌钽铁矿(8%)为黑色，短柱状或不规则状，颗粒大小不一，小者2~5 mm，大者3~5 cm[图4-9(e)、图4-9(f)]。

从不同岩性分带来看，白沙窝1~3号分带伟晶岩脉总体为富长石矿、石英矿和铌钽矿的矿脉。

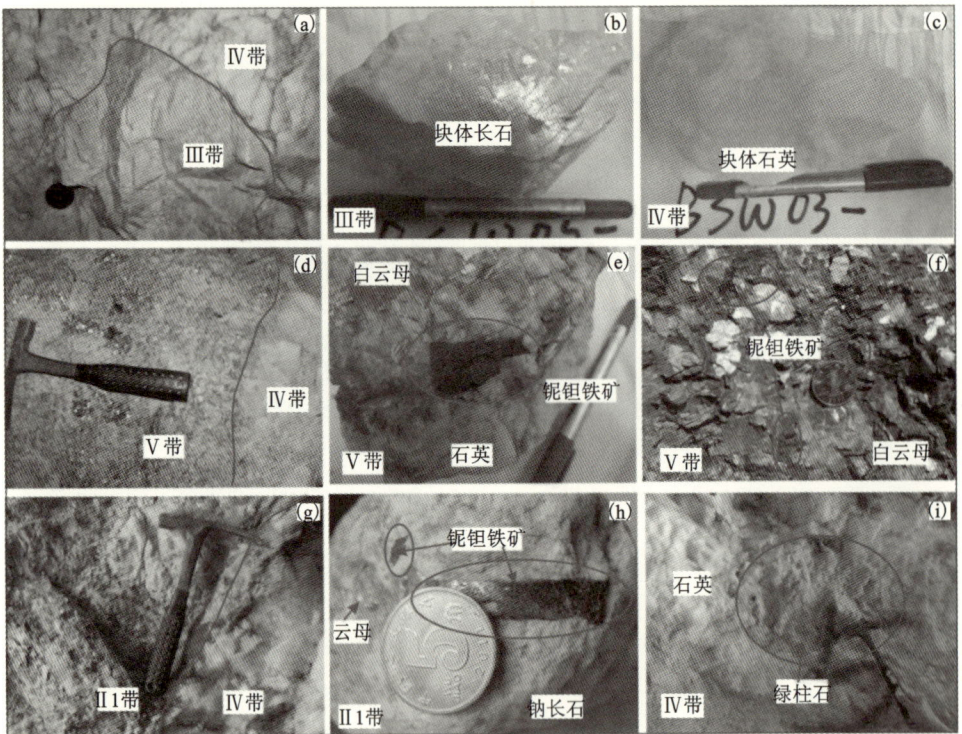

**图4-9 白沙窝矿段分带伟晶岩矿物学特征**

(a)Ⅲ带和Ⅳ带分界线；(b)块体长石；(c)块体石英；(d)Ⅳ带和Ⅴ带分界线；
(e)-(f)铌钽铁矿；(g)Ⅱ1带与Ⅳ带分界线；(h)柱状铌钽矿；(i)巨晶绿柱石

### 4.4.2.3 上石矿段伟晶岩

在上石矿段发现伟晶岩脉8条(图4-7)，岩性主要有钠长石伟晶岩脉、钠长石-锂辉石伟晶岩脉。

伟晶岩脉产于片岩层间裂隙中，北东向分布，为细粒-中粒钠长石伟晶岩，不具分带性。铌钽矿及绿柱石矿物粒径为0.02~0.1 mm。伟晶岩脉成分主要为长石(70%)、石英(20%)和白云母(5%)，长石多为钠长石，呈自形和半自形的板柱状，石英为他形粒状，云母为片状，伟晶岩具伟晶结构，呈现弱 – 中等风化，表面多风化为灰黄色。脉中见风化的腐锂辉石（品位 0.6% ~1.1%）。在云母与钠长石接触部位见有细小柱状、针状暗色铌钽矿物，大小 1~3 mm。

从 2~4 号伟晶岩脉深部钻孔（ZK0001）揭露（图 4 – 10），伟晶岩脉沿地层层理产出，与围岩片岩接触界面清晰平整，反映出伟晶岩产出于裂隙环境之中。钻孔深部揭露伟晶岩脉 2 条，其中第 2 条为隐伏岩脉，从分析结果来看，第 1 条伟晶岩脉 BeO 含量均达边界品位以上（0.040% ~0.095%），（Nb，Ta）$_2$O$_5$ 含量部分样品达边界品位（0.012%）；第 2 条伟晶岩脉 BeO 品位为 0.040% ~0.127%，显示深部 BeO 品位增高，且产状稳定，资源潜力巨大。

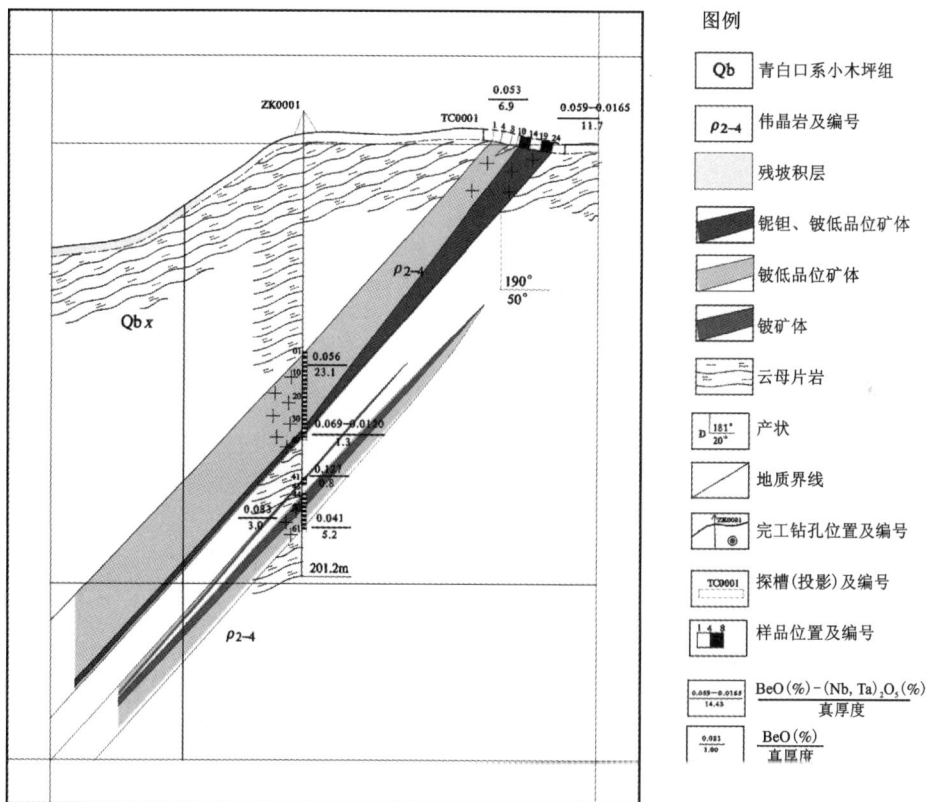

**图 4 – 10　上石矿段 2 – 4 号伟晶岩脉剖面图**

从显微镜观察可见（图 4 – 11），其中：（a）中粒伟晶岩［图 4 – 11（a）］，矿物成分主要为钠长石、白云母和石英，呈自形共生状分布；（b）细粒伟晶岩［图 4 –11（b）］，矿物成分主要为钠长石、石英和白云母，矿物形态多数为半自形至他形；(c)交代伟晶岩[图4-11(a)]，矿物成分主要为早期的白云母、钠长石和石英，被晚期的钠长石和石英交代，白云母中见交代残缺边；(d)细粒伟晶岩[图4-11(d)]，见自形铌钽铁矿，长柱状；(e)交代伟晶岩[图4-11(e)]，见铌钽铁矿沿云母和长石边缘交代；(f)细粒伟晶岩[图4-11(f)]，见后期石英脉穿插，切穿早期的钠长石，石英脉中见铌钽铁矿；[图4-11(g)]和[图4-11(h)]中见副矿物石榴石和磷灰石等。

从矿物学特征反映出上石矿段伟晶岩脉稀有金属成矿作用经历了两次过程。早期结晶的伟晶岩对应的铌钽铁矿为自形板状、针状、块状矿物[图4-11(d)]；伟晶岩在形成之后经历了构造作用，伟晶岩脉中裂隙发育，被热液流体交代充填[图4-11(f)]，与之对应的铌钽矿沿裂隙呈星点状、或线状不规则分布。

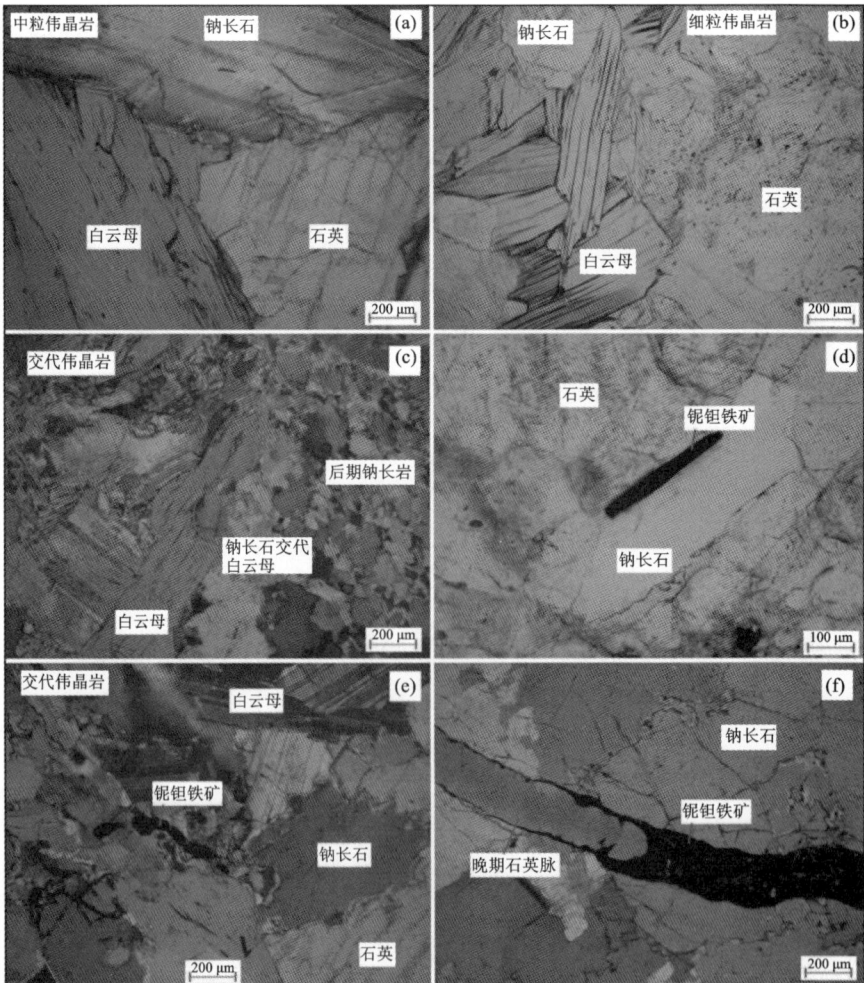

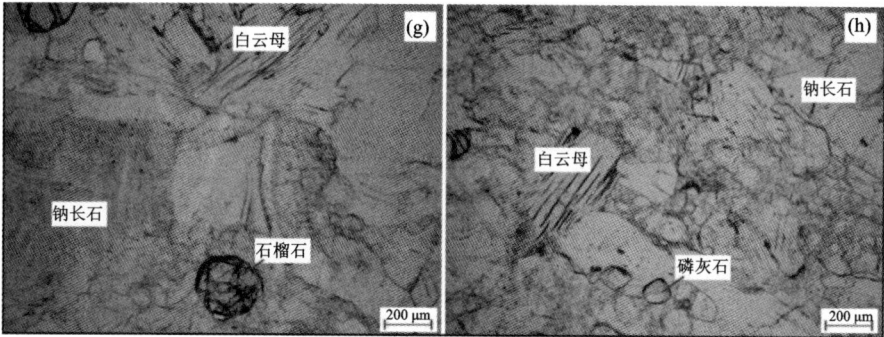

**图 4 – 11 上石矿段伟晶岩矿物学特征**

(a)中粒伟晶岩中的自形长石 – 石英 – 白云母；(b)细粒伟晶岩中的自形长石 – 石英 – 白云母；(c)白云母被晚期钠长石交代；(d)中粒伟晶岩中的针状铌钽铁矿；(e)铌钽铁矿沿白云母裂隙充填；(f)晚期石英 – 铌钽铁矿细脉穿插早期钠长石；(g)中粒伟晶岩中的石榴石；(h)细粒伟晶岩中的磷灰石

# 第 5 章　伟晶岩岩石地球化学特征

伟晶岩的地球化学研究对于伟晶岩成矿规律的总结及稀有金属找矿具有重要的意义。湘东北地区伟晶岩脉分布广泛，为伟晶岩地球化学研究提供了实验基地，本书重点对仁里矿床、传梓源矿床和白沙窝矿床开展了岩石地球化学研究，解剖湘东北伟晶岩的性质、地球化学及含矿性特征。

## 5.1　样品采集及实验方法

### 5.1.1　样品采集

在野外调查的基础上，详细对伟晶岩矿床中伟晶岩脉进行观察和记录，划分出伟晶岩类型。仁里矿床样品采自民采场，重点采集了与成矿相关的钠长石伟晶岩样品；传梓源矿床样品采自矿山坑道，重点采集了钠长石伟晶岩和锂辉石伟晶岩样品；白沙窝矿床样品采自民采洞，重点采集了分带伟晶岩各带的样品及未分带伟晶岩的样品。所采集的样品均为新鲜岩石。

### 5.1.2　实验方法

主、微量元素的分析测试是在中国地质科学院国家地质实验测试中心完成的，主量元素的分析是在 PE8300 型等离子光谱仪中完成的，测试精度优于 3%。微量元素的分析是在 PE300D 型高分辨等离子质谱仪中进行的。

## 5.2　仁里矿床地球化学特征

### 5.2.1　主量元素

仁里矿床伟晶岩主量元素分析结果见表 5 - 1，从表中可以看出主量元素总体具有以下特征：高 $SiO_2$（73.39% ~ 87.67%）；低 $K_2O$（2.39% ~ 4.77%）、$MnO$（0.13% ~ 0.36%）、$FeO$（0.3% ~ 0.69%）和 $Fe_2O_3$（0.05% ~ 0.18%）；碱质成分变化大，$K_2O + Na_2O$ 为 2.7% ~ 8.25%，$Na_2O$ 为 0.18% ~ 5.37%，$w(K_2O)/w(Na_2O)$ 比值为 0.4 ~ 14.8，从图 5 - 1 中可见低钠的样品落在高钾钙碱性系列

中,高钠样品主要落入钙碱性系列[图5-1(a)];$Al_2O_3$含量较高(12.81% ~ 16.28%),个别样品除外(RL-03),A/CNK 值变化于 1.1~2.2,样品数据均大于1,数据投图落入过铝质区域[图5-1(b)],为过铝质岩石。

表 5-1　仁里伟晶岩主量元素分析结果($w_B$/%)

| 样品号 | RL-01 | RL-02 | RL-03 | RL-06 | RL-07 |
|---|---|---|---|---|---|
| $SiO_2$ | 72.87 | 78.61 | 87.67 | 73.39 | 74.66 |
| $Al_2O_3$ | 16.28 | 12.81 | 7.35 | 14.37 | 15.22 |
| CaO | 0.25 | 0.38 | 0.33 | 0.52 | 0.57 |
| $Fe_2O_3$ | 0.07 | 0.06 | 0.05 | 0.05 | 0.18 |
| FeO | 0.32 | 0.3 | 0.42 | 0.69 | 0.43 |
| $K_2O$ | 4.77 | 4.73 | 2.52 | 3.32 | 2.39 |
| MgO | 0.06 | 0.05 | 0.05 | 0.06 | 0.05 |
| MnO | 0.31 | 0.23 | 0.18 | 0.36 | 0.13 |
| $Na_2O$ | 0.43 | 0.32 | 0.18 | 4.93 | 5.37 |
| $P_2O_5$ | 0.14 | 0.27 | 0.21 | 0.09 | 0.11 |
| $TiO_2$ | 0.03 | 0.01 | 0.01 | 0.03 | 0.04 |
| $CO_2$ | 0.74 | 0.62 | 0.32 | 0.09 | 0.09 |
| $H_2O^+$ | 1.6 | 1.22 | 1.04 | 0.64 | 0.8 |
| LOI | 2.98 | 2.3 | 1.51 | 0.59 | 0.85 |
| $\Sigma$ | 100.9 | 101.9 | 101.8 | 99.1 | 100.9 |
| A/NK | 2.3 | 2.3 | 2.4 | 1.2 | 1.3 |
| A/CNK | 2.2 | 2.0 | 2.0 | 1.1 | 1.2 |
| $K_2O/Na_2O$ | 11.1 | 14.8 | 14.0 | 0.7 | 0.4 |
| $K_2O + Na_2O$ | 5.2 | 5.05 | 2.7 | 8.25 | 7.76 |

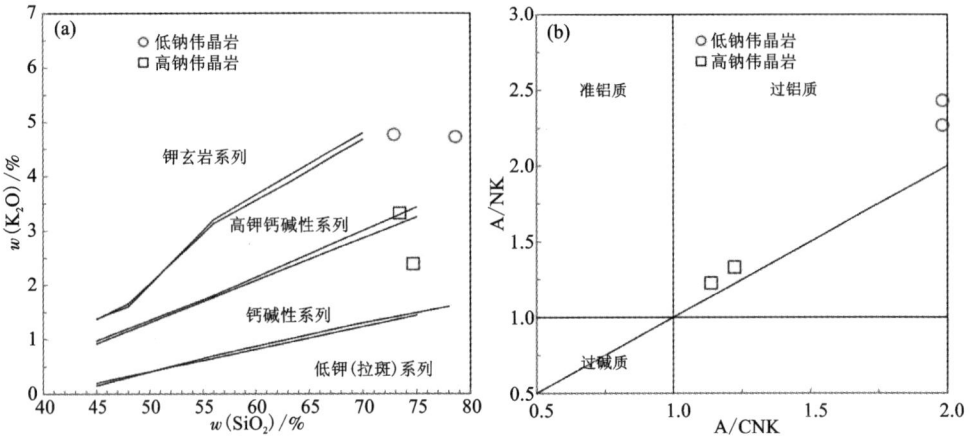

图 5-1  仁里矿床伟晶岩 $K_2O - SiO_2$、A/CNK - A/NK 图解

## 5.2.2  微量元素

从原始地幔标准化蛛网图[图 5-2(a)]可以看出伟晶岩样品微量元素的富集亏损状态，所有样品显示相类似的变化趋势，原始地幔标准化蛛网图解整体呈现右倾形态，其中 Rb、Th、U、K、Ta、Nb 明显富集，而 Ba、Sr、Ti 均明显亏损，这些元素特征可能表现与岩浆源区残留有斜长石有关，磷灰石的结晶分异作用导致 Ti 明显亏损。

样品的微量元素分析结果见表 5-2，从表中可以看出，总稀土含量(ΣREEs)较低，为 $3.5 \times 10^{-6} \sim 19.26 \times 10^{-6}$，其中 LREEs 含量为 $3.34 \times 10^{-6} \sim 19.05 \times 10^{-6}$，HREEs 为 $0.83 \times 10^{-6} \sim 6.18 \times 10^{-6}$，总体来看富钠质伟晶岩样品稀土含量较高，位于图 5-2(b)中的上方。轻重稀土分异明显(LREEs/HREEs 为 $1.76 \sim 10.21$)，$(La/Yb)_N$ 比值变化于 $1.01 \sim 13.54$，表明伟晶岩轻稀土相对富集，重稀土相对亏损，轻重稀土分馏明显。从[图 5-2(b)]中看出低钠伟晶岩稀土配分曲线为右倾型，轻重稀土分异较明显；而高钠伟晶岩稀土配分曲线几乎呈水平展布，轻重稀土分异作用不明显。δEu 值变化于 $0.79 \sim 1.54$，铈的负异常不明显。

表 5 – 2　仁里矿床伟晶岩微量元素组成($w_B/10^{-6}$)

| 样品号 | RL – 01 | RL – 02 | RL – 03 | RL – 06 | RL – 07 |
|---|---|---|---|---|---|
| Rb | 2751 | 2114 | 1201 | 439 | 337 |
| K | 40899 | 39265 | 20919 | 27560 | 19840 |
| Ba | 2.73 | 0.69 | 2.8 | 0.46 | 1.63 |
| Th | 11.7 | 5.15 | 7.34 | 2.5 | 3.5 |
| U | 10 | 6.17 | 4.87 | 2.84 | 4.52 |
| Nb | 148 | 52.4 | 591 | 13.9 | 20.8 |
| Sr | 0.65 | 0.51 | 1.22 | 2.73 | 3.33 |
| P | 611.0 | 1178.4 | 916.5 | 392.8 | 480.1 |
| Zr | 57.8 | 20.6 | 13.1 | 52.2 | 36.6 |
| Hf | 18.9 | 3.84 | 2.23 | 3.2 | 2.2 |
| Sm | 0.05 | 0.14 | 0.16 | 0.64 | 0.99 |
| Ti | 70.1 | 41.9 | 61 | 108 | 155 |
| La | 1.23 | 3.02 | 2.75 | 2.53 | 4.49 |
| Ce | 1.51 | 3.99 | 4.73 | 4.93 | 8.89 |
| Pr | 0.07 | 0.25 | 0.28 | 0.53 | 0.91 |
| Nd | 0.39 | 0.58 | 0.71 | 1.98 | 3.52 |
| Sm | 0.09 | 0.14 | 0.16 | 0.64 | 0.99 |
| Eu | 0.05 | 0.06 | 0.05 | 0.26 | 0.25 |
| Gd | 0.11 | 0.11 | 0.13 | 0.75 | 0.94 |
| Tb | 0.07 | 0.06 | 0.06 | 0.23 | 0.25 |
| Dy | 0.16 | 0.16 | 0.15 | 1.64 | 1.54 |
| Ho | 0.08 | 0.06 | 0.07 | 0.31 | 0.31 |
| Er | 0.16 | 0.15 | 0.15 | 0.99 | 0.97 |
| Tm | 0.08 | 0.06 | 0.08 | 0.21 | 0.2 |
| Yb | 0.17 | 0.16 | 0.15 | 1.8 | 1.72 |
| Lu | 0.05 | 0.07 | 0.06 | 0.25 | 0.24 |
| Y | 0.33 | 1.42 | 1.37 | 13.6 | 12.4 |
| ΣREE | 4.22 | 8.87 | 9.53 | 17.05 | 25.22 |

续表 5 - 2

| 样品号 | RL - 01 | RL - 02 | RL - 03 | RL - 06 | RL - 07 |
|---|---|---|---|---|---|
| LREE | 3.34 | 8.04 | 8.68 | 10.87 | 19.05 |
| HREE | 0.88 | 0.83 | 0.85 | 6.18 | 6.17 |
| LREE/HREE | 3.80 | 9.69 | 10.21 | 1.76 | 3.09 |
| $La_N/Yb_N$ | 5.19 | 13.54 | 13.15 | 1.01 | 1.87 |
| $\delta Eu$ | 1.54 | 1.48 | 1.06 | 1.15 | 0.79 |
| $\delta Ce$ | 1.26 | 1.13 | 1.32 | 1.04 | 1.08 |

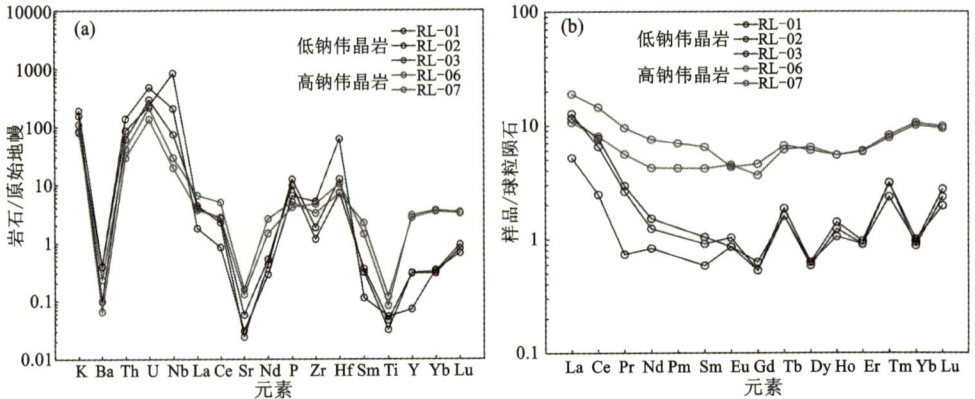

图 5 - 2  仁里矿床伟晶岩微量元素蛛网图及稀土配分图

(标准值据 Sun and McDonough, 1989)

### 5.2.3  稀有金属

伟晶岩稀有金属元素及挥发分（F）含量（表 5 - 3）分别为：Li（$266 \times 10^{-6} \sim 724 \times 10^{-6}$）、Rb（$337 \times 10^{-6} \sim 715 \times 10^{-6}$）、Be（$8.8 \times 10^{-6} \sim 164 \times 10^{-6}$）、Ta（$3.2 \times 10^{-6} \sim 403 \times 10^{-6}$）、Nb（$13.9 \times 10^{-6} \sim 148 \times 10^{-6}$）、Cs（$17.4 \times 10^{-6} \sim 71.0 \times 10^{-6}$）、F（0.1% ~ 2.5%）。总体来看，低钠伟晶岩中稀有金属和挥发分含量较高，从图 5 - 3 中看出，随 F 含量增加，稀有金属含量也明显增加，呈现正相关关系。表明挥发分（F）对稀有金属富集有重要的作用。

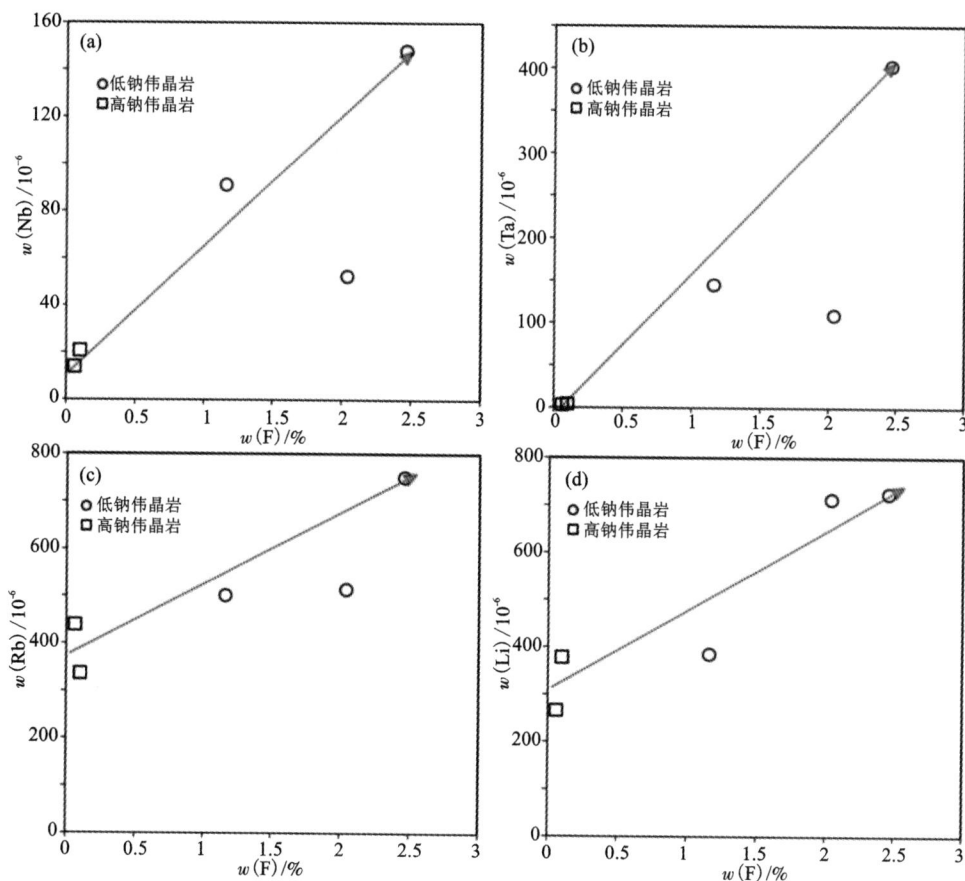

图 5 - 3　仁里矿床 F - Nb、F - Ta、F - Li、F - Rb 含量变化关系图

表 5 - 3　仁里矿床伟晶岩稀有金属($w_B/10^{-6}$)及挥发分($w_B/\%$)含量

| 样品号 | RL - 01 | RL - 02 | RL - 03 | RL - 06 | RL - 07 |
|---|---|---|---|---|---|
| Li | 724.0 | 712.0 | 385.0 | 266.0 | 378.0 |
| Be | 164.0 | 69.0 | 96.0 | 8.8 | 10.7 |
| Rb | 751.0 | 514.0 | 501.0 | 439.0 | 337.0 |
| Cs | 71.0 | 58.0 | 35.0 | 21.3 | 17.4 |
| Nb | 148.0 | 52.4 | 91.0 | 13.9 | 20.8 |
| Ta | 403.0 | 109.0 | 145.0 | 3.2 | 4.2 |
| F | 2.5 | 2.0 | 1.2 | 0.1 | 0.1 |

## 5.3 传梓源矿床地球化学特征

### 5.3.1 主量元素

传梓源矿床伟晶岩样品主量元素分析结果见表5-4，主量元素总体具有以下特征：高 $SiO_2$ (72.51% ~77.28%)、高 $Al_2O_3$ (13.37% ~16.48%) 及高 $Na_2O$ (4.38% ~7.41%)；低 $K_2O$ (0.85% ~3.05%)、$MnO$ (0.1% ~0.43%)、低 $FeO$ (0.31% ~0.54%) 和 $Fe_2O_3$ (0.07% ~0.36%)；$K_2O/Na_2O$ 比值为 0.13 ~0.7，较为富钠。从锂辉石伟晶岩阶段到钠长石化伟晶岩阶段主量元素变化规律表现为：$SiO_2$ 和 $Na_2O$ 含量呈升高的趋势，$K_2O$ 含量明显降低。从图5-4中看出锂辉石伟晶岩样品主要落在钙碱性系列中，钠长石伟晶岩样品主要落在低钾系列[图5-4 (a)]，锂辉石伟晶岩和钠长石伟晶岩样品均落在过铝质区域[图5-4(b)]。

表5-4 传梓源地区代表性样品主量元素氧化物分析结果

| 主量元素 | 氧化物含量/% | | | | | | | |
|---|---|---|---|---|---|---|---|---|
| | 锂辉石伟晶岩 | | | | 钠长石伟晶岩 | | | |
| | CZY-01 | CZY-02 | CZY-03 | CZY-04 | CZY-05 | CZY-06 | CZY-07 | CZY-08 |
| $SiO_2$ | 73.3 | 73.76 | 72.51 | 73.05 | 77.22 | 74.99 | 77.28 | 76.12 |
| $Al_2O_3$ | 16.4 | 15.71 | 15.67 | 16.48 | 13.55 | 15.48 | 13.37 | 14.01 |
| $Fe_2O_3$ | 0.21 | 0.17 | 0.1 | 0.1 | 0.36 | 0.07 | 0.34 | 0.24 |
| $FeO$ | 0.45 | 0.47 | 0.45 | 0.31 | 0.47 | 0.34 | 0.47 | 0.54 |
| $CaO$ | 0.19 | 0.37 | 0.83 | 0.18 | 0.23 | 0.16 | 0.39 | 0.32 |
| $MgO$ | 0.08 | 0.1 | 0.08 | 0.08 | 0.07 | 0.07 | 0.09 | 0.09 |
| $K_2O$ | 3.05 | 1.4 | 3.03 | 2.59 | 0.85 | 0.99 | 0.98 | 2.13 |
| $Na_2O$ | 4.38 | 6.5 | 5.77 | 5.58 | 6.22 | 7.41 | 6.29 | 6.02 |
| $TiO_2$ | 0.01 | 0.01 | 0.01 | 0.01 | 0.01 | 0 | 0.01 | 0.01 |
| $MnO$ | 0.24 | 0.17 | 0.28 | 0.1 | 0.43 | 0.12 | 0.17 | 0.16 |
| $P_2O_5$ | 0.08 | 0.19 | 0.11 | 0.07 | 0.07 | 0.04 | 0.14 | 0.13 |
| $H_2O^+$ | 0.34 | 0.42 | 0.34 | 0.25 | 0.14 | 0.24 | 0.26 | 0.22 |
| $CO_2$ | 0.26 | 0.43 | 0.51 | 0.39 | 0.17 | 0.09 | 0.26 | 0.17 |
| Total | 98.99 | 99.7 | 99.69 | 99.19 | 99.79 | 100 | 100.05 | 100.16 |

续表 5 - 4

| 主量元素 | 氧化物含量/% | | | | | | | |
|---|---|---|---|---|---|---|---|---|
| | 锂辉石伟晶岩 | | | | 钠长石伟晶岩 | | | |
| | CZY - 01 | CZY - 02 | CZY - 03 | CZY - 04 | CZY - 05 | CZY - 06 | CZY - 07 | CZY - 08 |
| $Na_2O + K_2O$ | 7.43 | 7.9 | 8.8 | 8.17 | 7.07 | 8.4 | 7.27 | 8.15 |
| $K_2O/Na_2O$ | 0.70 | 0.22 | 0.53 | 0.46 | 0.14 | 0.13 | 0.16 | 0.35 |
| A/NK | 1.56 | 1.29 | 1.23 | 1.37 | 1.21 | 1.17 | 1.17 | 1.15 |
| A/CNK | 1.51 | 1.22 | 1.10 | 1.34 | 1.17 | 1.14 | 1.10 | 1.09 |

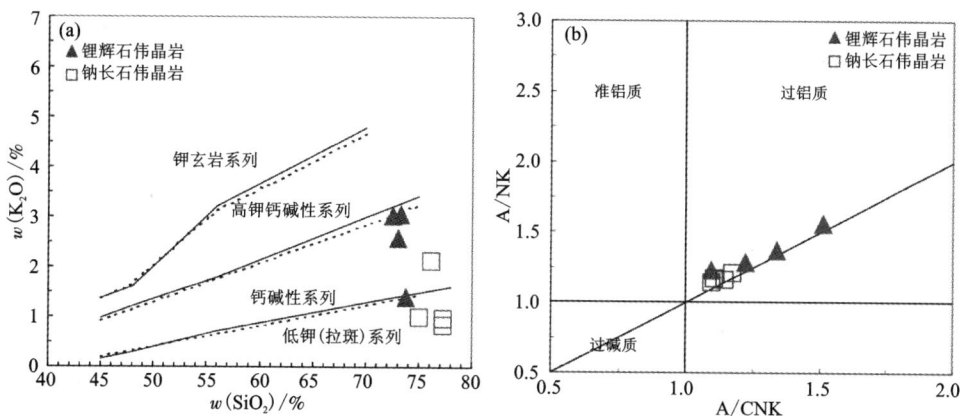

图 5 - 4　传梓源矿床伟晶岩 $K_2O - SiO_2$、A/CNK - A/NK 图解

## 5.3.2　微量元素

伟晶岩样品的微量元素分析结果见表 5 - 5，从表中可以看出，锂辉石和钠长石伟晶岩中总稀土含量（$\Sigma REEs$）较低，变化于 $3.5 \times 10^{-6} \sim 19.26 \times 10^{-6}$，其中 LREEs 含量为 $1.8 \times 10^{-6} \sim 18.73 \times 10^{-6}$，HREEs 含量为 $0.53 \times 10^{-6} \sim 2.63 \times 10^{-6}$。轻重稀土分异明显（LREEs/HREEs 为 $1.67 \sim 35.34$），表明伟晶岩轻稀土相对富集，重稀土相对亏损。$(La/Yb)_N$ 比值变化于 $1.58 \sim 105.68$，反映出伟晶岩轻重稀土存在明显的分馏作用。从图 5 - 5(b) 中看出锂辉石伟晶岩稀土元素配分图呈右倾形态，轻重稀土分异作用明显；钠长石伟晶岩稀土元素配分图几乎呈水平展布，轻重稀土分异作用不明显。$\delta Eu$ 值变化于 $0.46 \sim 1.08$，显示为弱的铕负异常。说明岩浆在演化过程中斜长石分离结晶作用较弱。

从原始地幔标准化蛛网图[图 5-5(a)]可以看出伟晶岩样品微量元素的富集亏损状态,锂辉石伟晶岩和钠长石伟晶岩中微量元素含量显示相类似的变化趋势,原始地幔标准化蛛网图解整体呈现右倾形态,其中 Rb、Th、U、K、Ta、Nb 明显富集,而 Ba、Sr、Ti 均明显亏损,这些元素特征可能表现为岩浆源区残留有斜长石有关,磷灰石的结晶分异作用导致 Ti 明显亏损。

表 5-5 传梓源矿床伟晶岩微量元素组成

| 微量元素 | 元素含量/10$^{-6}$ | | | | | | | |
|---|---|---|---|---|---|---|---|---|
| | 锂辉石伟晶岩 | | | | 钠长石伟晶岩 | | | |
| | CZY-01 | CZY-02 | CZY-03 | CZY-04 | CZY-05 | CZY-06 | CZY-07 | CZY-08 |
| Rb | 800 | 457 | 686 | 899 | 232 | 203 | 134 | 252 |
| Ba | 3.8 | 21.6 | 20.8 | 9.32 | 3.78 | 5.08 | 15.8 | 22.3 |
| Th | 2.18 | 5.34 | 1.71 | 2.81 | 3.99 | 2.34 | 1.63 | 1.46 |
| U | 1.27 | 20.2 | 12.3 | 4.42 | 36.1 | 2.11 | 17.7 | 13.2 |
| K | 25319 | 11622 | 25153 | 21500 | 7056 | 8218 | 8135 | 17682 |
| Ta | 3.28 | 12.4 | 15.6 | 66.8 | 3.07 | 22.2 | 4.19 | 4.22 |
| Nb | 15.5 | 37.2 | 45.1 | 101 | 16.1 | 58.7 | 11.9 | 11.6 |
| Sr | 12.2 | 49.1 | 102 | 12.8 | 21.7 | 11.8 | 14 | 10.1 |
| P | 349 | 829 | 480 | 306 | 306 | 175 | 611 | 567 |
| Zr | 18.6 | 74.3 | 18.3 | 33.3 | 92.3 | 19.5 | 30.2 | 25.5 |
| Hf | 1.21 | 5.73 | 1.65 | 4.23 | 6.24 | 1.84 | 1.81 | 1.81 |
| Ti | 59.95 | 59.95 | 59.95 | 59.95 | 59.95 | 0 | 59.95 | 59.95 |
| La | 0.86 | 1.37 | 3.67 | 4.42 | 1.37 | 0.53 | 2.34 | 1.28 |
| Ce | 1.09 | 2.55 | 5.62 | 6.03 | 2.16 | 0.51 | 3.45 | 1.89 |
| Pr | 0.16 | 0.25 | 0.79 | 5.83 | 0.28 | 0.1 | 0.49 | 0.3 |
| Nd | 0.55 | 0.82 | 2.96 | 2.09 | 0.87 | 0.43 | 1.59 | 0.97 |
| Sm | 0.14 | 0.2 | 0.53 | 0.29 | 0.3 | 0.18 | 0.46 | 0.38 |
| Eu | 0.05 | 0.05 | 0.12 | 0.07 | 0.04 | 0.05 | 0.1 | 0.08 |
| Gd | 0.14 | 0.18 | 0.52 | 0.22 | 0.22 | 0.23 | 0.51 | 0.42 |
| Tb | 0.05 | 0.04 | 0.06 | 0.03 | 0.05 | 0.05 | 0.11 | 0.11 |
| Dy | 0.15 | 0.18 | 0.35 | 0.09 | 0.23 | 0.28 | 0.72 | 0.74 |

续表 5－5

| 微量元素 | 元素含量/10⁻⁶ | | | | | | | |
|---|---|---|---|---|---|---|---|---|
| | 锂辉石伟晶岩 | | | | 钠长石伟晶岩 | | | |
| | CZY－01 | CZY－02 | CZY－03 | CZY－04 | CZY－05 | CZY－06 | CZY－07 | CZY－08 |
| Ho | 0.05 | 0.04 | 0.06 | 0.04 | 0.02 | 0.06 | 0.13 | 0.14 |
| Er | 0.08 | 0.11 | 0.19 | 0.06 | 0.12 | 0.17 | 0.44 | 0.48 |
| Tm | 0.05 | 0.04 | 0.03 | 0.02 | 0.03 | 0.07 | 0.07 | 0.08 |
| Yb | 0.08 | 0.09 | 0.15 | 0.03 | 0.11 | 0.17 | 0.48 | 0.58 |
| Lu | 0.05 | 0.06 | 0.03 | 0.04 | 0.02 | 0.05 | 0.07 | 0.08 |
| Y | 0.94 | 1.15 | 1.89 | 0.57 | 1.4 | 2.07 | 4.41 | 5.29 |
| ΣREEs | 3.5 | 5.98 | 15.08 | 19.26 | 5.82 | 2.88 | 10.96 | 7.53 |
| LREEs | 2.85 | 5.24 | 13.69 | 18.73 | 5.02 | 1.8 | 8.43 | 4.9 |
| HREEs | 0.65 | 0.74 | 1.39 | 0.53 | 0.8 | 1.08 | 2.53 | 2.63 |
| LREEs/HREEs | 4.38 | 7.08 | 9.85 | 35.34 | 6.28 | 1.67 | 3.33 | 1.86 |
| (La/Yb)$_N$ | 7.71 | 10.92 | 17.55 | 105.68 | 8.93 | 2.24 | 3.50 | 1.58 |
| δEu | 1.08 | 0.79 | 0.69 | 0.81 | 0.46 | 0.75 | 0.63 | 0.61 |

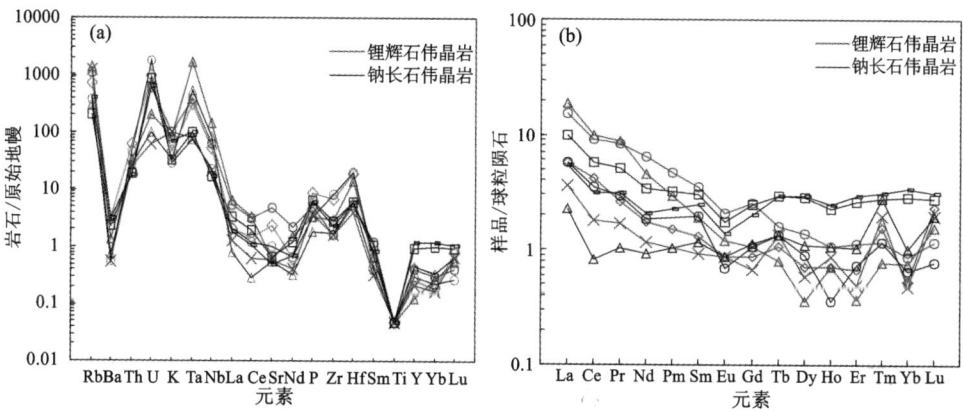

图 5－5　传梓源矿床伟晶岩微量元素蛛网图及稀土配分图

（标准值据 Sun and McDonough，1989）

### 5.3.3 稀有金属

传梓源地区伟晶岩稀有金属元素含量见表5-6，伟晶岩中稀有元素 Li、Be、Rb 含量相对较高，Nb、Ta 和 Cs 元素含量相对较低。其中锂辉石伟晶岩中 Li 和 Rb 含量明显高于钠长石伟晶岩中 Li 和 Rb 含量，锂辉石伟晶岩中 Be 含量低于钠长石伟晶岩中 Be 含量，Nb 和 Ta 含量在锂辉石伟晶岩和钠长石伟晶岩中变化较大，反映出钽、铌矿化不均匀的特征。挥发分含量如表5-6所示，$P_2O_5$ 为 0.08% ~ 0.27%，$CO_2$ 为 0.26% ~ 0.51%，F 为 0.016% ~ 0.13%，表明伟晶岩中挥发分较为富集。从图5-6可以看出 F 与稀有金属含量变化关系：F-Li 和 F-Rb 具有一致的变化趋势，在锂辉石伟晶岩中 Li 和 Rb 含量随 F 含量的增加而降低，在钠长石伟晶岩中 Li 和 Rb 含量随 F 含量增加变化不明显；F-Nb 和 F-Ta 具有一致的变化趋势，在锂辉石伟晶岩和钠长石伟晶岩中 Nb 和 Ta 含量随 F 含量增加逐渐降低。这些特征反映出 F 含量的变化对稀有元素富集有明显的影响，随 F 含量增加，锂辉石伟晶岩样品中 Li、Rb、Nb、Ta 元素含量降低，钠长石伟晶岩样品中 Nb、Ta 元素含量降低。

表5-6　传梓源矿床伟晶岩稀有金属及挥发分含量

| 样品类型 | 样品编号 | 主要稀有元素含量/$10^{-6}$ | | | | | | 挥发分/% | | |
| | | Li | Be | Rb | Nb | Ta | Cs | $P_2O_5$ | $CO_2$ | F |
|---|---|---|---|---|---|---|---|---|---|---|
| 锂辉石伟晶岩 | CZY-01 | 1211 | 134 | 800 | 15.5 | 3.28 | 60.1 | 0.08 | 0.26 | 0.039 |
| | CZY-02 | 576 | 302 | 457 | 37.2 | 12.4 | 54.6 | 0.19 | 0.43 | 0.086 |
| | CZY-03 | 272 | 159 | 686 | 45.1 | 15.6 | 68.5 | 0.11 | 0.51 | 0.054 |
| | CZY-04 | 1036 | 131 | 899 | 101 | 66.8 | 79.4 | 0.17 | 0.34 | 0.016 |
| 钠长石伟晶岩 | CZY-05 | 96.2 | 175 | 232 | 16.1 | 3.07 | 26.3 | 0.14 | 0.34 | 0.13 |
| | CZY-06 | 106 | 109 | 203 | 58.7 | 22.2 | 16.6 | 0.15 | 0.34 | 0.018 |
| | CZY-07 | 61.5 | 435 | 134 | 11.9 | 4.19 | 10.1 | 0.1 | 0.43 | 0.052 |
| | CZY-08 | 61.3 | 413 | 252 | 11.6 | 4.22 | 16 | 0.27 | 0.26 | 0.045 |

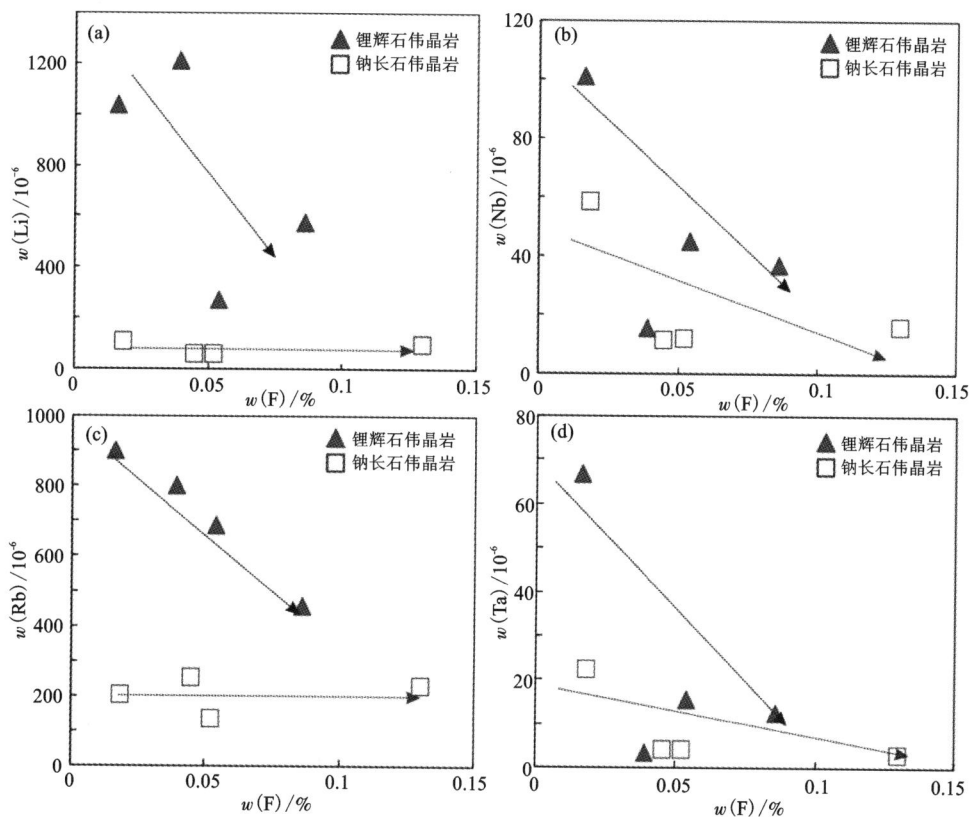

图 5-6　传梓源矿床 F-Nb、F-Ta、F-Li、F-Rb 含量变化关系图

## 5.4　白沙窝矿床地球化学特征

### 5.4.1　主量元素

白沙窝伟晶岩主量元素分析结果见表 5-7、表 5-8，从表中可以看出主量元素总体具有以下特征。

白沙窝分带伟晶岩 SiO$_2$ 含量变化大(52%～98.9%)，其中Ⅰ带、Ⅲ带、Ⅴ带 SiO$_2$ 含量较低(52%～69.69%)，Ⅱ1带、Ⅱ2带和Ⅳ带 SiO$_2$ 含量较高(73.7%～98.9%)，反映白沙窝分带伟晶岩 SiO$_2$ 分异明显；Al$_2$O$_3$ 含量较高(11.34%～31.45%，Ⅳ带伟晶岩除外)，具较高铝饱和指数(A/CNK=0.95～2.51)，从 A/CNK-A/NK 图[图 5-7(b)]中可以看出，不同分带伟晶岩样品数据主要落在过铝质岩区域,为过铝质伟晶岩;$Na_2O + K_2O$ 含量较高(6.11% ~ 16.09%, Ⅳ带伟晶岩除外),其中 $K_2O$ 表现为从 Ⅰ 带到 Ⅲ 带显著增加,$Na_2O$ 则呈现相反的变化规律,数据投图落入钙碱性系列岩石;具高分异指数,分异指数(DI)为 91.24 ~ 97.79(Ⅴ带除外);MgO、$TiO_2$、CaO、$P_2O_5$、MnO 含量较低。

从白沙窝分带伟晶岩 $SiO_2$ 与主量元素关系图解来看(图5-8),随着 $SiO_2$ 含量增加,Ⅰ带~Ⅴ带伟晶岩中 $Al_2O_3$、FeO、$Fe_2O_3$、$K_2O$ 含量呈现升高变化趋势,而 CaO 和 $Na_2O$ 含量出现降低变化规律。这种规律性变化表明白沙窝分带伟晶岩具岩浆高分异演化的特征。

上石伟晶岩中具高 $SiO_2$(74.7% ~ 78.92%)、低 $K_2O$(1.48% ~ 3.67%)、MnO(0.02% ~ 0.13%)、低 FeO(0.29% ~ 0.49%)和 $Fe_2O_3$(0.06% ~ 0.12%)的特征;碱质含量较高,$K_2O + Na_2O$ 为 6.48% ~ 8.82%,$Na_2O$ 含量较高,为 3.91% ~ 6.04%,$K_2O/Na_2O$ 比值为 0.25 ~ 0.85,相对富钠,从图5-7中看出样品数据主要落在钙碱性系列[图5-7(a)];$Al_2O_3$ 含量(12.32% ~ 15.55%)较高,A/CNK值变化于 1.13 ~ 1.51,样品数据均大于1,数据投图落在过铝质区域[图5-7(b)],为过铝质岩石。分异指数(DI)为 92.6 ~ 95.8,具极高分异指数,表明上石伟晶岩与白沙窝伟晶岩相似,也是由岩浆高分异演化形成的。

表5-7　白沙窝矿段伟晶岩主量元素氧化物含量表($w_B$/%)

| 样品号 | BSW03 - H6 | BSW03 - H5 | BSW03 - H1 | BSW03 - H2 | BSW03 - H4 | BSW03 - H3 |
|---|---|---|---|---|---|---|
| 分带 | Ⅰ | Ⅱ1 | Ⅱ2 | Ⅲ | Ⅳ | Ⅴ |
| $SiO_2$ | 69.69 | 80.63 | 73.70 | 65.21 | 98.90 | 52.00 |
| $Al_2O_3$ | 18.15 | 11.34 | 16.10 | 18.46 | 0.14 | 31.45 |
| CaO | 0.40 | 0.18 | 0.13 | 0.04 | 0.06 | 0.05 |
| $Fe_2O_3$ | 0.05 | 0.07 | 0.35 | 0.09 | 0.06 | 0.74 |
| FeO | 0.40 | 1.17 | 1.28 | 0.59 | 0.49 | 1.77 |
| $K_2O$ | 0.32 | 0.88 | 2.28 | 12.74 | 0.02 | 8.25 |
| MgO | 0.06 | 0.07 | 0.04 | 0.05 | 0.06 | 0.12 |
| MnO | 0.04 | 0.20 | 0.08 | 0.01 | 0.01 | 0.08 |
| $Na_2O$ | 9.88 | 5.23 | 5.22 | 3.35 | 0.04 | 2.12 |
| $P_2O_5$ | 0.23 | 0.22 | 0.09 | 0.10 | 0.01 | 0.03 |
| $TiO_2$ | 0.01 | 0.02 | 0.02 | 0.01 | 0.03 | 0.05 |
| $CO_2$ | 0.21 | 0.27 | 0.14 | 0.21 | 0.35 | 0.19 |

续表 5 - 7

| 样品号 | BSW03 - H6 | BSW03 - H5 | BSW03 - H1 | BSW03 - H2 | BSW03 - H4 | BSW03 - H3 |
|---|---|---|---|---|---|---|
| $H_2O^+$ | 0.20 | 0.14 | 0.74 | 0.20 | 0.20 | 2.69 |
| TOTAL | 99.64 | 100.43 | 100.17 | 101.06 | 100.37 | 99.54 |
| $K_2O + Na_2O$ | 10.20 | 6.11 | 7.50 | 16.09 | 0.06 | 10.37 |
| A/NK | 1.09 | 1.19 | 1.46 | 0.95 | 1.60 | 2.53 |
| A/CNK | 1.05 | 1.15 | 1.42 | 0.95 | 0.71 | 2.51 |
| 分异指数（DI） | 96.1 | 93.98 | 91.24 | 97.79 | — | 75.11 |

表 5 - 8　上石矿段伟晶岩主量元素氧化物含量表（$w_B$/%）

| 样品号 | SS01 - H1 | SS02 - H2 | SS03 - H3 | SS05 - H5 | SS06 - H6 |
|---|---|---|---|---|---|
| $SiO_2$ | 74.7 | 75.06 | 75.18 | 77.58 | 78.92 |
| $Al_2O_3$ | 15.1 | 14.67 | 15.55 | 13.24 | 12.32 |
| CaO | 0.39 | 0.3 | 0.12 | 0.16 | 0.22 |
| $Fe_2O_3$ | 0.07 | 0.06 | 0.12 | 0.08 | 0.06 |
| FeO | 0.29 | 0.49 | 0.43 | 0.36 | 0.3 |
| $K_2O$ | 1.48 | 3.67 | 3.33 | 2.76 | 2.57 |
| MgO | 0.05 | 0.05 | 0.06 | 0.08 | 0.07 |
| MnO | 0.02 | 0.05 | 0.11 | 0.13 | 0.05 |
| $Na_2O$ | 6.04 | 5.14 | 3.93 | 4.12 | 3.91 |
| $P_2O_5$ | 0.08 | 0.07 | 0.02 | 0.02 | 0.05 |
| $TiO_2$ | 0.03 | 0.02 | 0.02 | 0.01 | 0.03 |
| $CO_2$ | 0.09 | 0.04 | 0.16 | 0.09 | 0.12 |
| $H_2O^+$ | 0.72 | 0.54 | 1.14 | 0.84 | 0.74 |
| LOI | 0.8 | 0.55 | 1.2 | 0.78 | 0.81 |
| 合计 | 99.05 | 100.13 | 100.07 | 99.32 | 99.31 |
| $Na_2O + K_2O$ | 7.52 | 8.81 | 7.26 | 6.88 | 6.48 |
| $K_2O/Na_2O$ | 0.25 | 0.71 | 0.85 | 0.67 | 0.66 |
| A/NK | 1.309 | 1.18 | 1.544 | 1.356 | 1.337 |
| A/CNK | 1.233 | 1.131 | 1.511 | 1.317 | 1.281 |
| 分异指数（DI） | 94.67 | 95.84 | 92.6 | 95 | 95.58 |

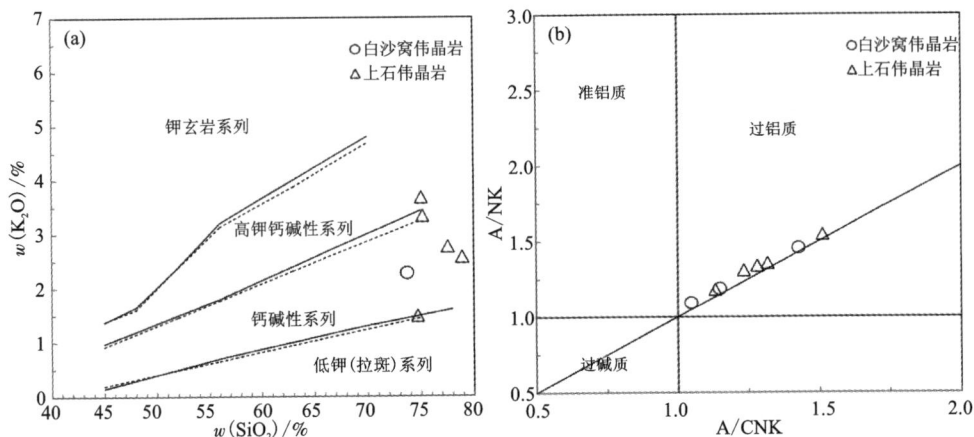

**图 5 – 7　白沙窝矿床伟晶岩 $K_2O$ – $SiO_2$、A/CNK – A/NK 图解**

（a）底图中实线据 Peccerillo and Taylor, 1976；虚线据 Middlemost, 1985；（b）底图据 Maniar and Piccoli, 1989

### 5.4.2　微量元素

　　原始地幔标准化微量元素蛛网图[图 5 – 9（a）]中，白沙窝伟晶岩不同分带样品配分模式表现为右倾型。总体表现为 Rb、Ta 和 Nb 明显富集而强烈亏损 Sr、Ba 和 Ti 等高场强元素。这些特征具有南岭高演化花岗岩的普遍特征（王联魁等，2000）；从 I 带伟晶岩到 V 带伟晶岩，K/Rb（84.6～24.8）、Zr/Hf（12.8～2.2）比值逐渐降低（表 5 – 9），K/Rb、Zr/Hf 比值变化特征可指示花岗伟晶岩的演化程度（Miller et al.，1982），表明白沙窝分带伟晶岩经历了强烈的分异演化作用。

　　上石伟晶岩与白沙窝伟晶岩具有相似的配分模式。富集 Rb、K、U，而亏损 Ba、Sr、Zr、Ti；表明上石伟晶岩同样经历了强烈的分异演化作用。

　　稀土元素组成方面，白沙窝分带伟晶岩从 I 带到 V 带，ΣREE 含量较低（ΣREE = $3.05 \times 10^{-6}$～$4.42 \times 10^{-6}$）（表 5 – 9），δEu 为 0.71～1.06，铕的负异常不明显，轻重稀土分异明显（$La_N/Yb_N$ = 4.49～6.16）。球粒陨石标准化配分型式图中[图 5 – 9（b）]白沙窝分带伟晶岩各阶段样品数据呈"右倾"趋势，轻重稀土分异明显。

　　相对于白沙窝分带伟晶岩稀土元素特征，上石伟晶岩 ΣREE = $0.77 \times 10^{-6}$～$1.94 \times 10^{-6}$，稀土总量更低，LREE = $0.49 \times 10^{-6}$～$1.67 \times 10^{-6}$，HREE = $0.27 \times 10^{-6}$～$0.29 \times 10^{-6}$，LREE/HREE = 1.73～6.28，δEu = 0.8～1.9（表 5 – 9）。出现弱的铕正异常。白沙窝伟晶岩和上石伟晶岩稀土元素含量明显较低，且上石伟晶岩具更低的稀土元素含量[图 5 – 9（b）和图 5 – 9（d）]，表明伟晶岩演化过程中稀

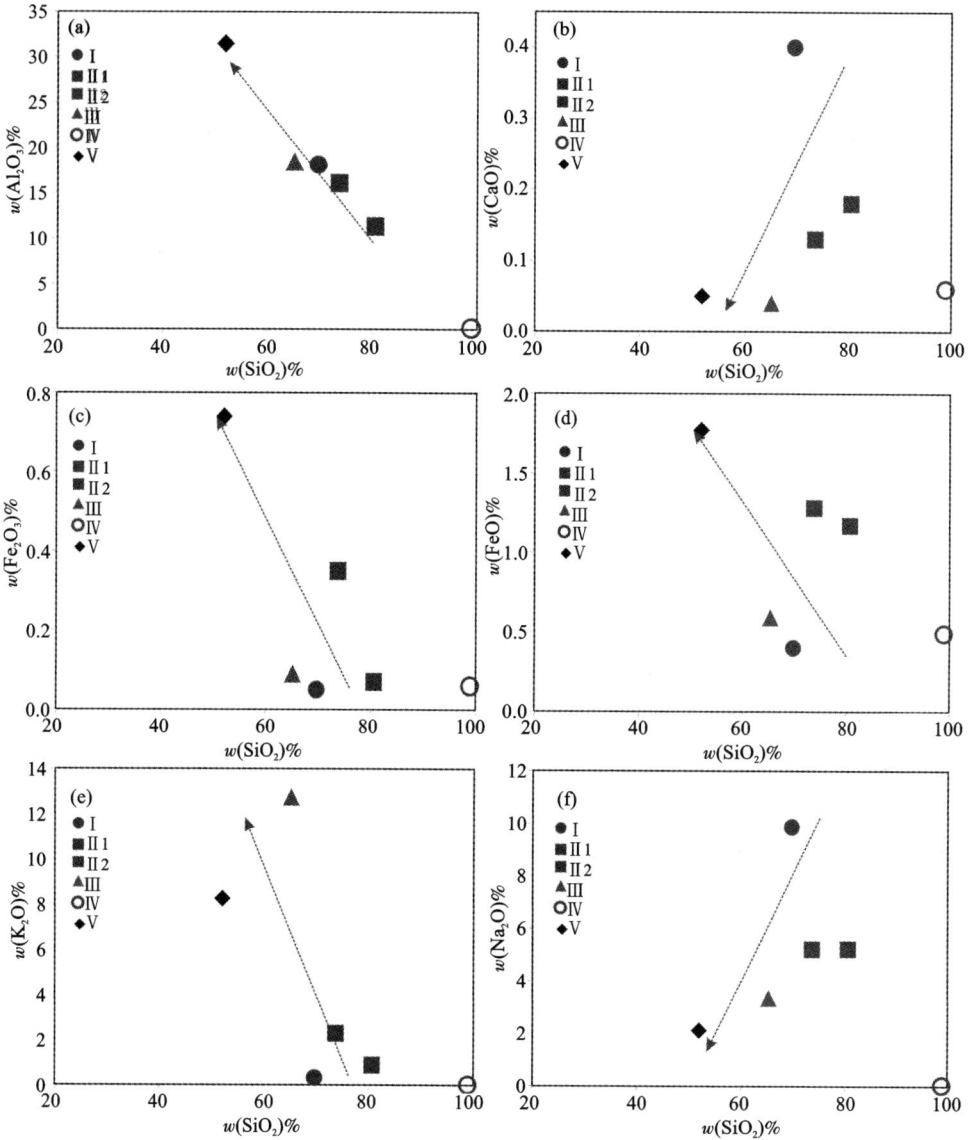

图 5-8　白沙窝矿段伟晶岩 $SiO_2$ 与主量元素关系图解

土元素强烈亏损，与传梓源地区伟晶岩稀土元素特征相类似( 文春华等, 2016)。

表5-9 白沙窝矿床伟晶岩微量元素组成($w_B/10^{-6}$)

| 样品号 | BSW03 -H1 | BSW03 -H2 | BSW03 -H3 | BSW03 -H5 | BSW03 -H6 | SS01 -H1 | SS02 -H2 | SS03 -H3 | SS05 -H5 | SS06 -H6 |
|---|---|---|---|---|---|---|---|---|---|---|
| | 白沙窝矿段 | | | | | 上石矿段 | | | | |
| Rb | 704 | 2354 | 2757 | 198 | 31.4 | 284 | 881 | 868 | 674 | 617 |
| K | 18927 | 105759 | 68486 | 7305 | 2656 | 12286 | 30466 | 27643 | 22912 | 21334 |
| Ba | 2.21 | 7.05 | 1.13 | 0.84 | 3.16 | 9.03 | 0.83 | 1.03 | 0.87 | 5.75 |
| Th | 0.28 | 0.29 | 18.3 | 2.03 | 8.15 | 0.87 | 0.63 | 4.16 | 2.81 | 3.53 |
| U | 0.57 | 0.41 | 50.1 | 11.9 | 7.25 | 1.11 | 2.75 | 5.11 | 2.06 | 1.42 |
| Nb | 55.1 | 1.55 | 144 | 11 | 6.22 | 15.3 | 23.9 | 58.4 | 59.3 | 91 |
| Sr | 5.73 | 8.52 | 2.14 | 2.33 | 8.39 | 17 | 5.98 | 3.01 | 2.29 | 3.64 |
| P | 393 | 436 | 131 | 1004 | 1004 | 349 | 306 | 87 | 87 | 218 |
| Zr | 2.9 | 1.4 | 33.7 | 34.8 | 22 | 2.37 | 1.47 | 13.2 | 14.3 | 7.01 |
| Hf | 0.3 | 0.65 | 5.27 | 2.72 | 2.21 | 0.33 | 0.22 | 2.67 | 3.33 | 1.29 |
| Sm | 0.08 | 0.06 | 0.07 | 0.18 | 0.11 | 0.08 | 0.06 | 0.05 | 0.07 | 0.06 |
| Ti | 112 | 8.05 | 276 | 25.5 | 17.5 | 56.5 | 33.3 | 77.2 | 37.3 | 36.7 |
| La | 0.99 | 0.81 | 0.73 | 1.03 | 1.26 | 0.42 | 0.56 | 0.22 | 0.16 | 0.26 |
| Ce | 1.70 | 1.13 | 1.21 | 1.89 | 1.65 | 0.61 | 0.81 | 0.37 | 0.13 | 0.20 |
| Pr | 0.27 | 0.31 | 0.13 | 0.27 | 0.28 | 0.04 | 0.06 | 0.03 | 0.02 | 0.04 |
| Nd | 0.21 | 0.14 | 0.13 | 0.15 | 0.15 | 0.13 | 0.15 | 0.09 | 0.08 | 0.10 |
| Sm | 0.15 | 0.14 | 0.13 | 0.18 | 0.11 | 0.04 | 0.06 | 0.05 | 0.08 | 0.04 |
| Eu | 0.05 | 0.04 | 0.03 | 0.05 | 0.04 | 0.02 | 0.03 | 0.02 | 0.02 | 0.03 |
| Gd | 0.15 | 0.14 | 0.13 | 0.16 | 0.12 | 0.07 | 0.05 | 0.05 | 0.08 | 0.06 |
| Tb | 0.05 | 0.04 | 0.03 | 0.05 | 0.03 | 0.01 | 0.01 | 0.01 | 0.01 | 0.01 |
| Dy | 0.15 | 0.14 | 0.16 | 0.30 | 0.18 | 0.08 | 0.07 | 0.09 | 0.07 | 0.08 |
| Ho | 0.05 | 0.04 | 0.03 | 0.05 | 0.04 | 0.01 | 0.02 | 0.01 | 0.01 | 0.01 |
| Er | 0.14 | 0.15 | 0.13 | 0.10 | 0.08 | 0.06 | 0.05 | 0.04 | 0.05 | 0.05 |
| Tm | 0.04 | 0.02 | 0.02 | 0.02 | 0.02 | 0.01 | 0.01 | 0.01 | 0.01 | 0.01 |
| Yb | 0.14 | 0.13 | 0.15 | 0.12 | 0.17 | 0.05 | 0.05 | 0.05 | 0.04 | 0.05 |
| Lu | 0.05 | 0.03 | 0.03 | 0.05 | 0.05 | 0.01 | 0.01 | 0.01 | 0.01 | 0.01 |
| Y | 1.33 | 1.08 | 1.28 | 1.89 | 1.20 | 0.24 | 0.36 | 0.14 | 0.25 | 0.39 |
| ΣREE | 4.14 | 3.26 | 3.05 | 4.42 | 4.18 | 1.549 | 1.936 | 1.054 | 0.774 | 0.95 |
| LREE | 3.37 | 2.57 | 2.36 | 3.57 | 3.49 | 1.26 | 1.67 | 0.78 | 0.49 | 0.67 |
| HREE | 0.77 | 0.69 | 0.69 | 0.85 | 0.69 | 0.289 | 0.266 | 0.274 | 0.284 | 0.28 |

续表 5 - 9

| 样品号 | BSW03 – H1 | BSW03 – H2 | BSW03 – H3 | BSW03 – H5 | BSW03 – H6 | SS01 – H1 | SS02 – H2 | SS03 – H3 | SS05 – H5 | SS06 – H6 |
|---|---|---|---|---|---|---|---|---|---|---|
| | 白沙窝矿段 | | | | | 上石矿段 | | | | |
| LREE/ HREE | 4.38 | 3.72 | 3.42 | 4.20 | 5.06 | 4.36 | 6.28 | 2.85 | 1.73 | 2.39 |
| $La_N/Yb_N$ | 5.07 | 4.47 | 3.49 | 6.16 | 5.32 | 6.69 | 7.72 | 2.92 | 2.67 | 3.59 |
| $\delta Eu$ | 1.02 | 0.87 | 0.71 | 0.90 | 1.06 | 1.16 | 1.67 | 1.22 | 0.76 | 1.87 |
| $\delta Ce$ | 0.81 | 0.55 | 0.96 | 0.88 | 0.68 | 1.15 | 1.08 | 1.12 | 0.56 | 0.48 |
| K/Rb | 26.9 | 44.9 | 24.8 | 36.9 | 84.6 | 43.3 | 34.6 | 31.8 | 34.0 | 34.6 |
| Zr/Hf | 9.7 | 2.2 | 6.4 | 12.8 | 10.0 | 7.2 | 6.7 | 4.9 | 4.3 | 5.4 |

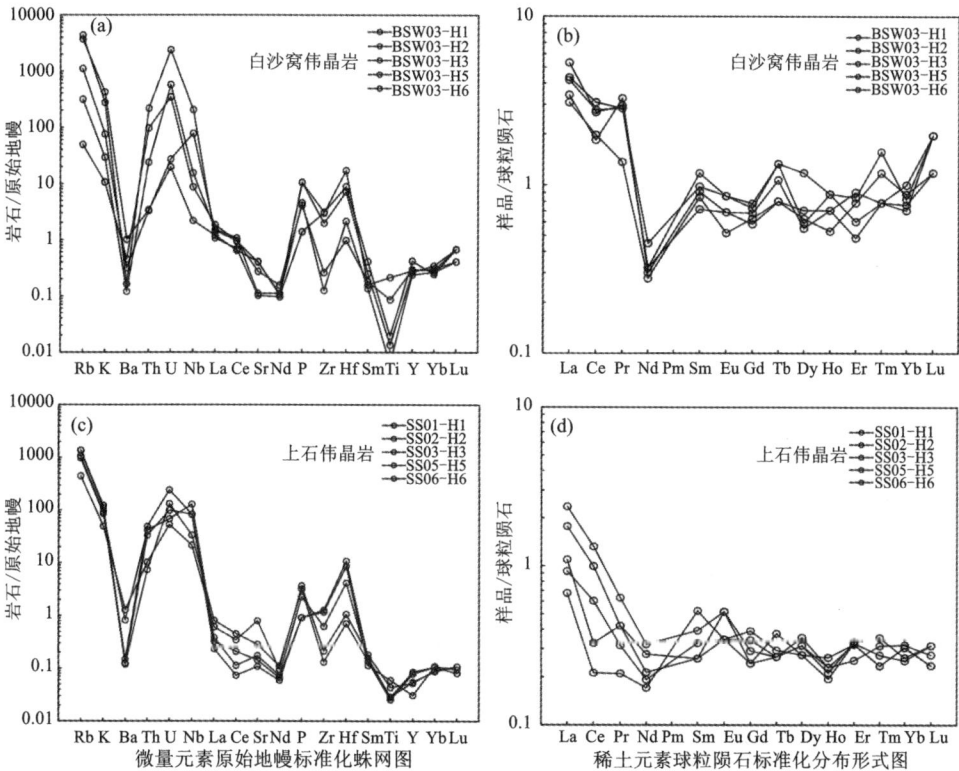

图 5 - 9　白沙窝矿床伟晶岩微量元素蛛网图[(a)(c)]及稀土配分图[(b)(d)]

(标准值据 Sun and McDonough, 1989)

### 5.4.3 稀有金属

白沙窝矿床稀有金属含量列于表 5 - 10。从表 5 - 10 中可以看出，白沙窝分带伟晶岩稀有元素含量富集程度明显不同，其中 Li 含量为 $12.2 \times 10^{-6} \sim 948 \times 10^{-6}$，Be 含量为 $23.5 \times 10^{-6} \sim 388 \times 10^{-6}$，Nb 含量为 $1.6 \times 10^{-6} \sim 144 \times 10^{-6}$，Ta 含量为 $1.9 \times 10^{-6} \sim 65.8 \times 10^{-6}$，Rb 含量为 $31.4 \times 10^{-6} \sim 2757 \times 10^{-6}$，表现为 III 带和 V 带伟晶岩中 Rb、Cs 含量有明显的富集作用，II 1 带、II 2 带、V 带伟晶岩 Li、Be、Nb、Ta 含量有明显的富集作用[图 5 - 10(a)]。反映出白沙窝伟晶岩演化过程中不同分带伟晶岩稀有元素富集程度有明显的差别，这种分带性特征对寻找稀有金属有一定指示意义。

上石伟晶岩 Li 含量为 $64.4 \times 10^{-6} \sim 314 \times 10^{-6}$，Be 含量为 $169 \times 10^{-6} \sim 710 \times 10^{-6}$，Rb 含量为 $284 \times 10^{-6} \sim 868 \times 10^{-6}$，Cs 含量为 $47.5 \times 10^{-6} \sim 293 \times 10^{-6}$，Nb 含量为 $15.3 \times 10^{-6} \sim 91 \times 10^{-6}$，Ta 含量为 $9.3 \times 10^{-6} \sim 91.3 \times 10^{-6}$。上石伟晶岩表现为 Rb 含量较高，Be 含量次之，Ta 含量相对较低的变化规律[图 5 - 10(b)]。

表 5 - 10 白沙窝矿床伟晶岩稀有金属含量($w_B/10^{-6}$)

| 矿段 | 样品号 | 分带 | Li | Be | Rb | Cs | Nb | Ta |
|---|---|---|---|---|---|---|---|---|
| 白沙窝<br>伟晶岩 | BSW03 - H1 | II 2 | 357.0 | 388.0 | 704.0 | 96.4 | 55.1 | 9.1 |
| | BSW03 - H2 | III | 12.7 | 25.0 | 2354.0 | 187.0 | 1.6 | 1.9 |
| | BSW03 - H3 | V | 948.0 | 23.5 | 2757.0 | 357.0 | 144.0 | 65.8 |
| | BSW03 - H5 | II 1 | 120.0 | 320.0 | 198.0 | 31.4 | 11.0 | 4.8 |
| | BSW03 - H6 | I | 12.2 | 91.7 | 31.4 | 7.5 | 6.2 | 8.2 |
| 上石<br>伟晶岩 | SS01 - H1 | | 64.4 | 305.0 | 284.0 | 47.5 | 15.3 | 9.3 |
| | SS02 - H2 | | 314.0 | 169.0 | 881.0 | 131.0 | 23.9 | 11.9 |
| | SS03 - H3 | | 229.0 | 710.0 | 868.0 | 293.0 | 58.4 | 61.6 |
| | SS05 - H5 | | 124.0 | 320.0 | 674.0 | 160.0 | 59.3 | 91.3 |
| | SS06 - H6 | | 117.0 | 272.0 | 617.0 | 151.0 | 91.0 | 55.7 |

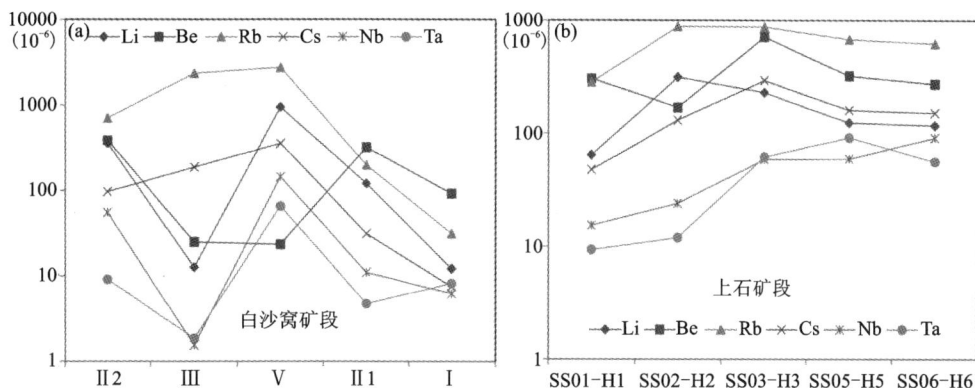

图 5-10　白沙窝矿段及上石矿段稀有元素含量变化关系图

## 5.5　本章小结

（1）幕阜山地区伟晶岩主量元素显示出高 $SiO_2$、高 $Al_2O_3$，低 FeO 和 $Fe_2O_3$ 的特征，为过铝质岩石；从仁里矿床到传梓源矿床 $Na_2O$ 含量增加，$K_2O/Na_2O$ 比值逐渐降低，岩石从钙碱性过渡为低钾系列。连云山地区白沙窝分带伟晶岩主量元素变化较大，上石伟晶岩中具高 $SiO_2$、高 $Al_2O_3$、高 $Na_2O$，低 MnO、低 FeO 和 $Fe_2O_3$ 的特征，岩石为钙碱性系列。

（2）幕阜山地区和白沙窝地区伟晶岩中微量元素具 Rb、Th、U、K、Ta、Nb 明显富集，而 Ba、Sr、Ti 均强烈亏损的特征；总稀土含量（ΣREEs）较低，轻重稀土分异作用不明显，δEu 的负异常不明显的特征。

（3）仁里矿床伟晶岩以 Ta、Nb 和 Rb 富集为特征，传梓源矿床伟晶岩中以 Li 和 Rb 富集为特征，白沙窝分带伟晶岩的核部以 Nb、Ta 富集为特征，上石伟晶岩则以 Be 和 Rb 富集为特征。

# 第6章 伟晶岩包裹体地球化学、氢-氧同位素分析

流体包裹体研究可以确定成矿流体性质、物质来源、成矿流体演化及其成矿机制,是矿床学研究应用最佳途径之一。流体包裹体形成时的物理化学参数(温度、压力、盐度、密度、pH、Eh、$fo_2$)的物理化学性质包含了大量能反映地质成矿过程、成矿作用机制、流体运移途径、流体演化过程的重要地质信息。

## 6.1 样品采集及实验方法

### 6.1.1 样品采集

为了系统深入地研究湘东北伟晶岩流体的性质、流体地球化学参数及流体演化、流体与成矿作用,分别采集了仁里矿床成矿阶段钠长石伟晶岩、传梓源矿床钠长石伟晶岩、锂辉石伟晶岩和白沙窝矿床钠长石伟晶岩,开展流体包裹体地球化学研究。

在对上述矿床代表性样品进行了详细的记录拍照后,将标本磨制成包裹体片,在显微镜下详细观察流体包裹体类型,区别原生和次生包裹体等岩相学特征,最后选择各成矿阶段具有代表性的样品进行流体包裹体显微测温、激光拉曼等实验工作。挑选石英、长石单矿物开展包裹体成分分析及氢-氧同位素分析。

### 6.1.2 实验方法

#### 1.包裹体显微测温实验方法

包裹体显微测温在中国地质科学院矿产资源研究所实验室完成,测试仪器为Linkam THMSG 600 型显微冷热台,温度范围 $-196$℃ ~ $+600$℃,$\leqslant 30$℃时测试精度为 $\pm 0.1$℃,$>30$℃时测试精度为 $\pm 1$℃;水溶液包裹体在其冰点和均一温度附近的升温速率为 $0.2 \sim 0.5$℃/min。对于 L - V 型包裹体,均一温度 $<600$℃采用 $NaCl - H_2O$ 体系,包裹体盐度、密度和均一压力估算均由 FLINCOR 软件(Brown,1989;Brown et al.,1989)计算得到。

#### 2.激光拉曼实验方法

在中国地质科学院矿产资源研究所成矿流体实验室进行了激光拉曼探针

（LRM）分析，测试仪器为英国 Renishaw－2000 型显微共焦激光拉曼光谱仪，激光功率 20 mW，激发波长 514 nm，激光最小束斑 1 μm；光谱范围：100～4000 cm$^{-1}$，可连续扫描；光谱分辨率为 1～2 cm$^{-1}$；空间分辨率：50 倍镜头下，横向分辨率小于 1 μm，纵向小于 2 μm；光谱重复性 ±0.2 μm。

**3. 包裹体气相、液相成分实验方法**

样品的气相、液相成分分析在中国地质科学院矿产资源研究所成矿流体实验室完成。

气相成分实验流程：在显微镜下，挑选出 0.5 g 纯度大于 98% 的石英单矿物样品（粒度 178～250 μm），经王水去残余酸、洗涤、烘干，吹扫去除水和空气，在 500℃ 爆裂 15 min，热爆裂炉为 PIU－F 型（澳大利亚 SGE 公司）。样品气相成分经 GC－2010 型气相色谱仪（日本岛津公司）测试。检出限为 10$^{-4}$～10$^{-6}$，精密度（RSD）小于 7%。实验详细流程见杨丹等（2007）文献。

液相成分实验流程：前期处理过程与气相流程一样，爆裂过程在 500℃ 下爆裂持续不同时间，然后超声提取 5 次每次 6 mL，合并 5 次提取共 30 mL 提取液进行离子色谱测试。测试仪器为 HIC－10A Super 型离子色谱仪（日本岛津公司制造）。实验详细流程见杨丹等（2014）文献。

**4. H－O 同位素实验方法**

样品的氢－氧同位素分析由中国地质科学院测试中心同位素实验室完成。流体包裹体氢同位素用爆裂法取水，锌法制氢；氧同位素用 Br 法。氢、氧同位素采用 MAT 251EM 质谱计测定，采用的国际标准为 SMOW。氧同位素分析精度为 ±0.2‰，氢同位素分析精度为 ±2‰。根据石英中流体包裹体的均一温度和矿物－水氧同位素方程，计算出流体的 $\delta^{18}O_{水}$ 值。流体的均一温度取其平均值，石英与水的氧同位素平衡公式采用以下公式 $1000\ln\alpha = 3.38 \times 10^6/T^2 - 3.4$（Clayton，1972）。

# 6.2 仁里矿床流体包裹体特征

## 6.2.1 实验代表性样品特征

本次实验所采集的样品为成矿阶段钠长石伟晶岩和后期富石英脉状伟晶岩。钠长石伟晶岩中铌钽矿物为颗粒状或板柱状［图 6－1(a)，图 6－1(c)］；后期伟晶岩石英含量较高，呈脉状穿插于钠长石伟晶岩中［图 6－1(a)，图 6－1(b)］，铌钽矿多为细粒形状分布在石英脉中。

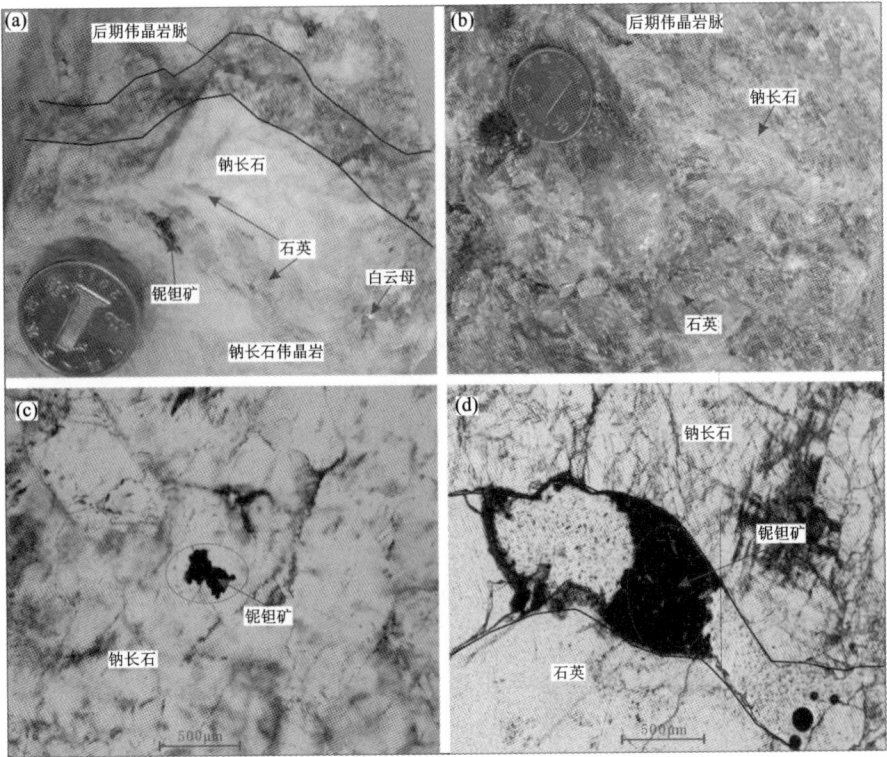

**图 6-1　仁里矿床代表性样品及镜下特征**

(a)钠长石伟晶岩及自形的铌钽矿和后期伟晶岩脉；(b)后期富石英伟晶岩脉；
(c)显微镜下颗粒状铌钽矿；(d)显微镜下石英－铌钽矿脉，穿插在早期伟晶岩中

### 6.2.2　包裹体岩相学特征

原生包裹体划分：根据 Roedder(1984)和卢焕章等(2004)对流体包裹体原生与次生划分的标准，本书用于实验测试的包裹体选择那些形状规则、常常呈孤立状产出、或沿主矿物结晶方位或结晶生长带分布的包裹体，其主矿物往往与成矿期间的硫化物共生。这些包裹体则代表了成矿期间的原生包裹体，所测得的温度等参数则代表成矿期间的温压条件。

综观钠长石伟晶岩和后期伟晶岩石英中流体包裹体，根据室温下的相组成和加热时的相变特征，可划分为三大类型：即富液相包裹体(Ⅰ型)、富气相包裹体(Ⅱ型)以及纯液相包裹体(Ⅲ型)。

Ⅰ型：富液相水溶液包裹体(L-V)。包裹体气相成分以 5% ~25% 为主。个体变化较大，一般为 5~15 μm，形态多样，以负晶形和不规则状为主，多成群分

布[图 6 - 2(a)(b)(c)(f)]。

Ⅱ型:富气相水溶液包裹体(V - L)[图 6 - 2(d)]。包裹体气相成分以 55% ~ 75% 为主,数量分布较少,仅在钠长石伟晶岩中见有少量。个体较小,一般为 5 ~ 10 μm,以负晶形和椭圆形为主。

Ⅲ型:纯液相包裹体(L),在钠长石伟晶岩和后期伟晶岩中有少量分布,个体较小,一般为 7 ~ 10 μm,以负晶形为主[图 6 - 2(e)]。

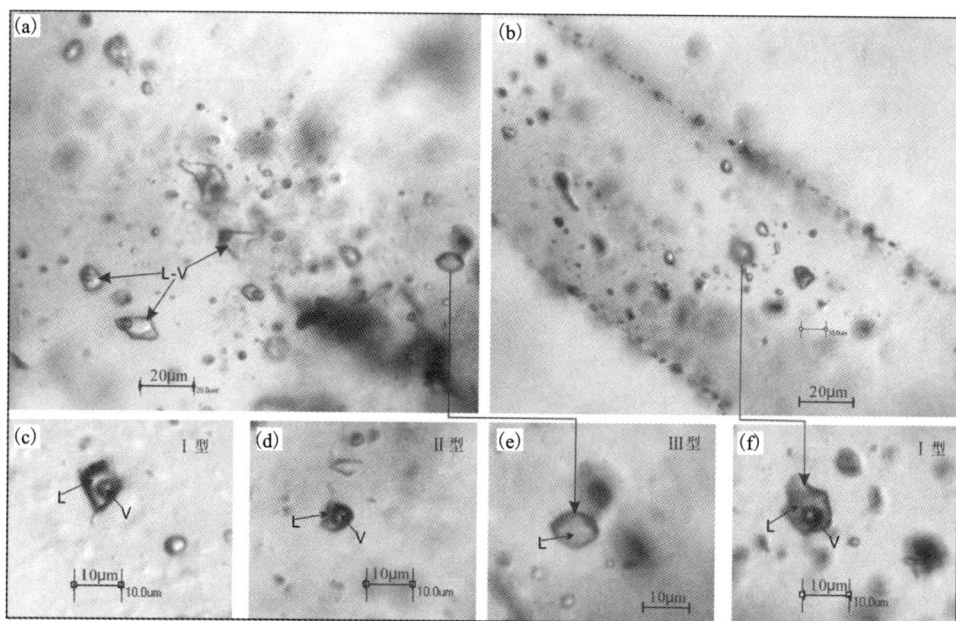

**图 6 - 2　仁里矿床包裹体类型**

(a)钠长石伟晶岩中原生包裹体群;(b)后期伟晶岩中沿裂隙生长的包裹体群,次生包裹体代表了后期热液活动;(c)钠长石伟晶岩中 L - V 型(Ⅰ)包裹体;(d)钠长石伟晶岩中 V - L 型(Ⅱ)包裹体;(e)钠长石伟晶岩中 L 型(Ⅲ)包裹体;(f)后期伟晶岩中 L - V 型(Ⅰ)包裹体

## 6.2.3　流体包裹体显微测温

仁里矿床包裹体显微测温结果列于表 6 - 1。

表6-1 仁里矿床包裹体温度-盐度数据表

| 阶段 | 样品号 | 主矿物 | 类型 | 气液比/% | 个数 | 冰点/℃ | 均一温度/℃ | 盐度/% |
|---|---|---|---|---|---|---|---|---|
| 钠长石伟晶岩 | RL-03 | 石英 | L-V | 10~25 | 14 | -1.7~-1.2 | 227~265 | 2.07~2.9 |
| | RL-01 | 石英 | L-V | 15~25 | 8 | -1.8~-1.4 | 289~326 | 2.24~3.06 |
| | RL-06 | 石英 | L-V | 10~25 | 17 | -1.8~-1.3 | 261~293 | 2.41~3.06 |
| 后期伟晶岩脉 | RL-04 | 石英 | L-V | 10~25 | 24 | -1.9~-1.3 | 163~229 | 2.24~3.23 |
| | RL-05 | 石英 | L-V | 5~25 | 24 | -2.5~-1.3 | 173~217 | 2.24~4.18 |

钠长石伟晶岩：所测的流体包裹体均为L-V型，均一温度为227~326℃（表6-1），众值为250~290℃[图6-3(a)]；盐度为2.07%~3.06%，众值为2%~3%[图6-3中(a-1)]。

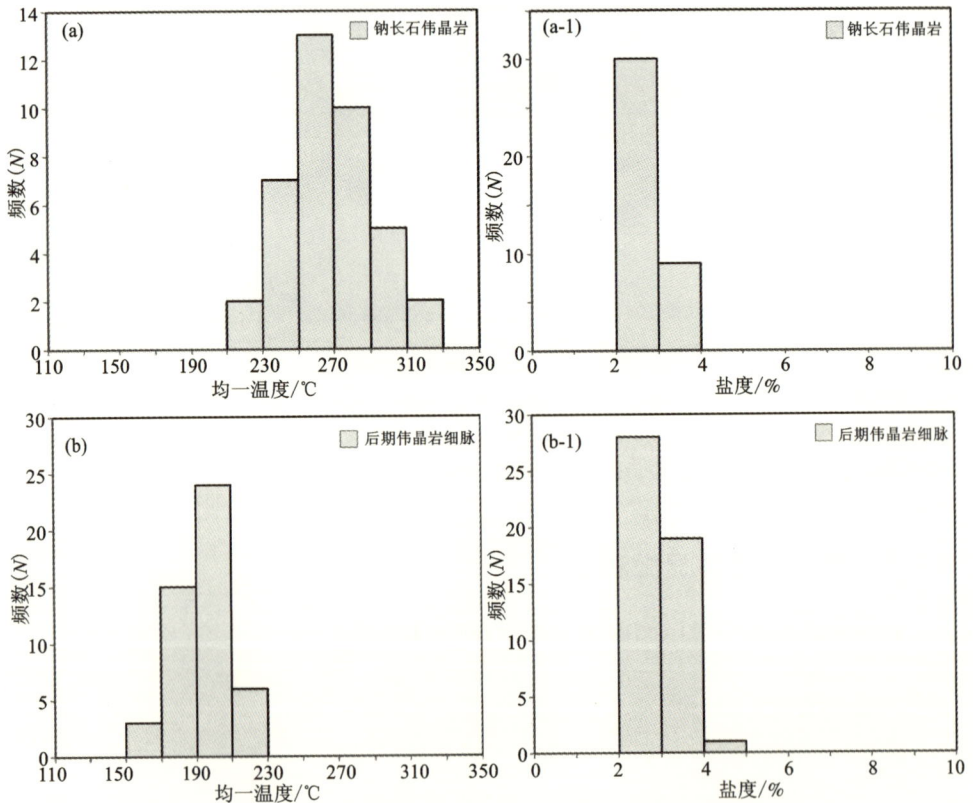

图6-3 仁里矿床图包裹体均一温度-盐度直方图

后期伟晶岩：所测的流体包裹体均为 L - V 型，均一温度为 163 ~ 229℃（表 6 - 1），众值为 190 ~ 210℃［图 6 - 3 (b)］；盐度为 2.24% ~ 4.18%，众值为 2% ~ 4%［图 6 - 3 中(b - 1)］。

总体来看，仁里矿床主成矿阶段钠长石伟晶岩的流体具中等温度、低盐度的特征。后期伟晶岩中温度明显降低，为中 - 低温度、低盐度流体。

从盐度 - 均一温度图解来看(图 6 - 4)，流体温度从钠长石伟晶岩到后期伟晶岩温度明显降低，而盐度无明显的变化。随温度降低，流体密度逐渐增加，接近于水的密度。表明成矿流体演化到后期以水为主的热液流体，同时反映出仁里矿床成矿作用受温度控制。

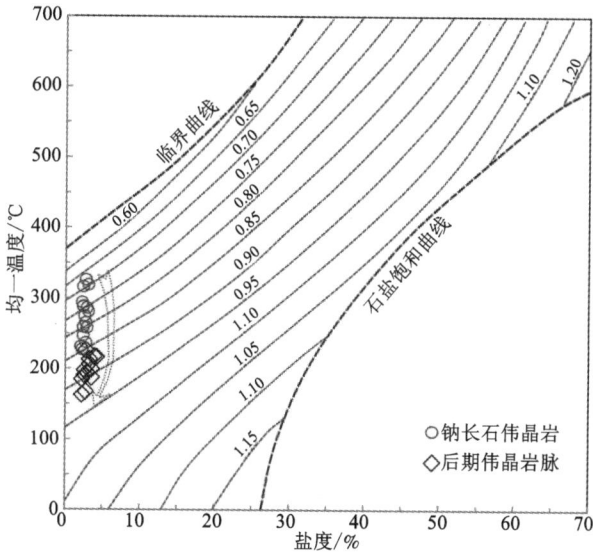

图 6 - 4　仁里矿床包裹体均一温度 - 盐度关系图解

## 6.2.4　包裹体成分分析

### 6.2.4.1　激光拉曼分析

对仁里矿床钠长石伟晶岩和后期伟晶岩进行激光拉曼光谱分析，所测的 10 个包裹体数据中气相成分均为 $H_2O$，液相成分也全部为 $H_2O$(图 6 - 5)。表明仁里矿床中流体为简单的 $NaCl - H_2O$ 体系。

### 6.2.4.2　气相、液相成分分析

(1)包裹体的还原参数，可以作为成矿流体还原性强弱的度量(李秉伦等，1982)。气相成分计算流体的还原参数 $R = (H_2 + CO + CH_4)/CO_2$，当 $R$ 值越大，

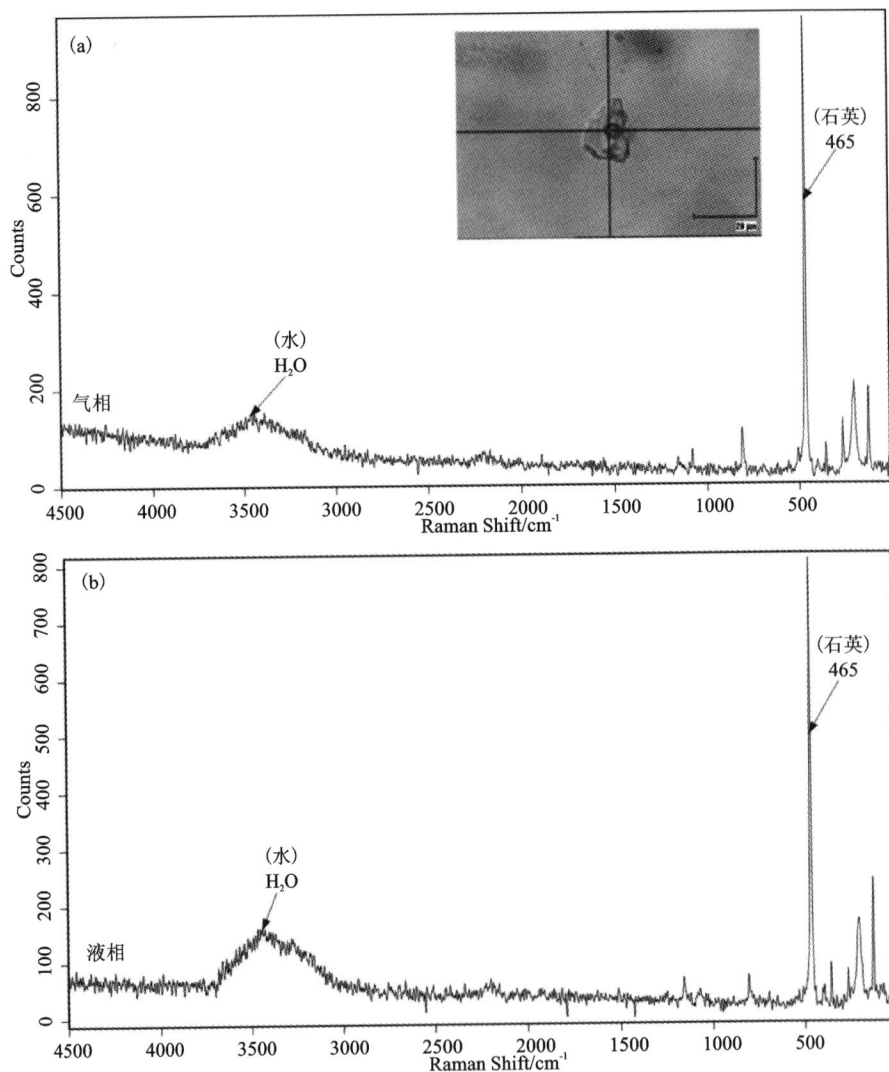

**图 6-5 仁里矿床包裹体拉曼光谱图**

还原性越强；$R$ 值越小，还原性越弱。

流体的 $Na^+/K^+$ 比可作为判断其来源的标志，当 $Na^+/K^+ < 1$ 时，为典型的岩浆热液型；当 $Na^+/K^+ = 1$（一般），波动范围较大，为变质岩、伟晶岩型（Roeder，1972）。并且 Roeder（1972）认为某些钾质岩浆的残余液体是高 $F^-$ 的，$F^-/Cl^-$ 比值一般较高，而 $F^-/Cl^-$ 比值很小时反映了原生沉积或地下热卤水成因。张德会（1992）在统计了 400 多个包裹体液相成分数据后总结出稀有金属花岗岩、伟晶岩

矿床和石英脉型 W，Sn 矿床及变质矿床 $w(F^-)/w(Cl^-)>1$（或 $\approx 1$），大多数矿床的 $w(F^-)/w(Cl^-)<1$ 或 $\ll 1$。花岗岩型 Nb，Ta，U 矿床的 $w(Na^+)/w(K^+)>1$，而伟晶岩型稀有稀土矿床的 $w(Na^+)/w(K^+)<1$，且大多数矿床 $w(Na^+)/w(K^+)$ 为 0.3~2.5。

（2）仁里矿床气相分成特征：从表 6-2 看出，$CH_4$（0.09~0.17 μg/g）含量较低，CO（6.22~9.56 μg/g）含量中等，具有高的 $CO_2$（122.89~124.02 μg/g）、$H_2O$（40~58.86 μg/g）和 $N_2$（31.31~32.08 μg/g）含量。计算出还原参数（$R$）为 0.1~0.16，反映出仁里矿床中包裹体为还原性弱的流体（李秉伦等，1982）。流体中有 $CH_4$ 和 $N_2$ 的存在，表明流体可能为深部岩浆来源。

（3）仁里矿床液相成分特征：从表 6-2 看出，$Na^+$ 含量为 0.945~1.717 μg/g，$K^+$ 含量为 0.736~2.424 μg/g，$F^-$ 含量为 0.08~0.264 μg/g，$Cl^-$ 含量为 0.357~0.791 μg/g。计算出 $Na^+/K^+$ 比值为 0.71~1.28，属伟晶岩型和岩浆热液型范围（Roeder，1972；张德会，1992），包裹体液相成分表明矿床成矿流体来自岩浆热液。$w(F^-)/w(Cl^-)$ 为 0.1~0.74，$w(F^-)/w(Cl^-)<1$，可能是由于矿床形成时成矿流体加入了少量的地下水导致 $F^-/Cl^-$ 比值较低。

**表 6-2 仁里矿床包裹体气相-液相成分表**

| 样品编号 | RL-04 | RL-01 | 样品编号 | RL-04 | RL-01 |
|---|---|---|---|---|---|
| 矿物名称 | 石英 | 石英 | 矿物名称 | 石英 | 石英 |
| 气相成分/(μg·g$^{-1}$) | | | 液相成分/(μg·g$^{-1}$) | | |
| 取样温度/℃ | 100~500 | 100~500 | $Li^+$ | n.d | n.d |
| $CH_4$ | 0.167 | 0.089 | $Na^+$ | 1.717 | 0.945 |
| $C_2H_2 + C_2H_4$ | 0.130 | 0.109 | $K^+$ | 2.424 | 0.736 |
| $C_2H_6$ | n.d | n.d | $Mg^{2+}$ | 0.660 | 0.957 |
| $CO_2$ | 122.892 | 124.016 | $Ca^{2+}$ | 1.413 | 4.596 |
| $H_2O$ | 40.000 | 56.864 | $F^-$ | 0.264 | 0.080 |
| $O_2$ | 6.562 | 6.857 | $Cl^-$ | 0.357 | 0.791 |
| $N_2$ | 31.314 | 32.082 | $NO_2^-$ | 0.892 | 0.853 |
| CO | 19.120 | 12.443 | $NO_3^-$ | 0.139 | 0.135 |
| 还原参数（$R$） | 0.16 | 0.10 | $SO_4^{2-}$ | 0.192 | 2.884 |
| | | | $Na^+/K^+$ | 0.71 | 1.28 |
| | | | $F^-/Cl^-$ | 0.74 | 0.10 |

注：n.d 表示未检测出。

### 6.2.5　H－O同位素分析

由表6－3和图6－6可知，$\delta D$值为$-84‰ \sim -73‰$，属于正常岩浆水（Taylor, 1974）范围。$\delta^{18} O_{H_2O}‰$（SMOW）值为$+1.5‰ \sim +4.6‰$，显示出具"$\delta^{18} O_{H_2O}$漂移"与大气降水混合热液流体特征。从数据投图来看，钠长石伟晶岩样品数据落在"原生岩浆水"附近，显示出岩浆热液与少量大气降水混合的特征，后期伟晶岩样品数据往"雨水线"靠近，反映出后期伟晶岩有更多大气降水混入。

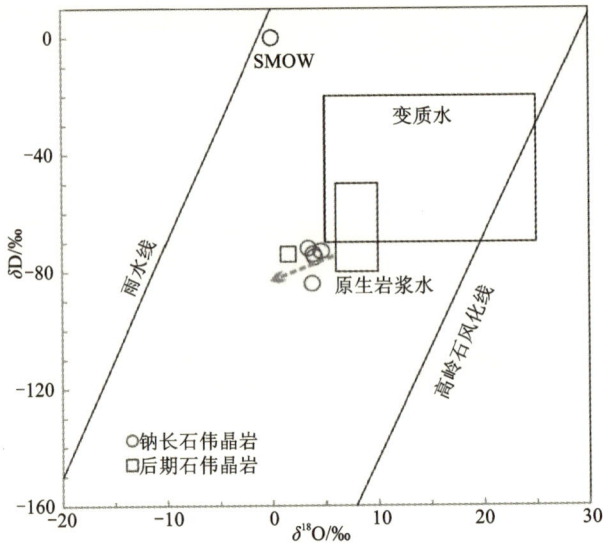

**图6－6　仁里矿床包裹体H－O同位素图解**

**表6－3　仁里矿床包裹体H－O同位素结果表**

| 样品号 | 岩石名称 | 样品名称 | $\delta D_{V-SMOW}/‰$ | $\delta^{18} O_{V-SMOW}/‰$ | 温度 | $\delta^{18} O_{H_2O}/‰$ |
|---|---|---|---|---|---|---|
| RL－01 | 钠长石伟晶岩 | 石英 | $-84$ | 12.3 | 260 | 3.8 |
| RL－02 | 钠长石伟晶岩 | 石英 | $-75$ | 12.1 | 270 | 4.0 |
| RL－03 | 钠长石伟晶岩 | 石英 | $-72$ | 11.7 | 265 | 3.4 |
| RL－06 | 钠长石伟晶岩 | 石英 | $-74$ | 12.4 | 260 | 3.9 |
| RL－07 | 钠长石伟晶岩 | 石英 | $-73$ | 12.7 | 270 | 4.6 |
| RL－05 | 后期伟晶岩 | 石英 | $-74$ | 12.6 | 210 | 1.5 |

# 6.3　传梓源矿床流体包裹体特征

## 6.3.1　实验代表性样品特征

本次实验所采集的样品为成矿阶段钠长石伟晶岩和锂辉石伟晶岩。钠长石伟晶岩中铌钽矿物为颗粒状[图6－7(a)(c)]；锂辉石伟晶岩中锂辉石为柱状晶体[图6－7(b)(d)]。

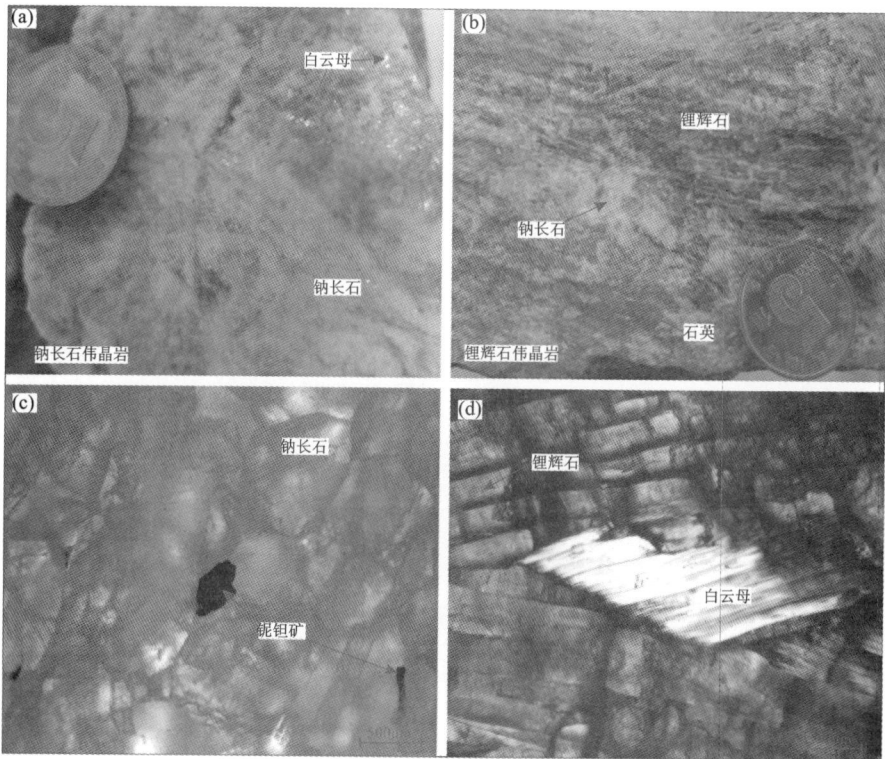

**图6－7　伟梓源矿床代表样品及显微照片**

(a)灰白色钠长石伟晶岩手标本样品；(b)锂辉石手标本样品；
(c)显微镜下铌钽铁矿，自形颗粒状；(d)显微镜下锂辉石柱状晶体

## 6.3.2　包裹体岩相学特征

钠长石伟晶岩和锂辉石伟晶岩石英中流体包裹体，根据室温下的相组成和加热时的相变特征，可划分为三个大的类型：即富液相包裹体（Ⅰ型）、富气相包裹

体(Ⅱ型)和纯液相包裹体(Ⅲ型)。

Ⅰ型:富液相水溶液包裹体(L-V)。包裹体气相成分以5%~35%为主。个体变化较大,一般为5~20 μm,形态多样,以椭圆形和不规则状为主,多成群分布[图6-8(a)~(d)]。其中钠长石伟晶岩中包裹体气相成分以10%~25%为主,包裹体直径以10~20 μm为主。

Ⅱ型:富气相水溶液包裹体(V-L)[图6-8(c)],包裹体气相成分以85%~90%为主,数量分布较少,仅在钠长石伟晶岩中见有少量。个体较小,一般为7~10 μm,以椭圆形为主。

Ⅲ型:纯液相包裹体(L),在锂辉石伟晶岩中有少量分布,个体一般为6~15 μm,以负晶形为主[图6-8(e)]。

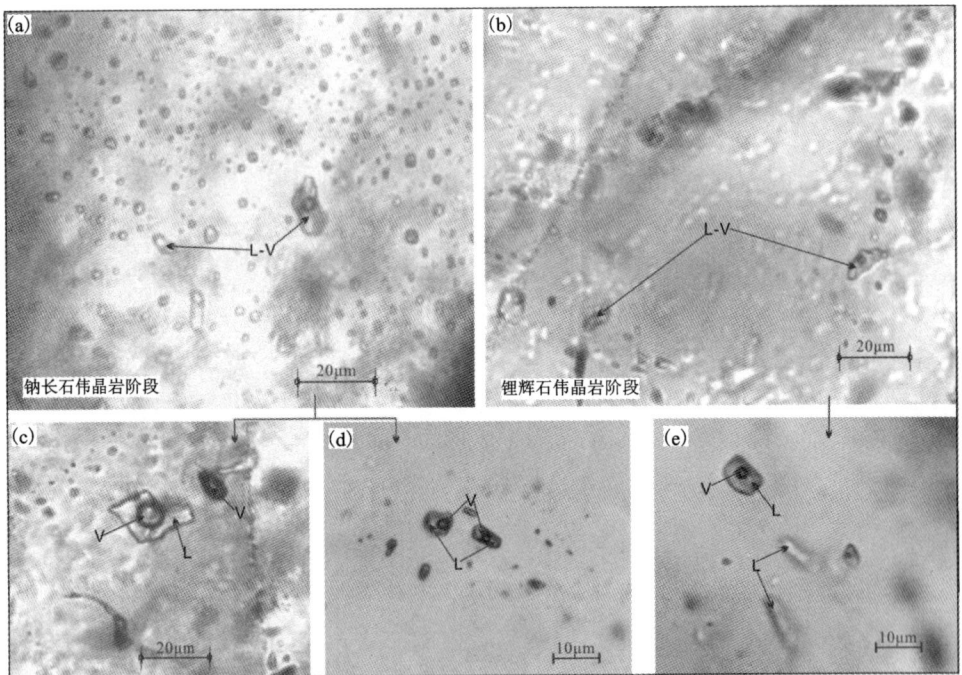

**图6-8 传梓源矿床包裹体类型显微照片**

(a)钠长石伟晶岩中L-V型(Ⅰ)包裹体群;(b)锂辉石伟晶岩中L-V型(Ⅰ)包裹体群;(c)钠长石伟晶岩中L-V型(Ⅰ)包裹体和V型(Ⅲ)包裹体;(d)钠长石伟晶岩中L-V型(Ⅰ)包裹体;(e)锂辉石中L-V型(Ⅰ)包裹体和L型(Ⅳ)包裹体

### 6.3.3 流体包裹体显微测温

传梓源矿床包裹体显微测温结果列于表6-4。

表6－4 传梓源矿床包裹体温度－盐度数据表

| 阶段 | 样品号 | 主矿物 | 类型 | 气液比/% | 个数 | 冰点/℃ | 均一温度/℃ | 盐度/% |
|---|---|---|---|---|---|---|---|---|
| 钠长石伟晶岩 | CZY－4 | 石英 | L－V | 15～35 | 10 | －5～－1.9 | 166～233 | 3.23～7.86 |
| | CZY－3 | 石英 | L－V | 15～35 | 13 | －4.1～－1.3 | 165～245 | 2.24～6.59 |
| 锂辉石伟晶岩 | CZY－1 | 石英 | L－V | 15～25 | 6 | －1.6～－1.2 | 149～170 | 2.07～2.94 |
| | CZY－5 | 石英 | L－V | 15～20 | 21 | －2.1～－1.2 | 150～185 | 2.07～3.55 |
| | CZY－7 | 石英 | L－V | 5～20 | 17 | －2.5～－1.2 | 140～195 | 2.07～4.18 |

钠长石伟晶岩:测温的流体包裹体均为 L－V 型,均一温度为165～245℃(表6－4),众值区间为190～210℃[图6－9(a)];盐度为2.24%～7.86%,众值区间为3%～5%[图6－9(a－1)]。

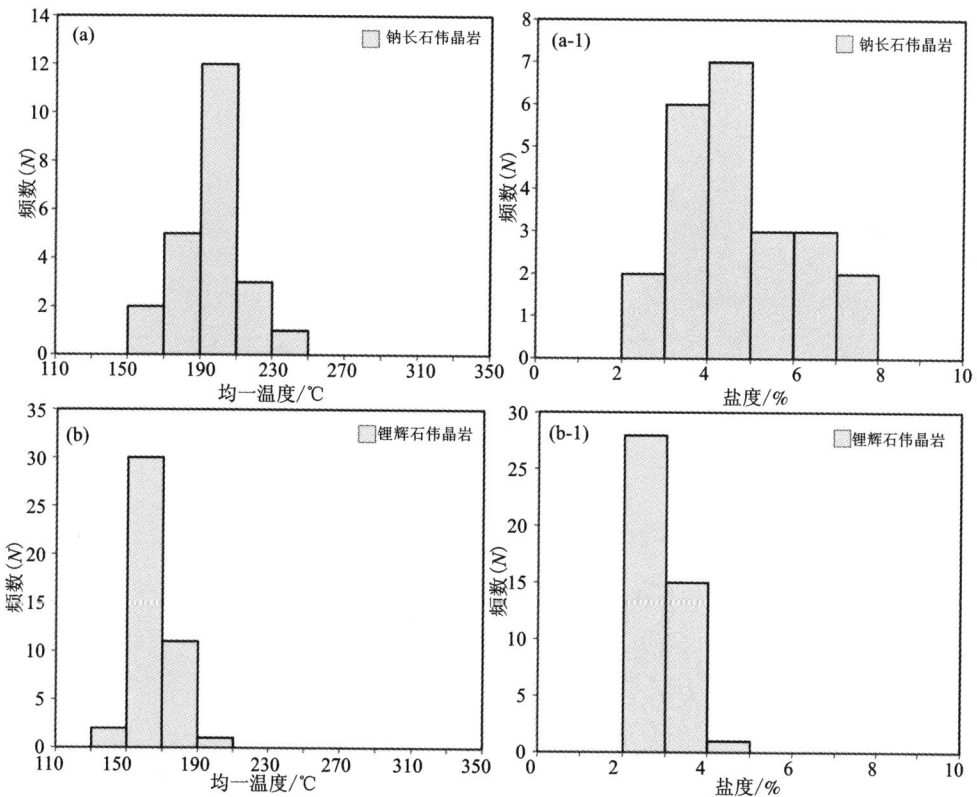

图6－9 传梓源矿床包裹体均一温度－盐度直方图

锂辉石伟晶岩：所测的流体包裹体均为 L - V 型，均一温度为 140 ~ 195℃（表6 - 4），众值区间在 150 ~ 170℃［图 6 - 9（b）］；盐度为 2.07% ~ 4.18%，众值区间为 2% ~ 4%［图 6 - 9 中（b - 1）］。

总体来看传梓源矿床主成矿阶段钠长石伟晶岩的流体具低 - 中等温度、低盐度的特征；锂辉石伟晶岩中的流体具低温、低盐度特征。

从盐度 - 均一温度图解来看（图 6 - 10），流体温度从钠长石伟晶岩到锂辉石伟晶岩温度明显降低，盐度也同样降低。随温度降低，流体密度逐渐增加，接近于水的密度。表明成矿流体演化到后期为以水为主的热液流体，同时反映出传梓源矿床成矿作用受温度控制。

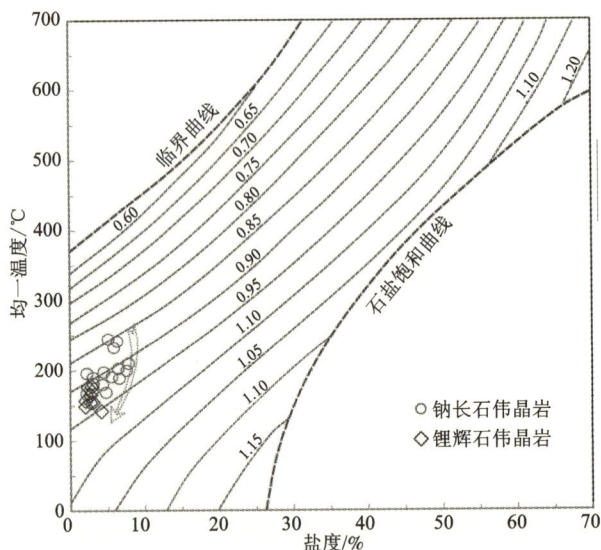

图 6 - 10　传梓源矿床包裹体均一温度 - 盐度关系图解

## 6.3.4　包裹体成分分析

### 6.3.4.1　激光拉曼分析

对传梓源矿床钠长石伟晶岩和锂辉石伟晶岩进行激光拉曼光谱分析，所测的12 个包裹体数据中气相成分均为 $H_2O$，液相成分也全部为 $H_2O$（图 6 - 11）。表明传梓源矿床中流体为简单的 $NaCl - H_2O$ 体系。

### 6.3.4.2　气相、液相成分分析

**1. 传梓源矿床气相成分特征**

从表 6 - 5 看出，传梓源矿床包裹体中 $CH_4$、$CO$ 和 $O_2$ 含量较低，$CO_2$、$H_2O$ 和

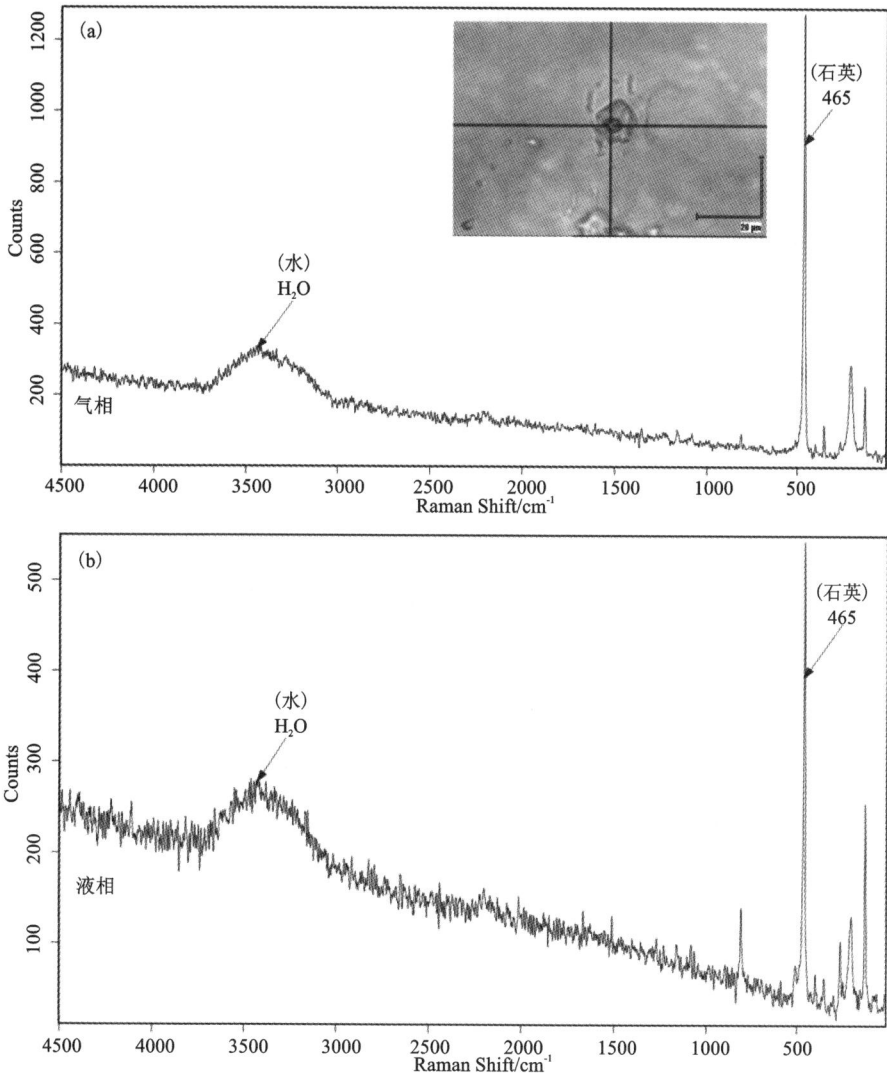

**图 6 - 11　传梓源包裹体拉曼光谱图**

$N_2$ 含量较高。经计算其还原参数($R$)为 0.1 ~ 0.16,反映出传梓源矿床中包裹体为还原性弱的流体(李秉伦等,1982),与仁里矿床相类似。流体中有 $CH_4$ 和 $N_2$ 的存在,表明流体可能为深部岩浆来源。

**2. 传梓源矿床液相成分特征**

从表 6 - 5 看出,传梓源矿床包裹体中 $Na^+$ 含量为 0.786 ~ 2.912 μg/g, $K^+$ 含量为 1.000 ~ 3.312 μg/g, $F^-$ 含量为 0.188 ~ 0.419 μg/g, $Cl^-$ 含量为 1.443 ~ 4.551 μg/g。经计算, $w(Na^+)/w(K^+)$ 比值为 0.79 ~ 1.67,属伟晶岩型和岩浆热

液型范围(Roeder,1972;张德会,1992),包裹体液相成分表明矿床成矿流体来自岩浆热液。$w(F^-)/w(Cl^-)$ 为 0.05 ~ 0.24,$w(F^-)/w(Cl^-)$ 比值≪1,可能是由于矿床形成时成矿流体加入了较多的地下水,由于地下水混入较多,其成矿流体中 $F^-/Cl^-$ 比值也较低(张德会,1992)。

表 6 – 5　传梓源矿床包裹体气相 – 液相成分表

| 样品编号 | C2Y1 – T1 | C2Y6 – T6 | CZY9 – T9 | CZY10 – T10 |
|---|---|---|---|---|
| 矿物名称 | 石英 | 石英 | 石英 | 石英 |
| 气相成分/$(\mu g \cdot g^{-1})$ | | | | |
| 取样温度/℃ | 100 ~ 500 | 100 ~ 500 | 100 ~ 500 | 100 ~ 500 |
| $CH_4$ | 0.119 | 0.037 | 0.020 | 0.028 |
| $C_2H_2 + C_2H_4$ | 0.168 | 0.149 | 0.108 | 0.102 |
| $C_2H_6$ | n. d | n. d | n. d | n. d |
| $CO_2$ | 153.233 | 122.166 | 118.219 | 102.769 |
| $H_2O$ | 69.525 | 80.756 | 34.014 | 36.104 |
| $O_2$ | 6.737 | 5.285 | 6.232 | 6.407 |
| $N_2$ | 32.248 | 24.364 | 28.407 | 28.286 |
| $CO$ | 19.970 | 19.776 | 12.257 | 10.807 |
| 还原参数($R$) | 0.13 | 0.16 | 0.10 | 0.11 |
| 液相成分/$(\mu g \cdot g^{-1})$ | | | | |
| $Li^+$ | n. d | n. d | n. d | n. d |
| $Na^+$ | 0.786 | 1.531 | 2.386 | 2.912 |
| $K^+$ | 1.000 | 1.478 | 1.428 | 3.312 |
| $Mg^{2+}$ | 0.917 | 0.980 | 1.047 | 1.201 |
| $Ca^{2+}$ | 3.246 | 6.048 | 14.459 | 12.621 |
| $F^-$ | 0.208 | 0.188 | 0.209 | 0.419 |
| $Cl^-$ | 4.551 | 3.074 | 1.443 | 1.748 |
| $NO_2^-$ | 1.030 | 1.161 | 1.847 | 1.305 |
| $NO_3^-$ | 0.441 | 0.381 | 0.314 | 0.308 |
| $SO_4^{2-}$ | 1.632 | 2.757 | 1.488 | 1.145 |
| $Na^+/K^+$ | 0.79 | 1.04 | 1.67 | 0.88 |
| $F^-/Cl^-$ | 0.05 | 0.06 | 0.15 | 0.24 |

注:n. d 表示未检测出。

## 6.3.5 H－O同位素分析

传梓源矿床H－O同位素数据列于表6－6中。

表6－6 传梓源矿床包裹体H－O同位素结果表

| 样品号 | 岩石名称 | 样品名称 | $\delta D_{V-SMOW}$/‰ | $\delta^{18}O_{V-SMOW}$/‰ | 温度 | $\delta^{18}O_{H_2O}$/‰ |
|---|---|---|---|---|---|---|
| CZY1－T1 | 钠长石伟晶岩 | 石英 | －70 | 13.8 | 210 | 2.7 |
| CZY6－T6 | 钠长石伟晶岩 | 石英 | －71 | 13.4 | 220 | 2.9 |
| CZY9－T9 | 锂辉石伟晶岩 | 石英 | －74 | 13.9 | 190 | 1.5 |
| CZY10－T10 | 锂辉石伟晶岩 | 石英 | －75 | 13.6 | 190 | 1.2 |

从表中可以看出δD值为－75‰～－70‰，属于正常岩浆水（Taylor，1974）范围，与仁里矿床相类似。而$\delta^{18}O$‰（SMOW）值为＋1.2‰～＋2.9‰，显示出具"$\delta^{18}O_水$漂移"与大气降水混合热液流体特征。将数据投入图6－12中，钠长石伟晶岩和锂辉石伟晶岩样品数据均分布在"原生岩浆水"左侧，并向"雨水线"靠近，显示出岩浆热液与大气降水混合的特征。

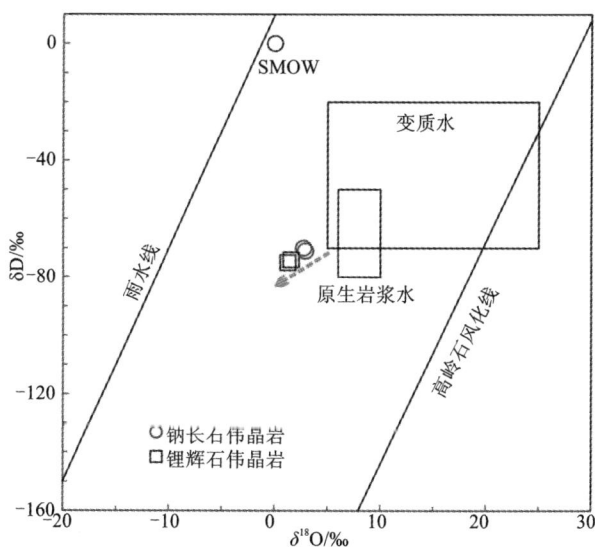

图6－12 传梓源矿床包裹体H－O同位素图解

# 6.4　白沙窝矿床流体包裹体特征

## 6.4.1　实验代表性样品特征

　　白沙窝分带伟晶岩所采集的实验样品为Ⅰ带到Ⅴ带伟晶岩。其中Ⅰ带为灰白色细粒钠长石伟晶岩[图6-13(a)]，Ⅱ1带为含电气石中粒伟晶岩[图6-13(b)]，Ⅱ2带为中粗粒伟晶岩[图6-13(c)]，Ⅲ带为巨晶状长石晶体[图6-13(d)]，Ⅳ带为巨晶状石英晶体[图6-13(e)]，Ⅴ带为石英-云母-长石-铌钽矿伟晶岩[图6-13(f)]。所有采集的样品均为新鲜岩石样品。

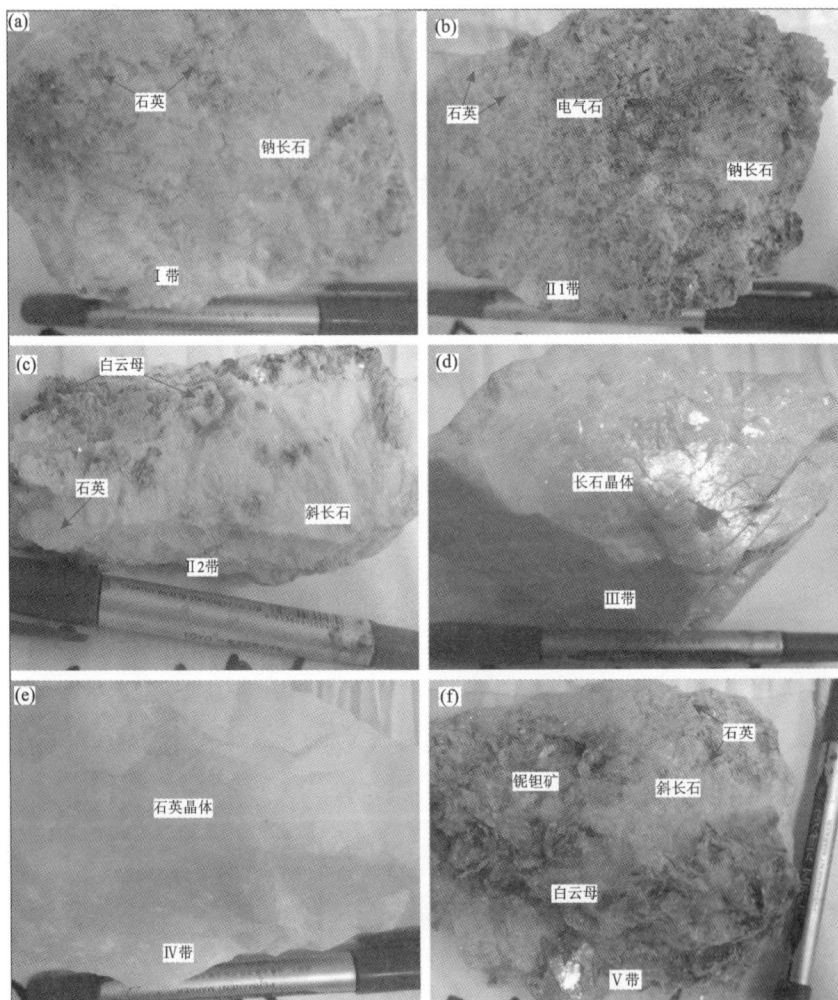

图6-13　白沙窝矿段代表性分带伟晶岩样品

　　上石矿段采集的实验样品有细粒伟晶岩,见环带构造[图 6-14(a)],镜下见自形白云母和钠长石,他形石英,粒径均较小[图 6-14(b)];细－中粒伟晶岩,灰白色,局部见中粒钠长石晶体[图 6-14(c)],显微镜下可见自形的板状长石晶体和针状铌钽矿[图 6-14(d)];交代伟晶岩,位于围岩接触部位,云母和石英含量较高,野外局部见褶曲现象[图 6-14(e)],显微镜下可见白云母被长石和石英交代,在云母裂隙中见细粒铌钽矿充填[图 6-14(f)]。采集的样品均为新鲜岩石样品。锂辉石伟晶岩由于蚀变较强,此次实验未采集到新鲜岩石样品。

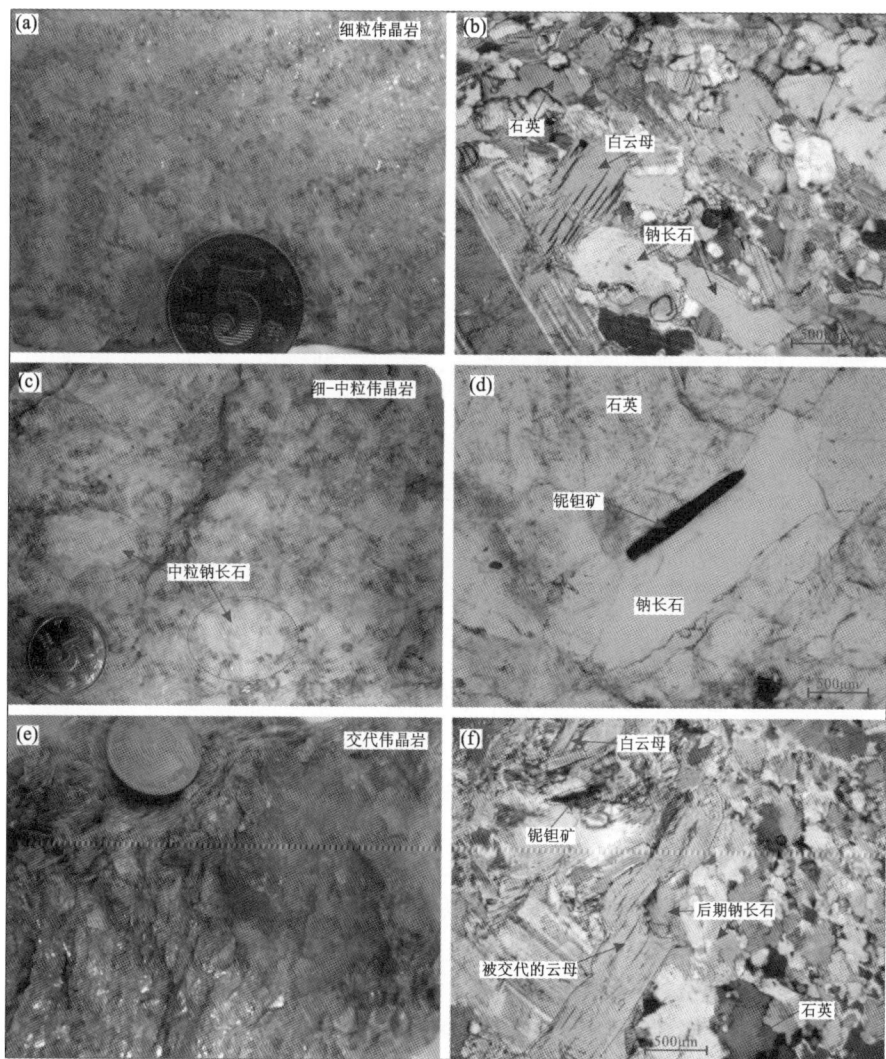

图 6-14　上石矿段代表性样品及镜下特征

### 6.4.2 包裹体岩相学特征

#### 6.4.2.1 白沙窝矿段

白沙窝分带伟晶岩各带石英中流体包裹体，根据室温下的相组成和加热时的相变特征，可划分为三大类型：即富液相包裹体（Ⅰ型）、富气相包裹体（Ⅱ型）以及含子晶包裹体（Ⅲ型）。

Ⅰ型：富液相水溶液包裹体（L－V）。包裹体气相成分为 5% ~ 45%，以15% ~ 30% 为主。个体变化较大，一般为 5 ~ 30 μm，形态多样，以负晶形和不规则状为主，多成群出现，在Ⅰ带到Ⅴ带中广泛分布［图 6 – 15（a）~（f）］。

Ⅱ型：富气相水溶液包裹体（V－L）。在Ⅰ带和Ⅱ带中见少量分布［图 6 – 15（b）］包裹体气相成分以 65% ~ 80% 为主，个体较小，一般为 8 ~ 15 μm，以负晶形为主。

Ⅲ型：含子晶包裹体（L－V－S），在Ⅳ带和Ⅴ带伟晶岩见少量分布，个体较大，一般为 10 ~ 25 μm，以不规则状为主［图 6 – 15（e），图 6 – 15（f）］。

#### 6.4.2.2 上石矿段

上石矿段细粒伟晶岩、细 – 中粒伟晶岩和交代伟晶岩石英中流体包裹体，根据室温下的相组成和加热时的相变特征，反映类型较单一，均为富相液包裹体（Ⅰ型）。

Ⅰ型：富液相水溶液包裹体（L－V）。包裹体气相成分为 5% ~ 45%，以10% ~ 20% 为主。个体变化较大，一般为 5 ~ 20 μm，形态多样，以负晶形和不规则状为主［图 6 – 16（d），图 6 – 16（e）］，多成群分布［图 6 – 16（a）~（c）］。

### 6.4.3 流体包裹体显微测温

#### 6.4.3.1 白沙窝矿段

白沙窝矿段包裹体显微测温结果列于表 6 – 7。

Ⅰ带：所测的流体包裹体均为 L – V 型。石英中包裹体均一温度较高，为361 ~ 398℃，众值为 370 ~ 390℃；盐度为 2.74% ~ 5.86%，众值为 3% ~ 5%，显示高温、低盐度的特征。

Ⅱ1 带：所测的流体包裹体均为 L – V 型。石英中包裹体均一温度较高，为327 ~ 386℃，众值为 330 ~ 350℃；盐度为 2.41% ~ 4.8%，众值为 2% ~ 4%，显示高温、低盐度的特征。

Ⅱ2 带：所测的流体包裹体均为 L – V 型。石英中包裹体均一温度为 280 ~ 378℃，众值为 310 ~ 330℃；盐度为 4.49% ~ 6.59%，众值为 4% ~ 6%，显示高温、低盐度的特征。

Ⅲ带：所测的流体包裹体均为 L – V 型。石英中包裹体均一温度为 249 ~

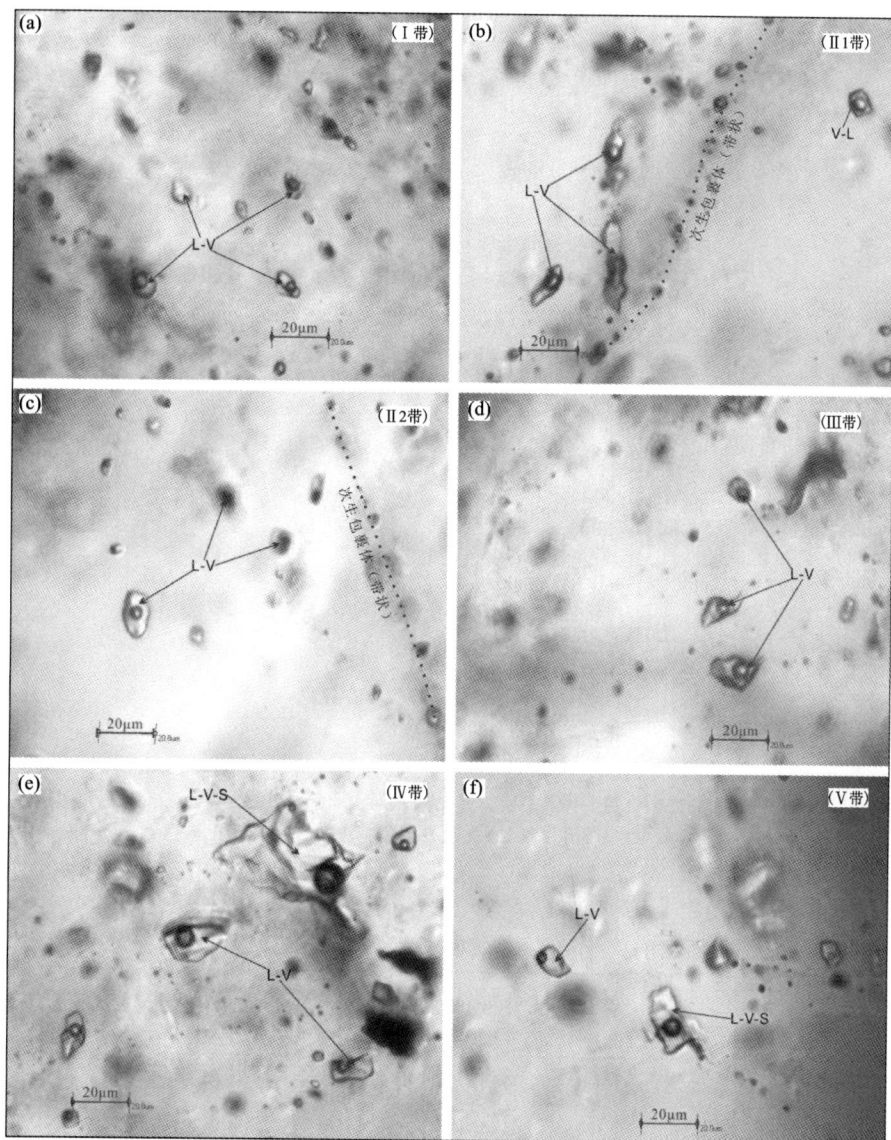

**图6-15　白沙窝矿段包裹体显微照片**

(a) Ⅰ带中L-V型(Ⅰ)包裹体群；(b) Ⅱ1带中L-V型(Ⅰ)包裹体群及V-L型(Ⅱ)；(c) Ⅱ2带中
L-V型(Ⅰ)包裹体群及次生包裹体带；(d) Ⅲ带中L-V型(Ⅰ)包裹体群；(e) Ⅳ带中L-V型(Ⅰ)
包裹体群及L-V-S型(Ⅲ)包裹体；(f) Ⅴ带中L-V型(Ⅰ)包裹体群及L-V-S型(Ⅲ)包裹体

349℃，众值为270~290℃；盐度为3.23%~6.16%，众值为4%~6%，显示中
温、低盐度的特征。

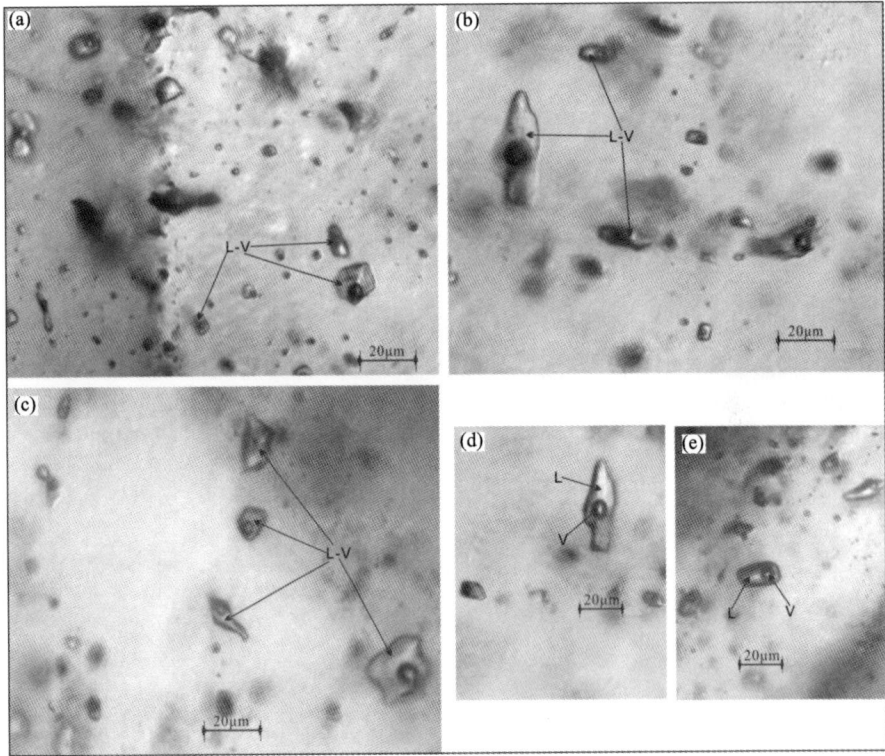

**图 6 – 16　上石矿段包裹体显微照片**

(a)细粒伟晶岩中 L – V 型(Ⅰ)包裹体群,包裹体一般小于 10 μm;(b)细 – 中粒伟晶岩中 L – V 型
(Ⅰ)包裹体群,包裹体一般大于 10 μm;(c)交代伟晶岩 L – V 型(Ⅰ)包裹体群,包裹体大小一般为
10 ~ 20 μm;(d)不规则 L – V 型(Ⅰ)包裹体;(e)椭圆形 L – V 型(Ⅰ)包裹体

**表 6 – 7　白沙窝矿段包裹体温度 – 盐度数据表**

| 分带 | 样品号 | 主矿物 | 类型 | 气液比 /% | 个数 | 冰点 /℃ | 均一温度 /℃ | 盐度 /% |
|------|--------|--------|------|-----------|------|---------|-------------|---------|
| Ⅰ | BT – 1611 | 石英 | L – V | 20 ~ 45 | 15 | − 3.6 ~ − 1.6 | 361 ~ 398 | 2.74 ~ 5.86 |
| Ⅱ₁ | BT – 1610 | 石英 | L – V | 15 ~ 45 | 24 | − 2.9 ~ − 1.4 | 327 ~ 386 | 2.41 ~ 4.8 |
| Ⅱ₂ | BT – 1606 | 石英 | L – V | 15 ~ 25 | 16 | − 4.1 ~ − 2.7 | 280 ~ 378 | 4.49 ~ 6.59 |
| Ⅲ | BT – 1607 | 石英 | L – V | 10 ~ 30 | 24 | − 3.8 ~ − 1.9 | 249 ~ 349 | 3.23 ~ 6.16 |
| Ⅳ | BT – 1609 | 石英 | L – V | 10 ~ 25 | 33 | − 3.2 ~ − 1.9 | 246 ~ 293 | 3.23 ~ 5.26 |
| Ⅴ | BT – 1608 | 石英 | L – V | 5 ~ 25 | 25 | − 4.6 ~ − 2.4 | 196 ~ 301 | 4.03 ~ 7.31 |

Ⅳ带：所测的流体包裹体均为 L – V 型。石英中包裹体均一温度为 246 ~

293℃，众值为 250～270℃；盐度为 3.23%～5.6%，众值为 4%～5%，显示中温、低盐度的特征。

　　V 带：所测的流体包裹体均为 L – V 型。石英中包裹体均一温度为 196～301℃，众值为 210～230℃；盐度为 4.03%～7.31%，众值为 5%～7%，显示中温、低盐度的特征。

　　从图 6 – 17 温度、盐度直方图来看，白沙窝分带伟晶岩 I 带到 V 带流体温度表现为由高到低演化，盐度则表现为由低到高逐渐升高的变化特征。表明在伟晶岩不同分带的演化过程中，流体温度依次降低，而盐度逐渐升高。

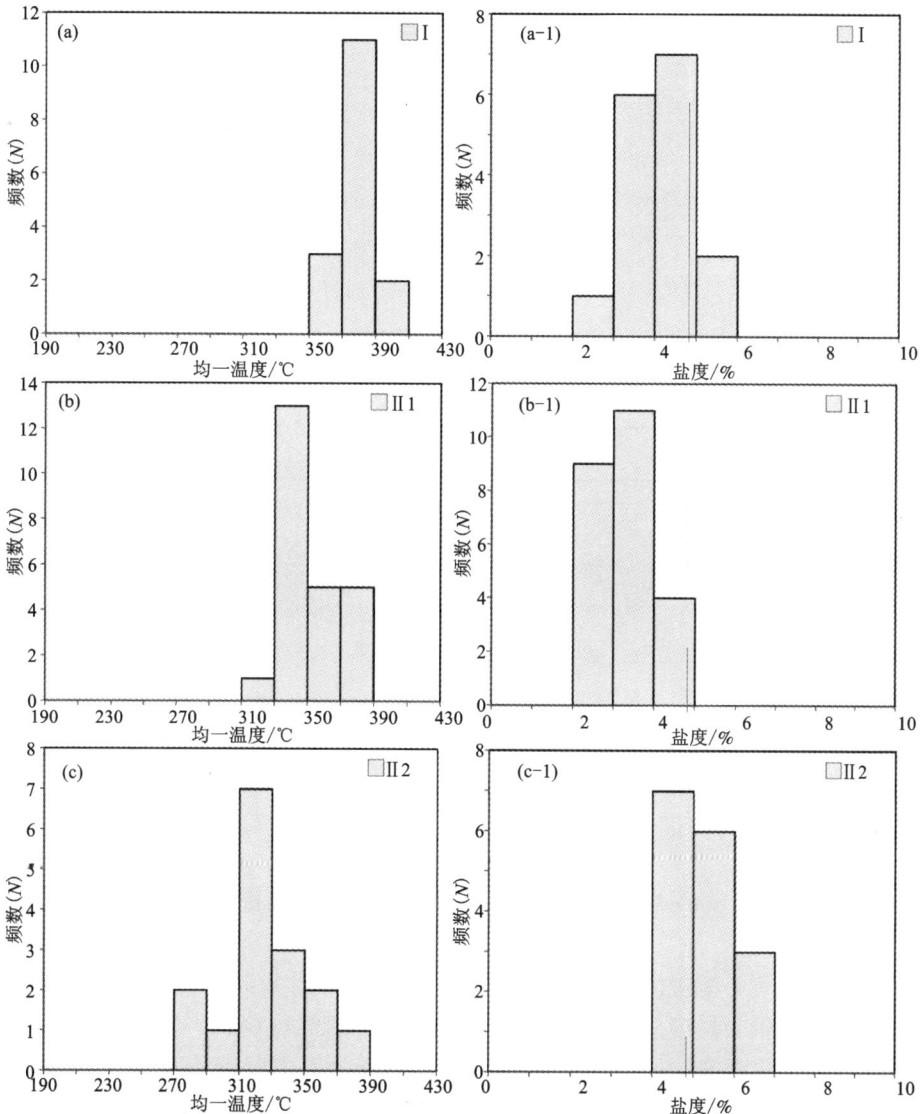

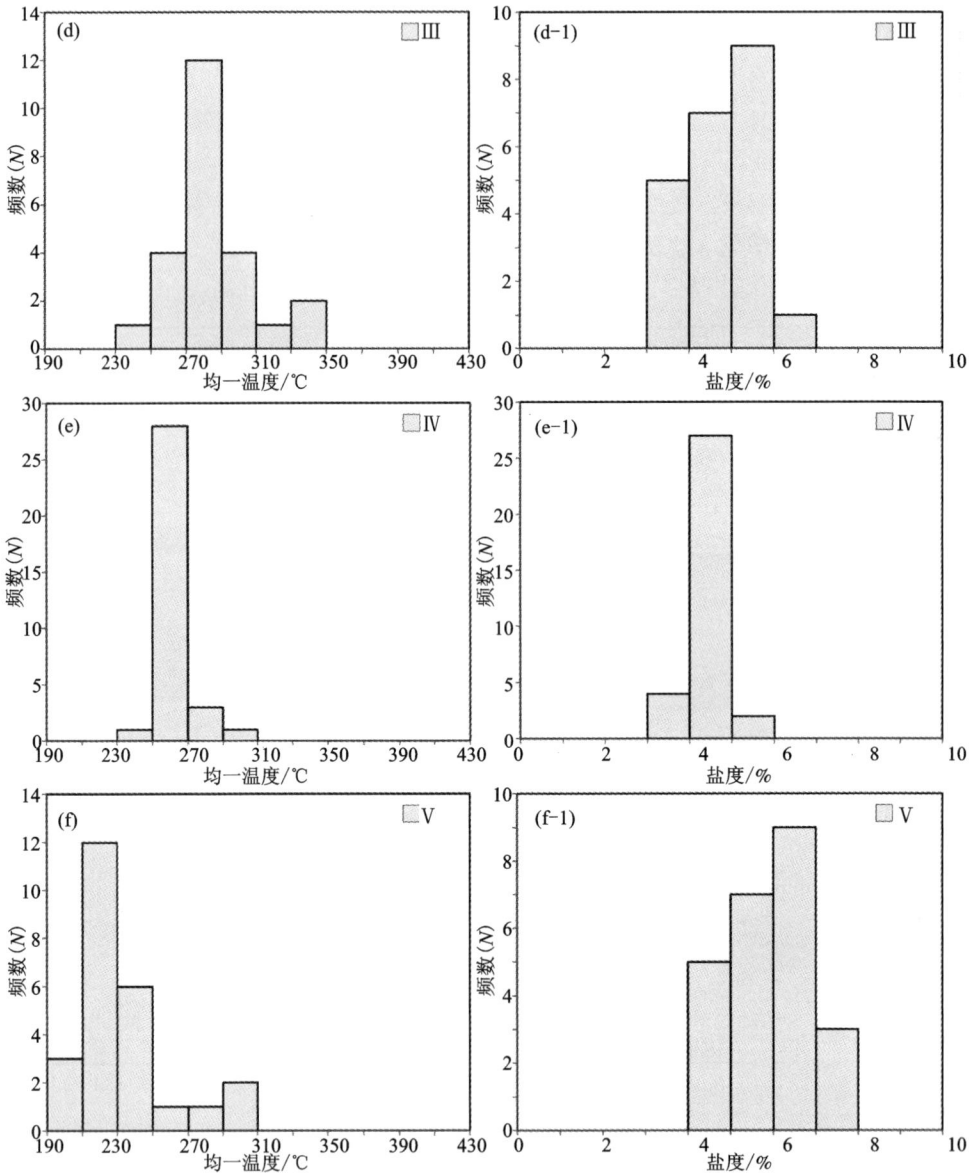

图 6 - 17　白沙窝矿段包裹体均一温度 - 盐度直方图

从盐度 - 均一温度图解来看（图6 - 18），从 Ⅰ 带到 Ⅴ 带伟晶岩流体包裹体具有温度逐渐降低，盐度呈轻微升高变化的趋势。随温度降低，流体密度逐渐增加，接近于水的密度。表明成矿流体演化到后期为有大气降水混合的岩浆热液流体。

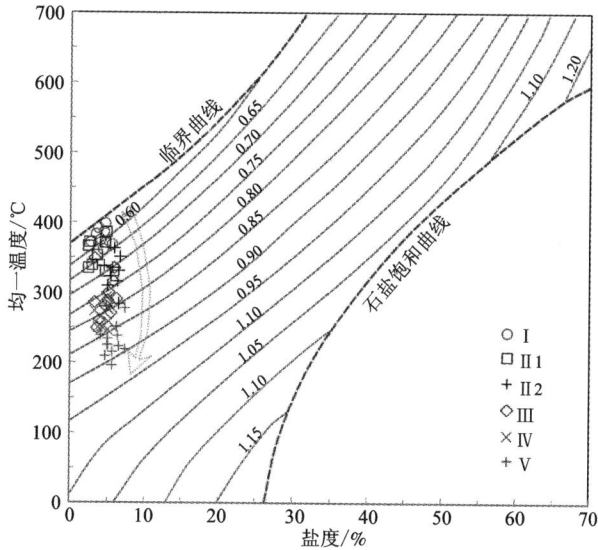

图6-18 白沙窝矿段包裹体均一温度－盐度图解

### 6.4.3.2 上石矿段

上石矿段包裹体显微测温结果列于表6-8。

表6-8 上石矿段包裹体温度－盐度数据表

| 阶段 | 样品号 | 主矿物 | 类型 | 气液比 /% | 个数 | 冰点 /℃ | 均一温度 /℃ | 盐度 /% |
|---|---|---|---|---|---|---|---|---|
| 细粒 伟晶岩 | SS-02 | 石英 | L-V | 25~45 | 14 | -2.8~-1.2 | 332~391 | 2.24~4.65 |
|  | SS-05 | 石英 | L-V | 10~30 | 5 | -2~-1.7 | 351~358 | 2.9~3.39 |
| 细-中粒 伟晶岩 | SS-01 | 石英 | L-V | 15~30 | 20 | -3~-1.9 | 255~299 | 3.23~4.96 |
|  | SS-03 | 石英 | L-V | 10~25 | 21 | -6.8~-3.2 | 259~315 | 5.26~10.24 |
| 交代 伟晶岩 | SS-04 | 石英 | L-V | 10~25 | 23 | -2.1~-1.4 | 211~263 | 2.41~3.55 |
|  | SS-06 | 石英 | L-V | 5~25 | 24 | -3.2~-1.3 | 211~239 | 2.24~5.26 |
|  | SS-08 | 石英 | L-V | 10~20 | 14 | -2.4~-1.4 | 218~247 | 2.41~4.03 |

细粒伟晶岩：所测的流体包裹体均为L-V型。均一温度为332~391℃，众值为350~370℃[图6-19(a)]；盐度为2.24%~4.65%，众值为2%~4%[图6-19中(a-1)]，显示为高温、低盐度的特征。

　　细 - 中粒伟晶岩：所测的流体包裹体均为 L - V 型。均一温度为 255 ~ 315℃，众值为 270 ~ 290℃[图 6 - 19(b)]；盐度为 3.23% ~ 10.24%，众值为 6% ~ 8%[图 6 - 19(b - 1)]，显示中温、低盐度特征。

　　交代伟晶岩：所测的流体包裹体均为 L - V 型。均一温度为 211 ~ 263℃，众值为 210 ~ 230℃[图 6 - 19(c)]；盐度为 2.24% ~ 5.26%，众值为 2% ~ 4%[图 6 - 19(c - 1)]，显示中温、低盐度特征。

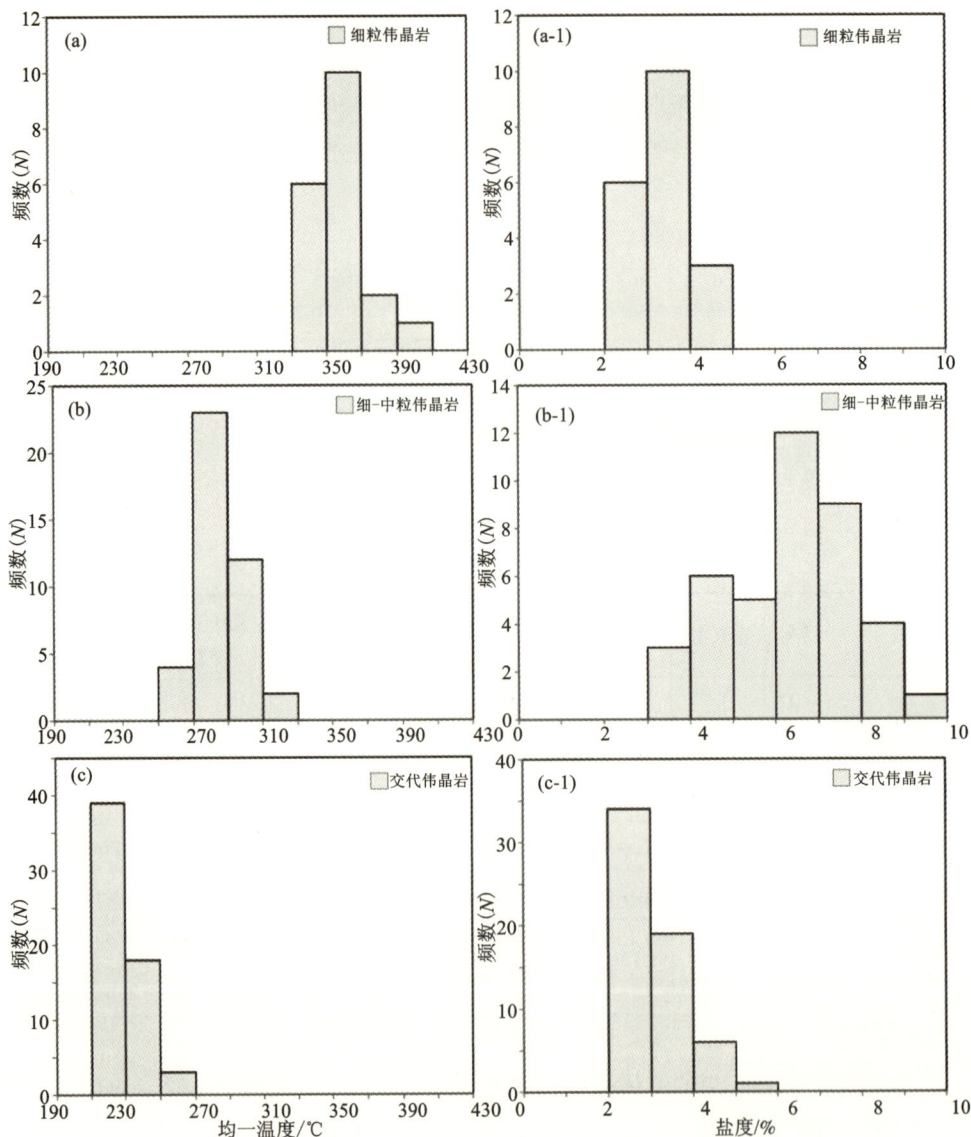

**图 6 - 19　上石矿段包裹体均一温度 - 盐度直方图**

　　总体来看，上石矿段从细粒伟晶岩到交代伟晶岩其流体温度依次降低，而盐度出现从细粒伟晶岩到细－中粒伟晶岩升高，再到交代伟晶岩明显降低的变化趋势。

　　从盐度－均一温度图解来看（图 6－20），流体温度从细粒伟晶岩到交代伟晶岩流体温度明显降低，盐度出现升高再降低的变化趋势。随温度降低，流体密度逐渐增加。表明成矿流体演化到后期为有大气降水混合的岩浆热液流体。

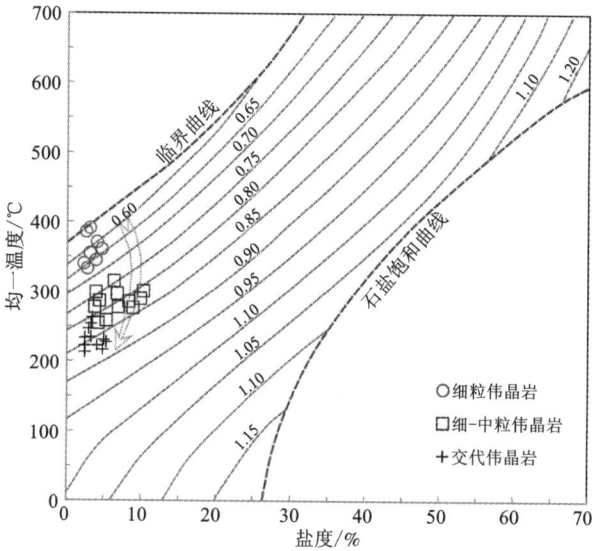

图 6－20　上石矿段包裹体均一温度－盐度图解

## 6.4.4　包裹体成分分析

### 6.4.4.1　激光拉曼光谱分析

#### 1. 白沙窝矿段

　　对白沙窝矿段 I 带到 V 带伟晶岩进行激光拉曼光谱分析，所测的 16 个包裹体数据显示：在 I 带到Ⅲ带包裹体中气相成分均为 $H_2O$，液相成分也全部为 $H_2O$；在Ⅳ带和 V 带包裹体中气相成分除常见的 $H_2O$ 外，还见有 $CH_4$ 和 $CO_2$ 等成分［图 6－21（c）］，子矿物见有绿柱石等［图 6－21（a）］，液相成分为 $H_2O$［图 6－21（b）］。表明白沙窝矿段流体为从简单的 $NaCl－H_2O$ 体系逐渐演化成 $NaCl－H_2O－CH_4－CO_2$ 的复杂体系。

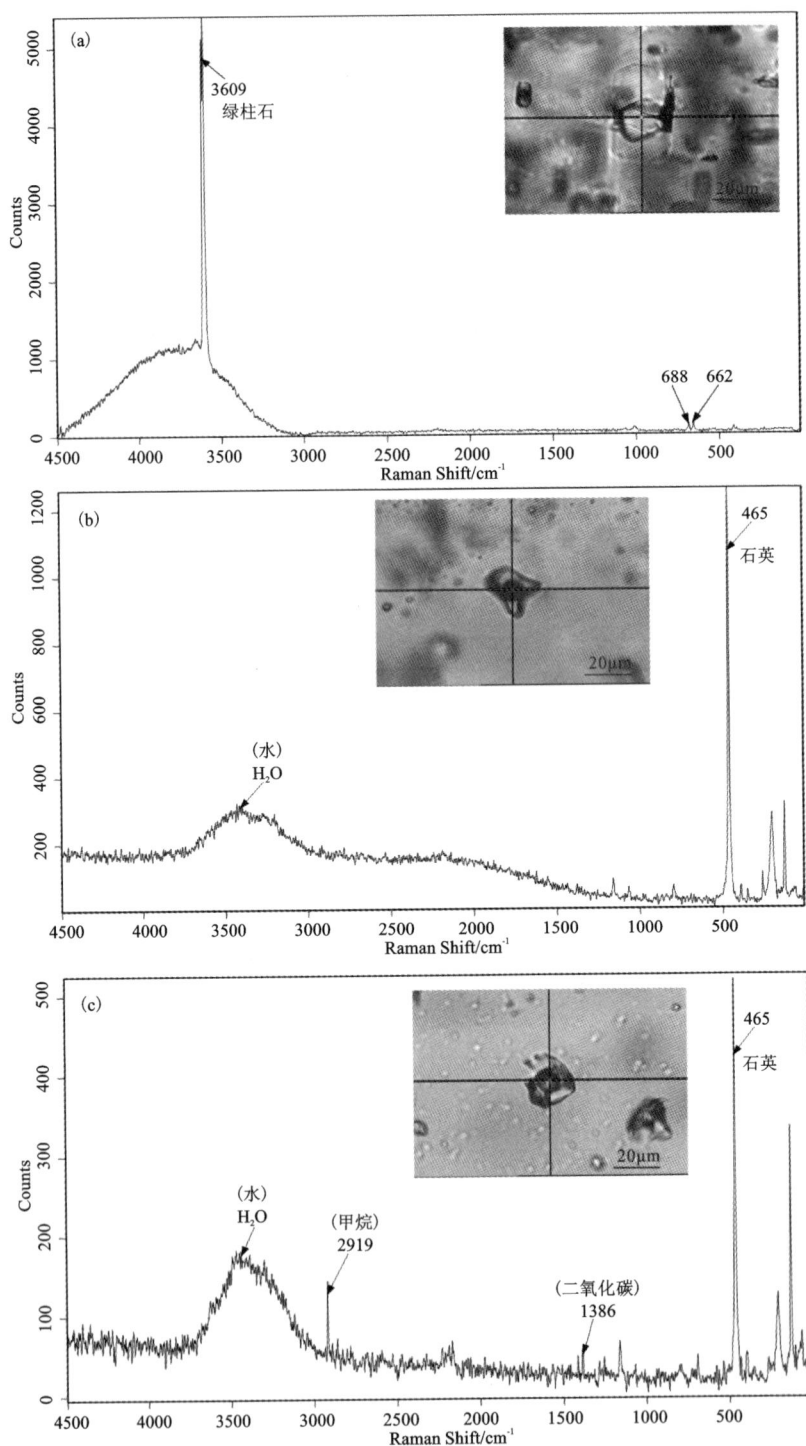

图 6-21 白沙窝矿段包裹体拉曼光谱图

### 2. 上石矿段

对上石矿段细粒伟晶岩、细－中粒伟晶岩和交代伟晶岩进行激光拉曼光谱分析，所测的 10 个包裹体数据中气相成分均为 $H_2O$，液相成分也全部为 $H_2O$（图 6－22）。表明上石矿段中流体为简单的 $NaCl－H_2O$ 体系。

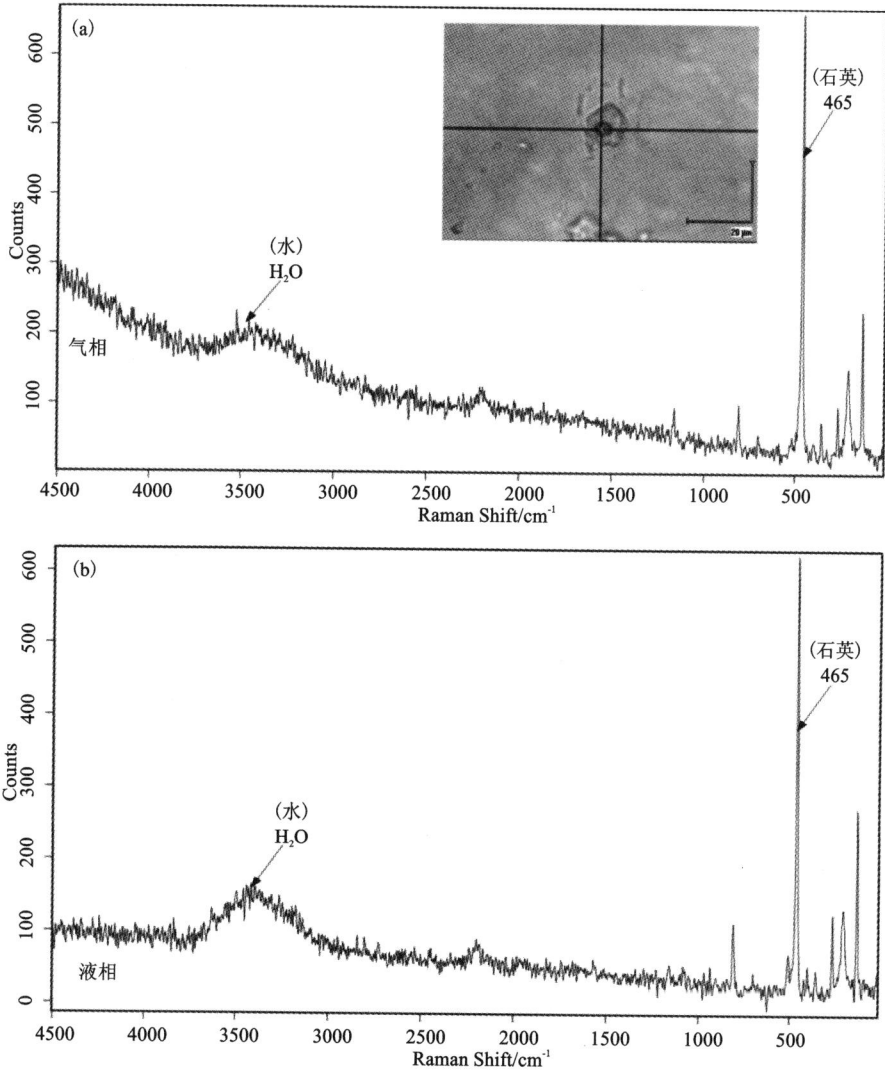

图 6－22　上石矿段包裹体拉曼光谱图

#### 6.4.4.2 气相、液相成分分析

##### 1. 白沙窝矿段

白沙窝矿段包裹体气相－液相成分结果列于表6－9中。

气相分成特征：从 I 带到 V 带，$CH_4$（0.034～0.144 μg/g）、CO（3.741～11.273 μg/g）和 $O_2$（7.486～10.574 μg/g）含量较低；$CO_2$ 含量为 196.245～276.393 μg/g，表现为从 I 带到 V 带升高变化特征，与Ⅳ带和 V 带包裹体中拉曼光谱鉴定出的 $CO_2$ 成分相对应；$H_2O$ 含量为 33.59～111.784 μg/g，同样表现为从 I 带到 V 带升高变化特征，与 $CO_2$ 变化相类似。经计算其还原参数（$R$）为 0.01～0.04，反映出白沙窝矿段中包裹体为还原性极弱的流体（李秉伦等，1982）。流体中有 $CH_4$ 和 $N_2$ 的存在，表明流体可能为深部岩浆来源。

液相成分特征：$Na^+$ 含量为 1.113～3.789 μg/g，$K^+$ 含量为 1.000～29.118 μg/g，变化较大，$F^-$ 含量为 0.082～2.954 μg/g，表现为从 I 带到 V 带升高变化特征，$Cl^-$ 含量为 1.577～4.298 μg/g，同样表现为从 I 带到 V 带升高变化特征。经计算，$w(Na^+)/w(K^+)$ 比值为 0.13～1.11，属伟晶岩型和岩浆热液型范围（Roeder，1972；张德会，1992），包裹体液相成分表明矿床成矿流体来自岩浆热液。$w(F^-)/w(Cl^-)$ 比值为 0.05～0.7，$w(F^-)/w(Cl^-)<1$，表现为从 I 带到 V 带升高变化特征。可能是由于伟晶岩演化到晚期挥发分 F 在核部逐渐富集，从而导致 $w(F^-)/w(Cl^-)$ 比值增高。

表6－9 白沙窝矿段包裹体气相－液相成分表

| 样品编号 | T1606 | T1607 | T1607 | T1608 | T1608 | T1609 | T1610 | T1611 |
|---|---|---|---|---|---|---|---|---|
| 矿物名称 | 石英 | 钾长石 | 石英 | 钾长石 | 石英 | 石英 | 石英 | 石英 |
| 分带 | Ⅱ2带 | Ⅲ带 | Ⅲ带 | Ⅳ带 | Ⅳ带 | Ⅴ带 | Ⅱ1带 | Ⅰ带 |
| 气相成分/（μg·g⁻¹） | | | | | | | | |
| 取样温度℃ | 100～500 | 100～500 | 100～500 | 100～500 | 100～500 | 100～500 | 100～500 | 100～500 |
| $CH_4$ | 0.057 | 0.046 | 0.103 | 0.049 | 0.058 | 0.144 | 0.039 | 0.034 |
| $C_2H_2 + C_2H_4$ | 0.067 | 0.083 | 0.065 | 0.099 | 0.164 | 0.054 | 0.087 | 0.060 |
| $C_2H_6$ | n.d | n.d | n.d | n.d | 0.048 | n.d | n.d | n.d |
| $CO_2$ | 196.245 | 253.111 | 276.393 | 262.942 | 269.807 | 176.955 | 224.184 | 199.786 |
| $H_2O$ | 51.715 | 40.176 | 67.437 | 108.756 | 106.936 | 111.784 | 38.311 | 33.590 |
| $O_2$ | 8.764 | 10.574 | 10.130 | 8.055 | 8.728 | 7.486 | 8.262 | 7.866 |
| $N_2$ | 33.764 | 43.194 | 41.202 | 32.952 | 34.875 | 29.333 | 32.738 | 30.720 |

续表 6 - 9

| 样品编号 | T1606 | T1607 | T1607 | T1608 | T1608 | T1609 | T1610 | T1611 |
|---|---|---|---|---|---|---|---|---|
| CO | 7.462 | 3.741 | 4.930 | 11.273 | 9.672 | 5.459 | 9.971 | 6.924 |
| 还原参数 ($R$) | 0.04 | 0.01 | 0.02 | 0.04 | 0.04 | 0.03 | 0.04 | 0.03 |
| 液相成分/($\mu g \cdot g^{-1}$) | | | | | | | | |
| $Li^+$ | n.d | n.d | n.d | n.d | 2.066 | n.d | n.d | n.d |
| $Na^+$ | 1.113 | 1.711 | 3.688 | 1.622 | 3.789 | 2.391 | 2.981 | 1.386 |
| $K^+$ | 1.000 | 1.838 | 15.314 | 1.064 | 29.118 | 1.158 | 3.917 | 1.000 |
| $Mg^{2+}$ | 2.146 | 2.997 | 1.102 | 1.263 | 1.962 | 0.706 | 2.624 | 0.749 |
| $Ca^{2+}$ | n.d | n.d | 5.932 | n.d | 10.460 | n.d | n.d | n.d |
| $F^-$ | 0.155 | 0.226 | 0.100 | 2.596 | 0.300 | 2.954 | 0.301 | 0.082 |
| $Cl^-$ | 1.800 | 3.549 | 1.577 | 3.692 | 4.058 | 4.298 | 4.036 | 2.135 |
| $NO_2^-$ | n.d | 0.398 | n.d | 0.173 | n.d | 0.266 | 0.138 | 0.287 |
| $NO_3^-$ | 1.324 | 2.191 | n.d | 2.230 | n.d | 1.548 | 1.519 | 1.749 |
| $SO_4^{2-}$ | 2.196 | 6.365 | 10.321 | 12.984 | 41.427 | 3.648 | 2.059 | 3.334 |
| $Na^+/K^+$ | 1.11 | 0.93 | 0.24 | 1.52 | 0.13 | 2.06 | 0.76 | 1.39 |
| $F^-/Cl^-$ | 0.09 | 0.06 | 0.06 | 0.70 | 0.07 | 0.69 | 0.07 | 0.04 |

注：n.d 表示未检测出。

## 2. 上石矿段

上石矿段包裹体气相－液相成分结果列于表 6-10 中。

气相分成特征：$CH_4$、CO 和 $O_2$ 含量较低，$CO_2$、$H_2O$ 和 $N_2$ 含量较高。经计算其还原参数($R$)为 0.08 ~ 0.12，反映出上石矿段中包裹体为还原性极弱的流体（李秉伦等，1982）。流体中有 $CH_4$ 和 $N_2$ 的存在，表明流体可能为深部岩浆来源。

液相成分特征：$Na^+$ 含量为 0.542 ~ 0.806 $\mu g/g$，$K^+$ 含量为 0.998 ~ 1.636 $\mu g/g$，$F^-$ 含量为 0.074 ~ 0.139 $\mu g/g$，$Cl^-$ 含量为 0.868 ~ 2.086 $\mu g/g$。经计算，$w(Na^+)/w(K^+)$ 比值为 0.41 ~ 0.65，属岩浆热液型范围（Roeder，1972；张德会，1992）。$w(F^-)/w(Cl^-)$ 比值为 0.05 ~ 0.09，$w(F^-)/w(Cl^-) \ll 1$，可能是由于矿床形成时成矿流体加入了较多的地下水，地下水混入较多的矿床其成矿流体中 $w(F^-)/w(Cl^-)$ 比值也较低（张德会，1992）。

表 6 – 10  上石矿段包裹体气相 – 液相成分表

| 样品编号 | SS01 – T1 | SS04 – T4 | SS06 – T6 | SS06 – T7 |
|---|---|---|---|---|
| 矿物名称 | 石英 | 石英 | 石英 | 石英 |
| 气相成分/($\mu g \cdot g^{-1}$) | | | | |
| 取样温度/℃ | 100～500 | 100～500 | 100～500 | 100～500 |
| $CH_4$ | 0.068 | 0.112 | 0.038 | 0.057 |
| $C_2H_2 + C_2H_4$ | 0.058 | 0.103 | 0.114 | 0.113 |
| $C_2H_6$ | n.d | n.d | n.d | n.d |
| $CO_2$ | 73.635 | 123.454 | 118.131 | 136.676 |
| $H_2O$ | 28.260 | 27.910 | 38.567 | 50.170 |
| $O_2$ | 7.573 | 5.615 | 5.259 | 5.965 |
| $N_2$ | 35.116 | 25.829 | 27.571 | 28.213 |
| CO | 9.116 | 12.877 | 9.668 | 16.657 |
| 还原参数($R$) | 0.12 | 0.11 | 0.08 | 0.12 |
| 液相成分/($\mu g \cdot g^{-1}$) | | | | |
| $Li^+$ | n.d | n.d | n.d | n.d |
| $Na^+$ | 0.663 | 0.650 | 0.806 | 0.542 |
| $K^+$ | 1.636 | 0.998 | 1.345 | 1.000 |
| $Mg^{2+}$ | 0.824 | 0.957 | 0.961 | 1.094 |
| $Ca^{2+}$ | 4.369 | 5.941 | 3.673 | 3.465 |
| $F^-$ | 0.109 | 0.083 | 0.139 | 0.074 |
| $Cl^-$ | 2.086 | 1.642 | 1.500 | 0.868 |
| $NO_2^-$ | 1.075 | 1.022 | 0.945 | 0.937 |
| $NO_3^-$ | 0.161 | 0.183 | 0.176 | 0.168 |
| $SO_4^{2-}$ | 1.191 | 1.205 | 0.577 | 0.963 |
| Na/K | 0.41 | 0.65 | 0.60 | 0.54 |
| F/Cl | 0.05 | 0.05 | 0.09 | 0.08 |

注：n.d 表示未检测出。

## 6.4.5　H – O 同位素分析

### 6.4.5.1　白沙窝矿段

白沙窝分带伟晶岩和二云母二长花岗岩 H – O 同位素数据列于表 6 – 11 中。

表 6 – 11　白沙窝矿段包裹体 H – O 同位素结果表

| 样品号 | 岩石名称 | 样品名称 | $\delta D_{V-SMOW}/‰$ | $\delta^{18}O_{V-SMOW}/‰$ | 温度/℃ | $\delta^{18}O_{H_2O}/‰$ |
|---|---|---|---|---|---|---|
| T1601 | 二云母二长花岗岩 | 石英 | −78 | 14.2 | 380 | 9.7 |
| T1602 | 二云母二长花岗岩 | 石英 | −75 | 14 | 370 | 9.2 |
| T1603 | 二云母二长花岗岩 | 石英 | −80 | 14.2 | 375 | 9.6 |
| T1604 | 二云母二长花岗岩 | 石英 | −78 | 14.2 | 380 | 9.7 |
| T1611 | Ⅰ带伟晶岩 | 石英 | −73 | 13.8 | 380 | 9.3 |
| T1610 | Ⅱ1带伟晶岩 | 石英 | −74 | 13.9 | 360 | 8.9 |
| T1606 | Ⅱ2带伟晶岩 | 石英 | −86 | 14.2 | 350 | 8.9 |
| T1607 | Ⅲ带伟晶岩 | 钾长石 | −85 | 11.6 | 340 | 6.0 |
| T1609 | Ⅳ带伟晶岩 | 石英 | −90 | 13.9 | 290 | 6.6 |
| T1608 | Ⅴ带伟晶岩 | 钾长石 | −89 | 12.2 | 260 | 3.7 |
| T1608a | Ⅴ带伟晶岩 | 石英 | −87 | 13.1 | 260 | 4.6 |

从表 6 – 11 可以看出 δD 值变化于 −90‰ ~ −75‰,其中二云母二长花岗岩和 Ⅰ 带、Ⅱ 带伟晶岩 δD 值位于正常岩浆水 (Taylor, 1974) 范围内,Ⅲ 带到 Ⅴ 带伟晶岩 δD 值位于岩浆水下方附近。而 $\delta^{18}O_水‰$ (SMOW) 值变化于 + 3.7‰ ~ +9.7‰,其中二云母二长花岗岩和 Ⅰ 带、Ⅱ 带伟晶岩 $\delta^{18}O_水$ 值位于正常岩浆水,Ⅲ 带到 Ⅴ 带伟晶岩显示出"$\delta^{18}O_水$ 漂移"与大气降水混合热液流体特征。将数据投入图 6 – 23 中,二云母二长花岗岩和 Ⅰ 带、Ⅱ 带伟晶岩样品数据均分布在"原生岩浆水"范围内,表明成矿流体来自岩浆水;Ⅲ 带到 Ⅴ 带伟晶岩样品数据落在下方左侧,并向"雨水线"靠近,显示出伟晶岩演化到后期具岩浆热液与大气降水混合的特征。

### 6.4.5.2　上石矿段

上石矿段伟晶岩 H – O 同位素数据列于表 6 – 12 中。

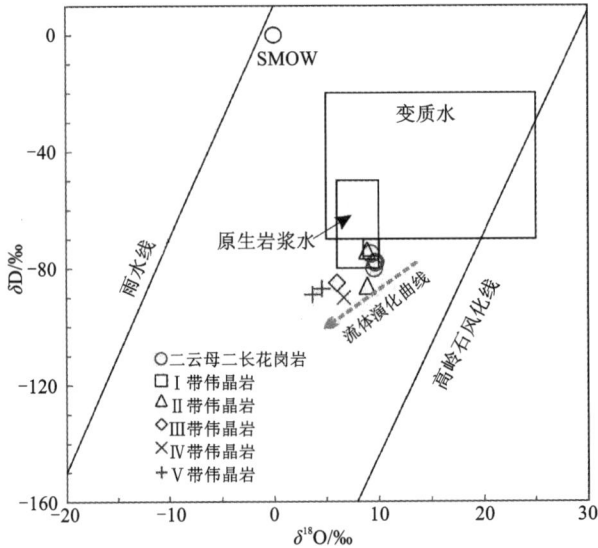

图 6 - 23　白沙窝矿段包裹体 H - O 同位素图解

表 6 - 12　上石矿段包裹体 H - O 同位素结果表

| 样品号 | 岩石名称 | 样品名称 | $\delta D_{V-SMOW}/‰$ | $\delta^{18}O_{V-SMOW}/‰$ | 温度/℃ | $\delta^{18}O_{H_2O}/‰$ |
|---|---|---|---|---|---|---|
| SS02 - T2 | 细粒伟晶岩 | 石英 | - 80 | 14.4 | 360 | 9.4 |
| SS05 - T5 | 细粒伟晶岩 | 石英 | - 76 | 14 | 350 | 8.7 |
| SS07 - T7 | 细 - 中粒伟晶岩 | 石英 | - 83 | 14.1 | 275 | 6.3 |
| SS01 - T1 | 细 - 中粒伟晶岩 | 石英 | - 84 | 12.3 | 290 | 5.0 |
| SS06 - T6 | 交代伟晶岩 | 石英 | - 89 | 13.6 | 220 | 3.1 |

从表 6 - 12 可以看出 δD 值变化于 - 89‰ ~ - 76‰，其中细粒伟晶岩 δD 值位于正常岩浆水（Taylor，1974）范围内，细 - 中粒伟晶岩和交代伟晶岩 δD 值位于岩浆水左侧附近。而 $\delta^{18}O_水$‰（SMOW）值变化于 + 3.1‰ ~ + 9.4‰，其中细粒伟晶岩 $\delta^{18}O_水$ 值位于正常岩浆水，细 - 中粒伟晶岩和交代伟晶岩显示出"$\delta^{18}O_水$ 漂移"与大气降水混合热液流体特征。将数据投入图 6 - 24 中，细粒伟晶岩样品数据位于"原生岩浆水"范围内，表明上石矿段伟晶岩成矿流体源自岩浆水；细 - 中粒伟晶岩和交代伟晶岩样品数据位于"原生岩浆水"左侧，并向"雨水线"靠近，显示出伟晶岩演化到后期具岩浆热液与大气降水混合，且大气降水增多变化的特征。

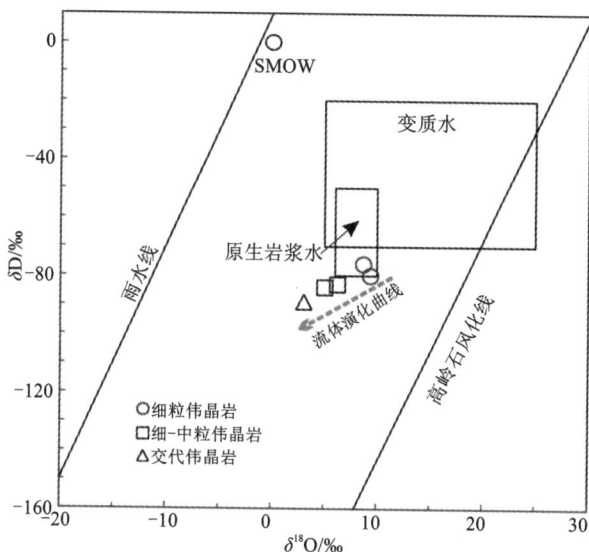

图 6 – 24　上石矿段包裹体 H – O 同位素图解

# 6.5　本章小结

（1）湘东北地区伟晶岩中包裹体类型简单，均以 L – V（Ⅰ）型包裹体为主，仁里矿床和传梓源矿床中见少量 V – L 型和纯 L 型包裹体，白沙窝矿床见少量 L – V – S 型子晶包裹体。

（2）拉曼光谱分析表明仁里矿床、传梓源矿床、白沙窝矿床上石矿段包裹体气相和液相均为 $H_2O$，流体为简单 $NaCl – H_2O$ 体系；白沙窝分带伟晶岩在 Ⅰ 带到 Ⅲ 带包裹体中气相和液相成分均为 $H_2O$，在 Ⅳ 带和 Ⅴ 带包裹体中气相成分除常见的 $H_2O$ 外，还见有 $CH_4$ 和 $CO_2$ 等成分，流体从边缘带简单的 $NaCl – H_2O$ 体系逐渐演化为核部带的 $NaCl – H_2O – CH_4 – CO_2$ 的复杂体系。

（3）仁里矿床、传梓源矿床、白沙窝矿床的气相成分中见有 $CH_4$ 和 $N_2$ 的存在，表明流体可能为深部岩浆来源；液相成分 $Na^+/K^+$ 比值和 $F^-/Cl^-$ 比值研究表明成矿流体为岩浆热液，并具地下水混合的特征。H – O 同位素研究也反映了成矿流体源自岩浆水，在伟晶岩演化过程中不断有大气降水的混入。

（4）仁里矿床主成矿阶段钠长石伟晶岩的流体具中等温度、低盐度的特征。后期伟晶岩中温度明显降低，为中 – 低温度、低盐度流体；传梓源矿床主成矿阶段钠长石伟晶岩的流体具低 – 中等温度、低盐度的特征；锂辉石伟晶岩中的流体具低温、低盐度特征。白沙窝分带伟晶岩Ⅰ带、Ⅱ1带、Ⅱ2带包裹体具高温、低盐度特征，Ⅲ带、Ⅳ带、Ⅴ带具中温、低盐度特征。并且从Ⅰ带到Ⅴ带流体温度表现为由高到低的变化，盐度则表现为由低到高逐渐升高的变化特征。上石矿段细粒伟晶岩包裹体具高温、低盐度特征，细－中粒伟晶岩和交代伟晶岩包裹体具中温、低盐度特征。表现为从细粒伟晶岩到交代伟晶岩流体温度依次降低，而盐度具表现出从细粒伟晶岩到细－中粒伟晶岩逐渐升高，再到交代伟晶岩盐度明显降低的变化趋势。

# 第 7 章　伟晶岩成因及成矿作用

## 7.1　花岗岩和伟晶岩成因

### 7.1.1　花岗岩和伟晶岩的类型判别

目前有关花岗岩成因可划分为 A 型、S 型、I 型和 M 型四类(Chappell, 1999；邓晋福等, 2004)。而高分异 I 型、S 型花岗岩与 A 型花岗岩在地球化学特征及矿物学特征方面相似(King et al., 1997)，但从图 7 - 1(a)中明显看出幕阜山和白沙窝花岗岩数据均位于高分异花岗岩区域，而区别于 A 型花岗岩；从图 7 - 1(b)中数据投图来看幕阜山和白沙窝花岗岩样品均位于 S 型花岗岩范围，且远离分界线，表现为高分异 S 型花岗岩。关于 S 型花岗岩，Sylvester(1998)作了进一步划分，并对强过铝质 S 型花岗岩进行了系统的阐述，指出典型的 S 型花岗岩指含铝黑云母及其他含铝矿物(如白云母、石榴石等)的强过铝质花岗岩类岩石，A/CNK >1.1，刚玉标准分子大于 1%(Miller et al., 1980)。幕阜山花岗岩和白沙窝花岗岩中有大量二云母花岗岩分布，发育白云母、黑云母矿物，副矿物中有石榴石、独居石，为浅色花岗岩；岩石中具高 $SiO_2$、$Al_2O_3$，低 CaO、$P_2O_5$，即富硅、铝而贫钙、磷，标准矿物计算中均出现刚玉(2.99 ~ 4.18)，且含量均大于 1%，A/CNK 值多数大于 1.1(1.04 ~ 1.24)，为过铝质高钾钙碱性系列岩石(详见第 3 章表 3 - 2 和表 3 - 7)；微量元素中富集 Rb、Th、U 而强烈亏损 Sr、Ba、Ti(详见第 3 章表 3 - 3、表 3 - 8 及图 3 - 4、图 3 - 12)，表现出强过铝质 S 型花岗岩特征，与 A - C - F 判别图解[图 7 - 1(b)]相符。

综合来看，幕阜山和白沙窝花岗岩具高分异、强过铝质 S 型花岗岩特征。与连云山强过铝质 S 型花岗岩(许德如等, 2009, 2017)研究结果相同。

按照Černý(1991)，Černý 等(2005)对伟晶岩的分类方案，把伟晶岩型铌钽矿分为 3 种：LCT(Li - Cs - Ta)型、NYF(Nb - Y - F)型和 LCT 与 NYF 混合型。LCT 型的主要富集元素为 Li、Cs、Nb、Ta、B、P、F，[$w(Nb) < w(Ta)$]；NYF 型的主要富集元素为 Nb、Ta、Y、REE、Ti、Zr、Be、Th、U、F，[$w(Nb) > w(Ta)$]；LCT 与 NYF 混合型伟晶岩中 Nb 和 Ta 的含量相当。NYF 型常与贫铝 - 准铝、贫石英的 A 型花岗岩及正长岩体有关，而且赋矿岩石常为富碱的。LCT 型伟晶岩为花岗

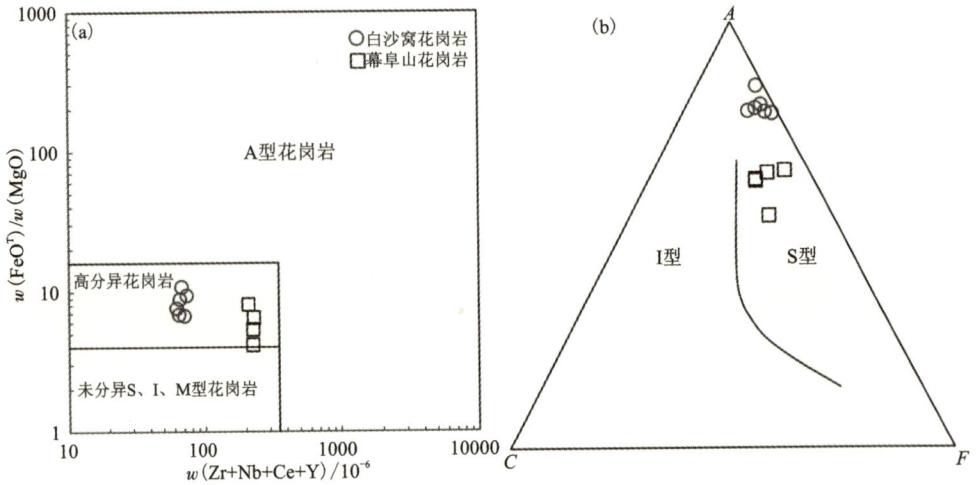

**图 7 - 1　花岗岩类型 FeO^T/MgO - Zr + Nb + Ce + Y(a) 和 A - C - F(b) 图解**

(a)底图据 Whalen et al.，1987；(b)底图据 Setsuya et al.，1979

其中：$A = n(Al_2O_3 - Na_2O - K_2O)$；$C = n(CaO - 3.33P_2O_5)$；$F = n(FeO + MgO + MnO)$

质伟晶岩，与过铝质、富硅的 S 型花岗岩关系密切，一般矿体与花岗岩体的距离不超过 5 km，且发育在深大断裂带附近或岩基接触带内（Černý et al.，1989a）。

湘东北地区伟晶岩稀有金属含量详见第 5 章表 5 - 3、表 5 - 6 和表 5 - 10。其中白沙窝矿床 $w(Nb)/w(Ta)$ 比值为 0.8 ~ 2.3，仁里矿床 $w(Nb)/w(Ta)$ 比值为 0.4 ~ 4.3。并且湘东北伟晶岩型稀有金属矿床富 F 等挥发分，如仁里矿床 F 含量为 0.1% ~ 2.4%。综合来看，湘东北地区伟晶岩属于 LCT 型。根据前述幕阜山花岗岩和白沙窝花岗岩均为过铝质、富硅的 S 型花岗岩，伟晶岩与花岗岩的距离为 3 ~ 5 km，且岩体周边发育有长平大断裂等区域性断裂，这些特征均与 LCT 型伟晶岩相一致（Černý et al.，1989a）。因此，研究结果表明区内伟晶岩类型应为 LCT 型。

## 7.1.2　花岗岩和伟晶岩成因

根据前述第 3 章白沙窝岩体花岗岩 $\varepsilon_{Hf}(t)$ 变化范围为 - 9.4 ~ - 13.6，$\varepsilon_{Hf}(t)$ < 0，图 3 - 10(b)图解中数据集中分布于亏损地幔线及球粒陨石演化线之下，说明白沙窝岩体花岗岩源自地壳，为古老地壳物质部分熔融的产物。许德如等（2017）通过对连云山二云母二长花岗岩 Nd 同位素研究，认为区内花岗岩来源于华南元古宙地壳物质的重熔，物质来自于富泥质、贫斜长石源区。而前述第 3 章白沙窝伟晶岩中辉钼矿单矿物样品的 $w(Re)$ 为 $(7.06 ~ 8.98) \times 10^{-6}$，与壳源矿床

的 Re 含量相当,也表明白沙窝伟晶岩源于地壳。

　　源区物质成分可根据 Sylvester(1998)提出的 Rb/Sr – Rb/Ba 图解和 Alther (2000)提出的 A/MF – C/MF 图解中的分布特征进行判别。从图 7 – 2(a)中来看, 幕阜山黑云母花岗岩投图落入变质杂砂岩部分熔融区域,二云母二长花岗岩数据 位于变质杂砂岩熔融与变质泥岩部分熔融相交的区域;在图 7 – 2(b)中黑云母花 岗岩数据位于贫黏土源区的页岩和砂岩段,二云母二长花岗岩数据位于富黏土源 区的泥岩段。这些特征反映出幕阜山岩体早期花岗岩形成于砂质壳源成分的熔 融,在岩浆上升演化过程的晚期不断混入泥质成分的熔融。表现出了晚期花岗岩 具泥质成分熔融的特征。在图 7 – 2(a)中白沙窝花岗岩和白沙窝伟晶岩数据投图 大多落入变质泥岩部分熔融区域,表明区内花岗岩和伟晶岩是由地壳浅部以泥质 成分为主的变质岩重熔形成;图 7 – 2(b)中白沙窝花岗岩、白沙窝伟晶岩及传梓 源伟晶岩数据位于富黏土的源区,反映以泥岩部分熔融为主的特征。总体来看, 湘东北地区岩浆演化过程由早期的黑云母花岗岩到晚期的伟晶岩,物质来源是由 砂质成分源区的熔融产物演化为泥质成分源区的熔融产物。

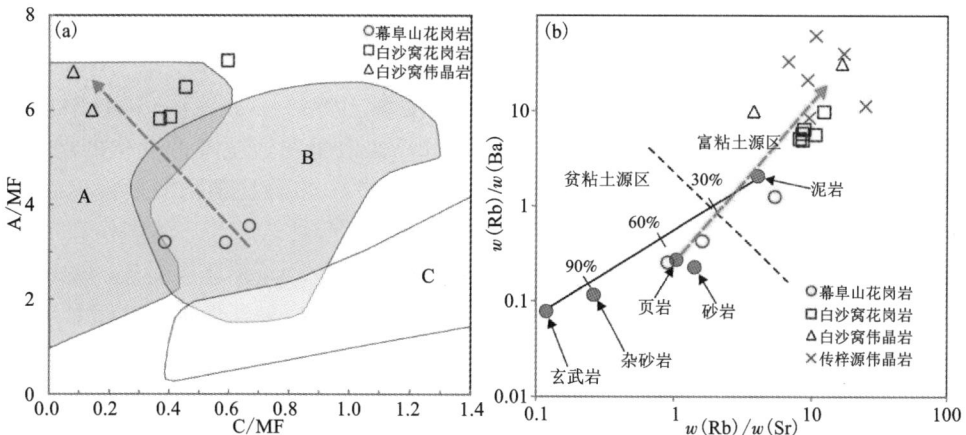

**图 7 – 2　湘东北花岗岩和伟晶岩 C/MF – A/MF(a)和 Rb/Sr – Rb/Ba(b)图解**

(a)底图据 Alther 等,2000;其中 A/MF = Al₂O₃/(TFeO + MgO)(mol);C/MF = CaO/(TFeO + MgO) (mol);A—变质泥岩部分熔融;B—变质杂砂岩部分熔融;C—基性岩的部分熔融;(b)底图据 Patiño, 1999 和 Sylvester,1998

　　湘东北地区花岗岩和伟晶岩的主量元素有一致的变化特征,表现为高硅、富 铝,岩石为过铝质、钙碱性系列;微量元素具相类似的配分形式曲线,均表现为 亏损 Ba、Sr 和 Ti 等高场强元素,富集 Rb、Th 等大离子亲石元素。主、微量元素 特征也反映出湘东北地区花岗岩和伟晶岩可能具有共同源区。Nb/Ta 比值能够有效地识别岩浆源区特征(Eby et al., 1998), Petford 等(1996)研究发现幔源岩浆岩的 $w(Nb)/w(Ta)$ 比值较高(可达 15.5),而壳源岩浆岩则具有相对较低的比值(11~12)。幕阜山花岗岩 $w(Nb)/w(Ta)$ 比值为 12.2~5.1,白沙窝花岗岩 $w(Nb)/w(Ta)$ 比值为 3.1~2.4,仁里和传梓源矿床 $w(Nb)/w(Ta)$ 比值为 5.2~0.4,白沙窝和上石矿床 $w(Nb)/w(Ta)$ 比值为 5.3~0.1,湘东北地区花岗岩和伟晶岩的 $w(Nb)/w(Ta)$ 比值小于 12,表明二者具有同源性。湘东北伟晶岩中较低的 $w(Nb)/w(Ta)$ 比值特征指示源区物质可能来源于地壳较浅成的位置,同时也进一步表明矿床内伟晶岩的形成可能经历了岩浆分异作用,这是由于岩浆分异形成的流体一般富 F(李鸿莉等,2007),同时 F 与 Ta 的络合能力强于 F 与 Nb,使得 Ta、Nb 发生分馏,导致 $w(Nb)/w(Ta)$ 比值具降低趋势(王文瑛等,1999)。

从 Rb – Ba – Sr 三角图解[图 7 – 3(a)]来看,幕阜山黑云母花岗岩样品位于异常花岗岩区域,二云母二长花岗岩和白沙窝花岗岩样品均位于分异花岗岩范围内,白沙窝伟晶岩、仁里伟晶岩和传梓源伟晶岩样品均位于钠长石化花岗岩区域。表明从花岗岩到伟晶岩演化程度明显增高;$SiO_2 - w(K)/w(Rb)$ 图解[图 7 – 3(b)]中所有样品均表现出强烈演化的特征,并且从花岗岩到伟晶岩演化程度也明显增高。$w(Rb)/w(Sr) - w(Fe_2O_3)/w(FeO)$ 图解[图 7 – 3(c)]中反映出从花岗岩到伟晶岩,岩浆的分异程度明显增高。微量元素比值如 K/Rb、Zr/Hf 等变化可作为岩浆演化过程的地球化学指示剂(刘英俊等,1984)。如图 7 – 3(d)中,随 Rb 含量增加,从花岗岩到伟晶岩 $w(K)/w(Rb)$ 比值呈现连续降低变化的趋势,岩浆演化程度增高。样品的 $w(K)/w(Rb)$、$w(Nb)/w(Ta)$ 比值均明显偏离相应的球粒陨石值(Bau,1996),说明在演化程度较高的酸性岩浆中,熔体相和出溶的富挥发分流体相之间发生了强烈相互作用(Irber,1999)。并且从图 7 – 3(b)中来看花岗岩数据与伟晶岩数据呈现一高一低突然变化,表明岩浆演化过程中存在不混溶作用。

总体来看,湘东北地区伟晶岩是岩浆高分异演化,并且经历了不混溶作用下形成的产物,具强烈演化的特征。

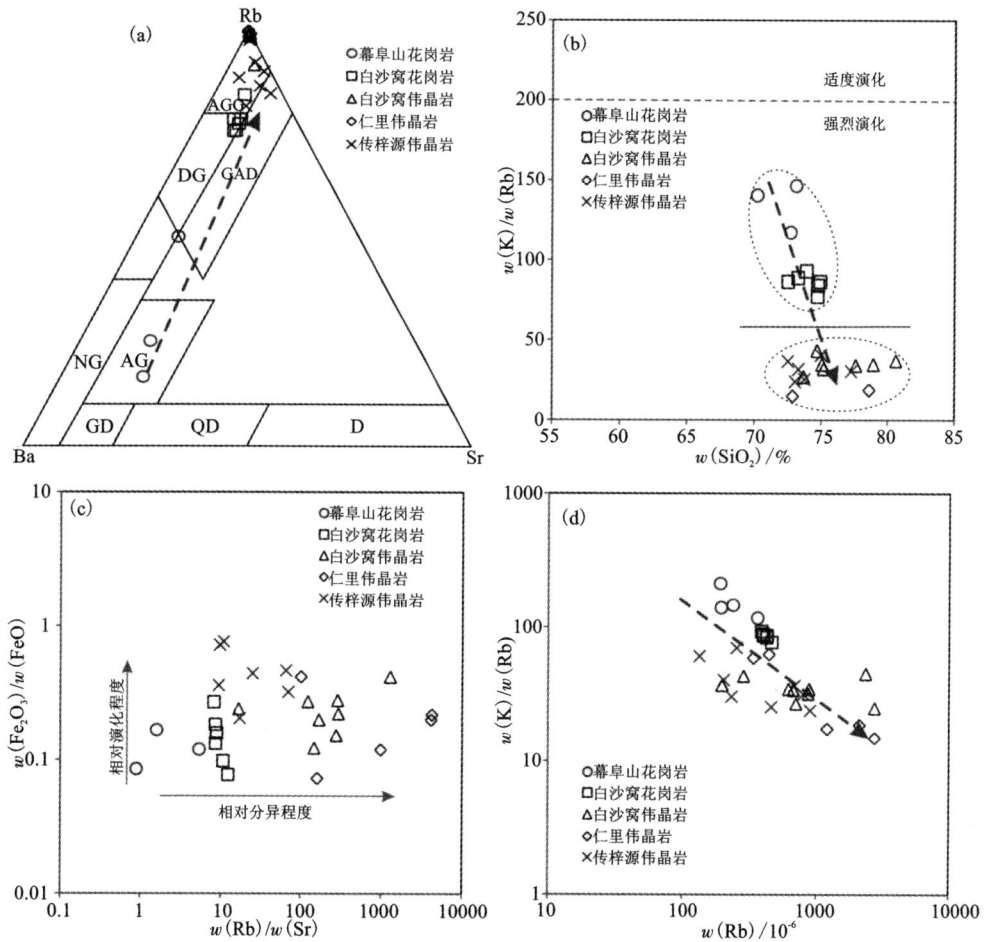

图 7 - 3  湘东北花岗岩和伟晶岩 Rb - Ba - Sr(a)、$w(SiO_2) - w(K)/w(Rb)$(b)、
$w(Rb)/w(Sr) - w(Fe_2O_3)/w(FeO)$(c)和 $w(Rb) - w(K)/w(Rb)$(d)图解

(a)底图据 Blouseily and Sokkary(1975);AGG—钠长石化和云英岩化花岗岩;DG—分异的花岗岩;NG—正常花岗岩;AG—异常花岗岩;GD—花岗闪长岩;QD—石英闪长岩;D—闪长岩;GAD—与 W、Mo、Sn 有关矿化花岗岩;(b)底图据 Blevin(2004)

## 7.2　地质构造环境

　　湘东北地区广泛发育燕山期花岗岩,代表性的岩体有连云山岩体、望湘岩体和幕阜山岩体等。这些岩体形成于晚侏罗世 - 早白垩世,大多为典型的 S 型花岗岩。在图 7 - 4(a)微量元素构造环境图解 $w(Y + Yb) - w(Rb)$ 中,幕阜山花岗岩

和白沙窝花岗岩以及白沙窝伟晶岩、仁里伟晶岩和传梓源伟晶岩的样品点均位于同碰撞花岗岩(syn-COLG)区域内,指示其形成与造山过程有关。在稳定的主量元素揭示伟晶岩形成环境图解 $R_1-R_2$ 中[图7-4(b)],样品点均位于晚造山区域,以上特征共同指示了白沙窝矿床中花岗岩和伟晶岩就位于造山-晚造山环境。

伟晶岩的形成具有特殊的构造专属性,多发育在后碰撞造山和大陆裂谷环境(Zagorsky et al.,2015)。后碰撞构造背景可以形成数量巨大、规模大小不一的构造虚脱空间,不仅有助于伟晶岩浆的运移和侵位,还为伟晶岩浆的结晶演化提供了空间。邹慧娟等(2011)通过对幕阜山闪长岩中岩浆绿帘石研究计算出幕阜山花岗闪长岩最小上升速率达170m/a,并认为是通过裂隙式上升的,反映了拉张构造环境。$w(Rb)/w(Sr)-w(Fe_2O_3)/w(FeO)$ 图解[图7-3(c)]反映了白沙窝矿床中花岗岩和伟晶岩岩石具有较低的氧逸度,具钛铁矿系列花岗岩(亦称还原型花岗岩)特征(Lehmann,1990;Takagi et al.,1997)。表明白沙窝花岗岩和伟晶岩形成于偏还原环境。同时,由花岗岩与伟晶岩对比表现为相对分异程度增强的趋势,进一步指示形成白沙窝伟晶岩脉的花岗-伟晶岩浆可能是在中浅成、偏还原的环境下上升侵位的。从野外宏观现象可以发现幕阜山岩体位于新宁-灰汤大断裂和长沙-平江大断裂之间,连云山和白沙窝岩体位于长沙-平江大断裂东侧边缘,岩体的产出受区域断裂控制。部分学者认为华南燕山期的岩浆活动与古太平洋板块俯冲作用有关(Li et al.,2007b;Jiang et al.,2009,2011)。古太平洋板块向北西俯冲模式更适合解释距离俯冲带约1000 km的湘东北的岩浆活动和北东向的构造格局(许德如等,2017)。从伟晶岩分布特征来看,仁里矿床和传梓源矿床内的伟晶岩脉总体走向为北西向,白沙窝矿床内伟晶岩走向近东西向,均表现为伟晶岩脉沿区域构造的次级断裂带分布,伟晶岩脉沿层理张裂隙产出,接触界面平整。表明伟晶岩形成于伸展构造环境。前述研究表明白沙窝岩体和连云山岩体的年龄为145~147 Ma,而白沙窝伟晶岩形成年龄为140 Ma;幕阜山岩体中二云母二长花岗岩年龄范围为131~140 Ma,幕阜山地区伟晶岩矿床的成矿年龄为127~140 Ma。表明伟晶岩形成于岩体侵位之后,造山之后相对稳定阶段才有了相对稳定的环境和有利于岩浆充分结晶分异的时空条件(王登红等,2002)。

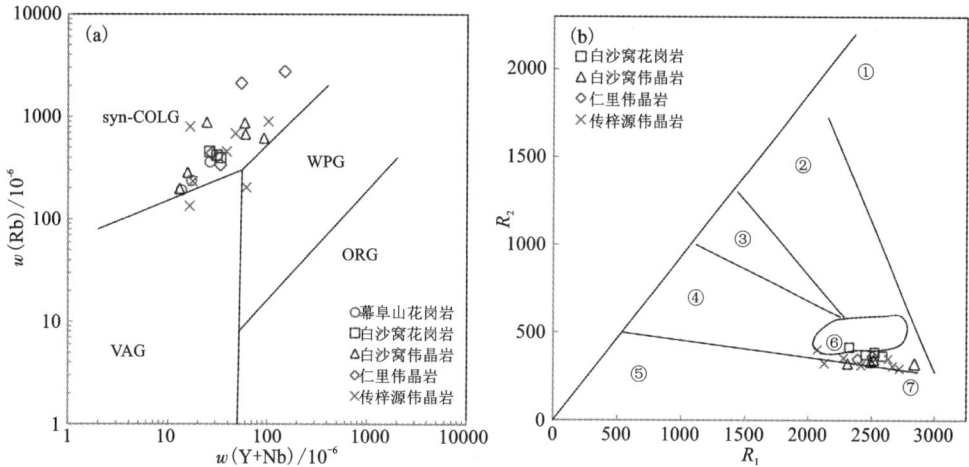

**图 7 - 4　湘东北花岗岩和伟晶岩 $w(Y+Nb)-w(Rb)$（a）和 $R_1-R_2$（b）构造环境判别图解**

（a）底图据 Pearce 等（1984）；（b）底图据 Batchelor 等（1985）。①地幔斜长花岗岩；②破坏性活动板块边缘（板块碰撞前）花岗岩；③板块碰撞后隆起期花岗岩；④晚造山期花岗岩；⑤非造山区 A 型花岗岩；⑥同碰撞（S 型）花岗岩；⑦造山期后 A 型花岗岩。ORG：洋脊花岗岩；WPG：板内花岗岩；VAG：火山弧花岗岩；COLG：同碰撞花岗岩

# 7.3　伟晶岩成矿作用

## 7.3.1　成矿物质、流体来源

湘东北地区稀有金属伟晶岩侵位于岩体张裂隙之中或冷家溪群片岩地层之中，从前述成岩成矿时代来看，岩体的二云母二长花岗岩成岩年龄主要为 131 ~ 145 Ma，稀有金属伟晶岩成矿年龄主要为 127 ~ 140 Ma，在时间跨度略晚于岩体年龄，表明伟晶岩形成于岩体侵位之后的伸展构造环境。岩体的 Hf 同位素及 Nd 同位素（许德如等，2017）研究反映出花岗岩由地壳物质部分熔融而成，伟晶岩中辉钼矿 Re - Os 同位素也表明成矿物质来源于壳源。因此，初步认为湘东北地区花岗岩和伟晶岩由壳源成分熔融形成的。从区域资料来看，湘东北地区冷家溪群中有较高的稀有金属含量（Nb：$16 \times 10^{-6}$，Ta：$9 \times 10^{-6}$，Li：$120 \times 10^{-6}$，Rb：$186 \times 10^{-6}$），岩浆的熔融过程中不断萃取冷家溪群中的稀有金属元素，并且岩浆演化过程中发生不混溶作用分异出富稀有金属伟晶岩。从幕阜山岩体早期花岗闪长岩到晚期二云母花岗岩稀有元素含量变化来看，早期花岗闪长岩中 Li、Be、Ta、Nb、Rb、Cs 元素含量较低，岩体演化到二云母二长花岗岩稀有金属元素含量达到

最高。由于二云母二长花岗岩的成岩年龄与伟晶岩的成矿年龄最为接近，暗示出稀有金属伟晶岩成矿作用与二云母二长花岗岩密切相关。另外，湘东北地区伟晶岩矿床分布在区域性大断裂附近，深部大断裂既控制着岩体的产状，同时也是导矿构造，稀有金属成矿物质和成矿流体有可能源自深部，同期的岩浆岩为成矿流体的运移提供了能量（许德如等，2017）。

连云山地区白沙窝岩体和白沙窝矿床 H–O 同位素研究表明白沙窝花岗岩流体源自岩浆，白沙窝分带伟晶岩早期 I 带和 II 带流体源自岩浆，III 带到 V 带成矿流体演化为岩浆热液；幕阜山地区仁里矿床和传梓源矿床成矿阶段的流体表现为岩浆热液特征，但不排除伟晶岩早期阶段成矿流体来自岩浆的可能性，如李兆麟等（1998）对幕阜山地区稀有金属伟晶岩矿床中绿柱石的研究中发现了熔融包裹体，且测定的温度为 640～990℃，气液包裹体均一温度为 180～340℃。说明了伟晶岩矿床成矿流体源自于岩浆，并经历了岩浆热液演化过程。此外，白沙窝矿床、仁里矿床和传梓源矿床的包裹体气相–液相成分分析发现流体中有 $CH_4$ 和 $N_2$ 的存在，激光拉曼光谱分析也发现 $CH_4$ 和 $N_2$；$w(Na^+)/w(K^+)$ 比值和 $w(F^-)/w(Cl^-)$ 比值特征均反映出湘东北地区伟晶岩矿床成矿流体源自岩浆或岩浆热液。

## 7.3.2 白沙窝矿床伟晶岩演化与成矿

### 7.3.2.1 白沙窝矿段分带伟晶岩成矿作用

前人研究认为，伟晶岩型矿床一般产于大陆演化的稳定阶段，且愈到构造旋回的晚期，矿床的规模愈大；造山之后相对稳定阶段才有了相对稳定的环境和有利于岩浆充分结晶分异的时空条件，从而形成超大型矿床（王登红等，2002；陈毓川等，2015）。上述分析也表明白沙窝地区伟晶岩形成于晚造山环境，并且从伟晶岩的产出情况来看，伟晶岩脉产于花岗岩张裂隙和地层层间裂隙中，伟晶岩与花岗岩接触界面清晰。在这样相对稳定的环境下高分异伟晶岩充分结晶形成白沙窝分带伟晶岩，并且在核部带形成了富集的铌钽矿体。

伟晶岩分带演化过程：在野外调查研究时可以看出白沙窝矿床在侵位形成过程中伟晶岩脉与围岩二云母花岗岩界线清晰、平整，蚀变不明显，其伟晶岩脉顶板为冷家溪群板岩地层，反映出白沙窝伟晶岩脉形成于张裂隙的封闭环境，I 带～V 带伟晶岩的形成是岩浆分异结晶的产物。在伟晶岩浆结晶演化的过程中，相对封闭的外部环境是必不可少的。封闭环境保证热量不会大量、快速地散失，使得伟晶岩浆的温度缓慢下降，以便发生充分的结晶分异作用；物理封闭可保证挥发分等流体不易逸散，有助于稀有金属元素得到充分富集；化学封闭保证伟晶岩浆与围岩不会发生剧烈的交代作用，使得稀有金属元素和碱金属元素等活动组分的浓度维持在一定的程度。总之，只有在相对封闭的构造环境下才能保证伟晶岩浆发生充分的结晶分异作用，才能形成不同矿物组合的结构分带。主量元素 $SiO_2$

变化规律为 I 带中 $SiO_2$ 含量为 69.69%，演化到 IV 带 $SiO_2$ 含量达到 98.9%，再演化到 V 带 $SiO_2$ 含量减至 52%，表明白沙窝伟晶岩在分异结晶过程中 $SiO_2$ 含量由不饱和状态逐渐达到过饱和状态，之后又出现 $SiO_2$ 含量的亏损，即在白沙窝伟晶岩侵位时岩浆中的 $SiO_2$ 含量未饱和，结晶的外界环境相对为冷却环境，形成了 I 带细晶状长石 - 石英 - 白云母伟晶岩；伴随 I 带伟晶岩结晶之后，岩浆温度达到新平衡，岩浆中的物质组分出现分异演化，$SiO_2$ 含量逐渐饱和，而结晶的颗粒也明显增大（II1 带、II2 带），最终形成了 IV 带块体石英带；$K_2O$、$Na_2O$ 含量的变化也出现了相似的演化过程，表现为由 I 带 $K_2O$(0.32%) 到 III 带 $K_2O$(12.74%) 含量明显增加，最终结晶形成 III 带块体长石带；$Na_2O$ 分异演化规律与 $K_2O$ 相反，表现为由 I 带 $Na_2O$(9.88%) 到 III 带 $Na_2O$(3.35%) 含量明显降低。表明白沙窝分带伟晶岩演化分异过程中 $Na_2O$ 先结晶沉淀，形成富钠质伟晶岩（I 带），$K_2O$ 后沉淀结晶，形成富钾的块体长石带（III 带）。随着演化到最后，岩浆残余物结晶形成富白云母 - 铌钽矿带（V 带）。

成矿流体演化过程：从 H - O 同位素结果分析来看，白沙窝分带伟晶岩 I 带和 II1 带及 II2 带成矿流体为岩浆流体，演化到 V 带成矿流体为岩浆热液流体。显示白沙窝分带伟晶岩成矿流体源自岩浆水，在结晶过程中大气降水逐渐增加，流体温度降低，表现为岩浆热液特征。流体包裹体显微测温结果显示，从 I 带到 V 带流体温度逐渐降低，表明白沙窝分带伟晶岩结晶分异作用受温度的控制。其中 I 带包裹体均一温度众值为 370～390℃，即细晶长石 - 石英 - 白云母带（I 带）形成于高温条件；II1 带包裹体均一温度众值为 330～350℃，II2 带包裹体均一温度众值为 310～330℃，即中粒长石 - 石英 - 白云母带（II1 带和 II2 带）形成于中 - 高温条件；III 带包裹体均一温度众值为 270～290℃，IV 带包裹体均一温度众值为 250～270℃，即块体长石带（III 带）和块体石英带（IV 带）形成于中温条件；V 带包裹体均一温度众值为 210～230℃，即石英 - 白云石 - 铌钽铁矿带（V 带）形成于中温条件。

成矿作用：前人研究表明伟晶岩中稀有金属元素是通过岩浆结晶分异过程逐渐富集的（Zhu et al.，2001；Evensen et al.，2002），在其演化和成矿作用中岩浆和热液不混溶（卢焕章，2011），特别是富 F 花岗岩浆的不混溶是伟晶岩成岩成矿的重要机制（李建康等，2008）。在不混溶作用中，富挥发分熔体均强烈富集 Na、Li 和碱土元素，亏损 K 和重稀碱元素（Veksler et al.，2002；Veksler，2004），共轭两相的分离导致了 Na、Li 与 K 的分离（王联魁和黄智龙，2000）。白沙窝分带伟晶岩主量元素研究表明白沙窝伟晶岩从 I 带到 V 带岩浆结晶分异演化过程中 Na 与 K 出现了明显的分离演化，表现为 I 带、II1 带和 II2 带富集 Na，并促进了 Be 的富集成矿作用；在 III 带中明显富集 K，富 K 伟晶岩的形成造成了 Rb 沉淀成矿。

岩浆演化过程中挥发分 F 和 P 等逐渐富集，挥发分与稀有金属形成络合物迁移。如图 7 - 5(c)所示, $w(Zr)/w(Hf)$ 比值的降低反映了岩浆上升过程中 P 对 Hf 和 Zr 自下而上迁移能力的差异, P 与 Hf 络合物呈气相在岩浆中向上迁移的距离远(王联魁等, 2000), Zr 因锆石结晶作用减少(Dostal and Chatterjee, 1995)而迁移距离较近, 因而导致岩体上部相对富 Hf, 下部相对富 Zr。从而表明稀有金属与挥发分能较远距离运移, 往往在岩体顶部或脉体晚期阶段富集成矿, 从第 5 章表 5 - 10 中可以看出 Nb、Ta、Li 趋向伟晶岩晚期阶段 V 带富集成矿。白沙窝分带伟晶岩稀土元素分异明显, 图 7 - 5(d)中表明轻重稀土从 I 带到 V 带出现了显著的分异作用, 导致 $\sum$REE 含量明显降低, 由于轻重稀土的分异作用使得稀有元素逐渐富集[图 7 - 5(b)]。

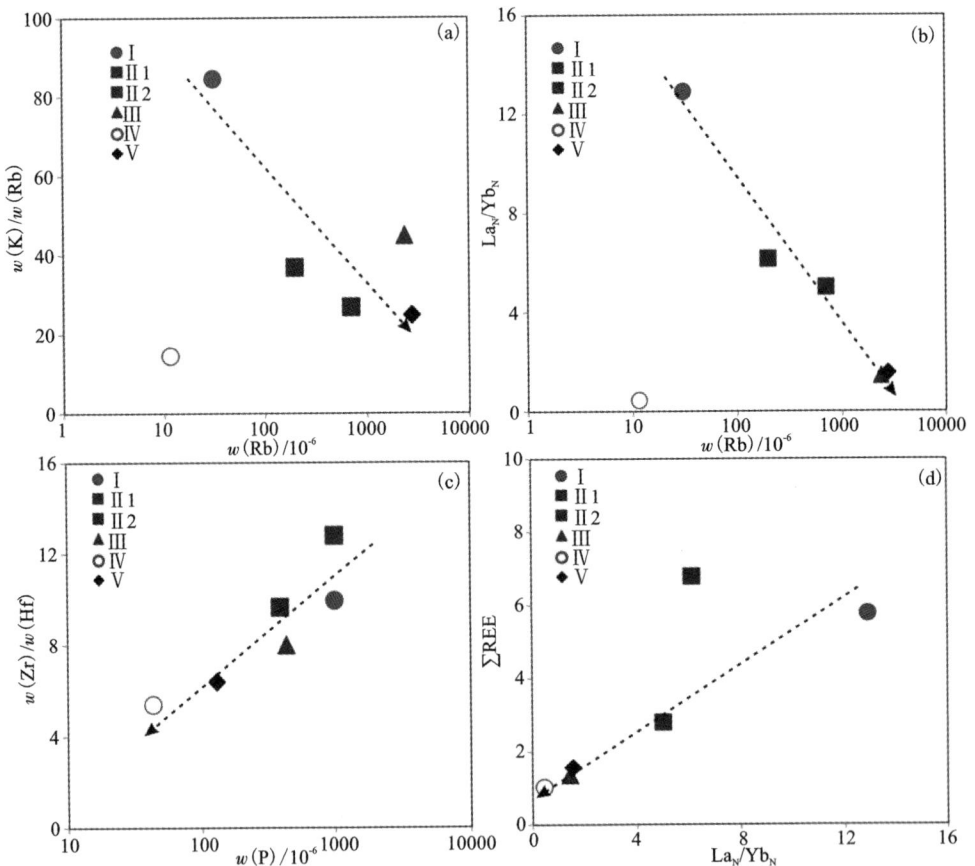

图 7 - 5  白沙窝分带伟晶岩 $w(K)/w(Rb) - w(Rb)$ (a)、$La_N/Yb_N - w(Rb)$ (b)、
$w(Zr)/w(Hf) - w(P)$ (c)、$\sum REE - La_N/Yb_N$ (d)关系图解

　　如前所述，白沙窝分带伟晶岩的形成受温度控制，温度的降低变化形成了不同岩性的伟晶岩分带，同时也反映了温度变化对稀有金属成矿一样具有制约作用。从第 6 章图 6 - 18 中可以看出，由 I 带到 V 带流体温度明显降低，流体密度呈增加趋势，逐渐接近水的密度。表明流体演化到后期挥发分减少，水含量增加，流体地球化学体系发生变化。由于岩浆结晶过程中流体体系温度降低，地球化学平衡被打破，F - 稀有金属络合物在该阶段发生水解，铌、钽元素沉淀成矿。

### 7.3.2.2　上石矿段伟晶岩成矿作用

　　上石矿段伟晶岩脉不具岩性分带，岩石地球化学特征与白沙窝伟晶岩相类似，表明上石矿段伟晶岩脉也是岩浆高分异演化形成的，H - O 同位素特征也表明成矿流体源自岩浆水。细粒伟晶岩均一温度众值为 350 ~ 370℃，形成的温度相对于白沙窝 I 带细粒伟晶岩略低；细 - 中粒伟晶岩均一温度众值为 270 ~ 290℃，交代伟晶岩均一温度众值为 210 ~ 230℃，成矿流体明显降低。上石矿段伟晶岩产于片岩地层层间裂隙中，伟晶岩形成环境属于开放体系，成矿阶段 H - O 同位素也表现出岩浆水与大气降水混合的特征，包裹体气相 - 液相成分也显示为水的特征。表明上石矿段伟晶岩成矿作用可能为岩浆热液结晶沉淀，因而不具岩性分带。从第 4 章图 4 - 10 伟晶岩剖面来看，不具分带的伟晶岩矿化作用均匀，伟晶岩脉即为矿体，成矿规模因而也更大。由于上石矿段伟晶岩脉形成温度相对较低，岩浆结晶速度快，稀有金属矿物以细粒级为主，从第 4 章图 4 - 11 中可以看出，上石矿段伟晶岩中的铌钽矿均为毫米级，明显小于白沙窝分带伟晶岩中的铌钽矿［图 4 - 9(e)(f)(h)］。此外，伟晶岩中 Li、Be、Nb、Ta 等稀有元素矿化与富集往往与碱金属的交代过程有关(Sarbajna et al. , 1999；Hulsbosch et al. , 2014)。上石矿段伟晶岩脉中发育伟晶岩交代现象，稀有金属成矿经历了热液交代叠加作用，早期结晶的伟晶岩对应的铌钽铁矿为自形板状［图 4 - 11(d)］；伟晶岩在结晶之后被热液流体交代充填［图 4 - 11(f)］，形成细脉状石英脉 - 铌钽矿，使稀有金属成矿物质进一步富集。

## 7.3.3　幕阜山南缘伟晶岩演化与成矿

### 7.3.3.1　伟晶岩空间分带演化过程

#### 1. 伟晶岩空间分布特征

　　幕阜山南缘地区伟晶岩分布众多，伟晶岩形态十分复杂，主要为脉状及网脉状，受幕阜山花岗岩和断裂构造条件控制，伟晶岩呈北东向、东西向和北西向展布，产于花岗岩裂隙及板岩节理、板岩构造带中(图 7 - 6)。随着离幕阜山母岩体远近和构造条件变化，伟晶岩在平面上出现有规律的分带，根据伟晶岩造岩矿物与结构构造关系特征，由北向南伟晶岩可划分五个岩性类型。

　　钾长石伟晶岩(I 类型)：主要分布于贺家山地区(图 7 - 6)，伟晶岩走向为

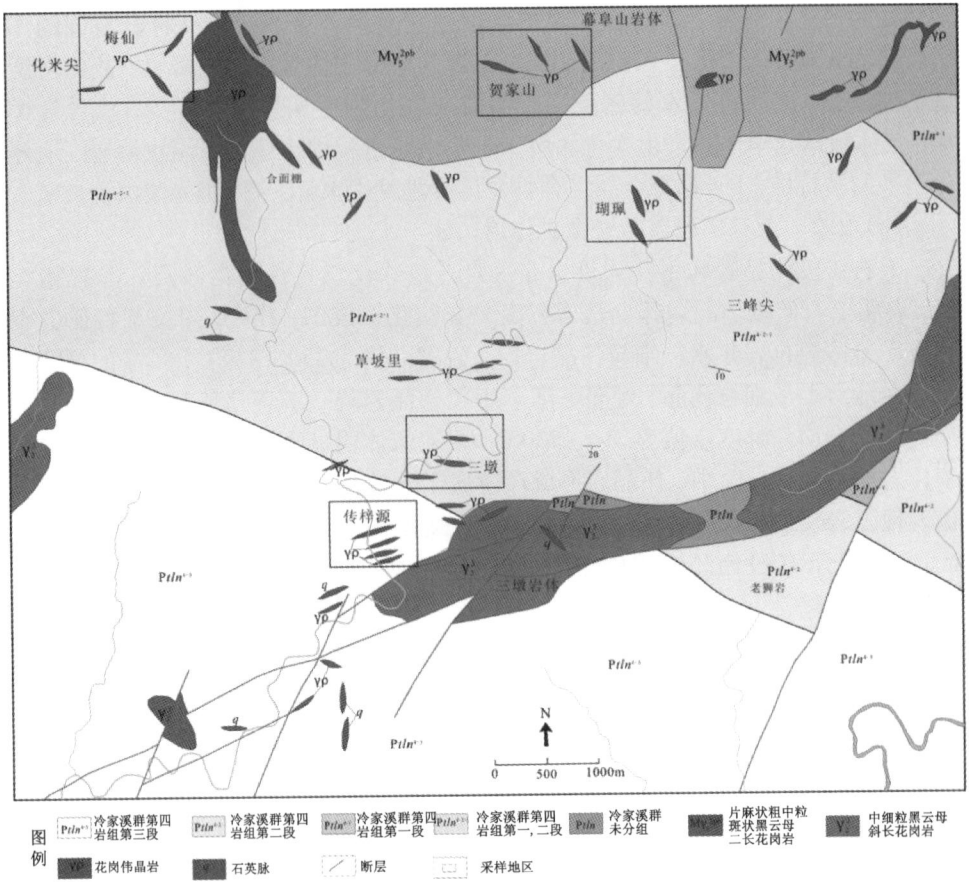

图 7-6　幕阜山南缘地区伟晶岩分布图

北东向，呈多组平行或斜交沿花岗岩张裂隙呈平直状产出，伟晶岩脉主要为板脉状、细脉状，岩脉厚度为 0.5~2 m，与花岗岩接触边界平整[图 7-7(a-1)]。伟晶岩呈浅肉红色、灰白色，钾长石晶体为粗粒[图 7-7(a-2)]，造岩矿物有：钾长石(75%~80%)，粒径 5~7 cm，最大粒径可达 12 cm；斜长石(5%~10%)，粒径 2~4 cm，石英(5%~8%)，粒径 3~7 cm；黑云母(2%~5%)，片径 1~2 cm。显微镜下显示钾长石为自形晶，双晶变形，微裂缝发育，见石英沿裂缝充填；斜长石为聚片双晶，零星分布在钾长石颗粒之间；黑云母呈细小片状，沿微裂缝分布[图 7-7(a-3)]。副矿物主要有钛铁矿、铁铝榴石、电气石、独居石等(表 7-1)。

斜长石伟晶岩(Ⅱ类型)：主要分布于梅仙地区(图 7-6)，距离幕阜山岩体

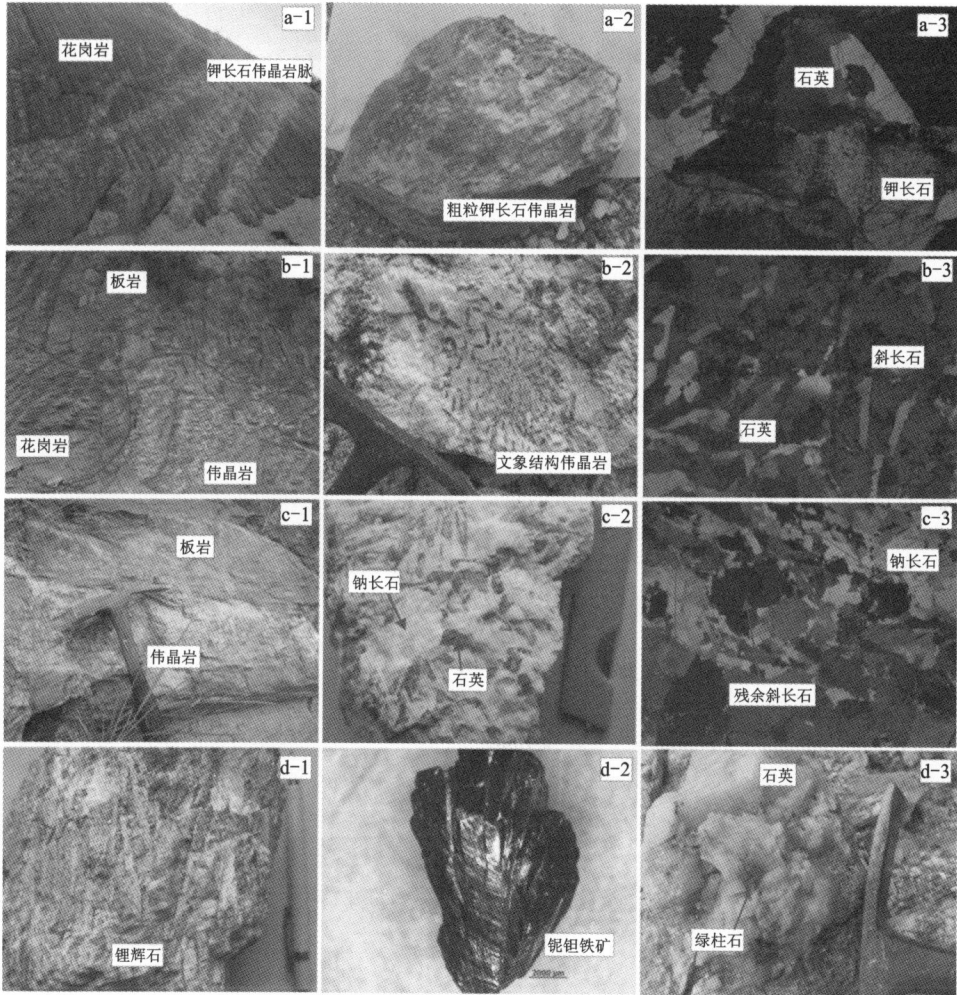

**图 7 – 7　幕阜山南缘地区伟晶岩岩石及显微照片**

a – 1 ~ a – 3：钾长石伟晶岩；a – 1 钾长石伟晶岩脉；a – 2 粗粒钾长石；a – 3 显微镜下钾长石呈自形晶；
b – 1 ~ b – 3：斜长石伟晶岩；b – 1 伟晶岩与花岗岩接触关系；b – 2 文象结构伟晶岩；b – 3 显微镜下蠕虫
状石英；c – 1 ~ c – 3：钠长石伟晶岩；c – 1 钠长石伟晶岩脉；c – 2 伟晶结构钠长石伟晶岩；c – 3 显微镜
下钠长石交代斜长石；d – 1 锂辉石伟晶岩；d – 2 铌钽铁矿；d – 3 含绿柱石伟晶岩

0 ~ 1 km，伟晶岩沿幕阜山岩体外接触带呈斜交或相互穿插接触关系，其上见板岩盖层［图 7 – 7（b – 1）］，伟晶岩产在花岗岩外接触带周边或沿板岩地层板理及层理分布，以脉状为主。伟晶岩为灰白色，文象结构发育［图 7 – 7（b – 2）］，局部见团簇状云英岩化；造岩矿物有：微斜长石（35% ~ 50%），粒径 1 ~ 4 cm；斜长石

（20% ~35%），粒径 2 ~3.5 cm；石英（8% ~15%），粒径 1 ~3 cm；黑云母（2% ~5%），白云母（1% ~3%），片径 0.5 ~1 cm。显微镜下显示微斜长石为他形晶，解理不发育；斜长石呈他形晶，聚片双晶发育；显微镜下观察在微斜长石和斜长石缝隙中可见石英呈蠕虫状镶嵌于其中，形成文象结构；黑云母和白云母呈细鳞片状［图 7 -7（b -3）］。副矿物有金红石、铁铝榴石、电气石、独居石、黑稀金矿等（表 7 -1）。

斜长石 - 钠长石伟晶岩阶段（Ⅲ类型）：主要分布于瑚珮地区（图 7 -6），距离幕阜山岩体 1 ~2 km。伟晶岩主要产于板岩地层中，沿板理、裂隙呈脉状分布。伟晶岩主要造岩矿物有：斜长石（40% ~60%），粒径 0.5 ~3 cm；石英（25% ~45%），粒径 0.5 ~2 cm；钾长石（2% ~8%），粒径 1 ~2 cm；白云母（3% ~8%），片径 0.5 ~1 cm。副矿物见有绿柱石、磷灰石、电气石、铌钽铁矿等（表 7 -1）。

钠长石伟晶岩阶段（Ⅳ类型）：主要分布于三墩地区（图 7 -6），距离幕阜山岩体 3 ~4 km，伟晶岩产在板岩、片岩地层中，沿地层层理裂隙及板理、节理呈脉状分布，伟晶岩脉与围岩接触边界平整［图 7 -7（c -1）］。伟晶岩为灰白色，伟晶结构［图 7 -7（c -2）］，造岩矿物主要为：钠长石（45% ~60%），粒径 1 ~4 cm；微斜长石（10% ~20%），粒径 0.5 ~2 cm；石英（10% ~15%），粒径 0.5 ~2.5 cm；白云母（5% ~10%），片径 0.5 ~1.5 cm。显微镜下见钠长石交代微斜长石，使微斜长石变得支离破碎，反映钠长石化现象发育［图 7 -7（c -3）］。副矿物有磷灰石、绿柱石、铌钽铁矿等（表 7 -1）。

钠长石 - 锂辉石伟晶岩阶段（Ⅴ类型）：主要分布于传梓源地区（图 7 -6），距离幕阜山岩体 4 ~5 km，伟晶岩产在板岩地层中，呈板脉状、脉状展布，脉长可达 1000 m。伟晶岩造岩矿物主要为：钠长石（30% ~35%），粒径 0.5 ~3 cm；锂辉石（35% ~45%），粒径 1 ~4 cm；石英（10% ~15%），粒径 0.5 ~2 cm；白云母（5% ~10%），片径 1 ~2 cm。锂辉石呈柱状，解理十分发育，石英及白云母沿解理面充填［图 7 -7（d -1）］；铌钽铁矿多呈板柱状、晶簇状、针状等，在钠长石伟晶岩中发育［图 7 -7（d -2）］；绿柱石则往往与石英共生［图 7 -7（d -3）］；副矿物有磷灰石、绿柱石、铌钽铁矿、锂辉石、细晶石等（表 7 -1）。

表 7 – 1　幕阜山南缘地区伟晶岩矿物生成顺序表

| 矿物名称＼伟晶岩阶段 | I | II | III | IV | V |
|---|---|---|---|---|---|
| 钾长石 | | | | | |
| 斜长石 | | | | | |
| 钠长石 | | | | | |
| 石英 | | | | | |
| 黑云母 | | | | | |
| 白云母 | | | | | |
| 钛铁矿 | | | | | |
| 金红石 | | | | | |
| 磁铁矿 | | | | | |
| 磷灰石 | | | | | |
| 电气石 | | | | | |
| 铁铝榴石 | | | | | |
| 锰铝榴石 | | | | | |
| 磷钇石 | | | | | |
| 独居石 | | | | | |
| 锆石 | | | | | |
| 绿柱石 | | | | | |
| 锂辉石 | | | | | |
| 铌钇矿 | | | | | |
| 黑稀金矿 | | | | | |
| 锰铌铁矿 | | | | | |
| 锰钽铌铁矿 | | | | | |
| 细晶石 | | | | | |
| 铋钽矿 | | | | | |

注：┈┈┈┈ 偶尔出现　──── 少量　━━━━ 较多　██████ 大量

## 2. 伟晶岩矿物生成顺序

幕阜山矿集区不同类型伟晶岩中矿物含量及生成顺序存在差异，可能由于伟晶岩结晶过程和后期交代作用的程度不同，其矿物的生成顺序亦有先后。其结果列于表 7 – 1。

从表 7 – 1 中可以看出：幕阜山南缘伟晶岩由钾长石伟晶岩（I 类型）→钠长石 – 锂辉石伟晶岩（V 类型），造岩矿物钾长石、黑云母逐渐减少，而斜长石、钠长石、石英和白云母含量逐渐增高。稀有、稀土矿物在 I 、II 类型伟晶岩中主要为磷钇石和独居石，表现为以稀土矿物为主的特征，III 类型伟晶岩中绿柱石含量明显增高，铌钽铁矿开始富集，IV 类型伟晶岩中铌钽铁矿含量最高，V 类型伟晶岩中锂辉石含量最高，铌钽铁矿含量有所降低。反映出钠长石伟晶岩和锂辉石伟晶岩是稀有金属富集的主要载体，是寻找稀有金属矿的岩石学标志。

### 3. 区域稀有元素变化特征

幕阜山南缘各带伟晶岩的 K/Rb 比值和 Nb、Ta、Be、Li 元素含量之间关系如图 7-8 所示，从贺家山地区到传梓源地区伟晶岩中均具有 Rb 含量递增、$w(K)/w(Rb)$ 比值逐渐降低的规律；$w(K)/w(Rb)$ 比值与 Nb、Ta、Be、Li 元素含量呈反消长关系如图 7-8 所示，即 $w(K)/w(Rb)$ 比值越小，Nb、Ta、Be、Li 元素含量越高，矿化好，反之亦然。

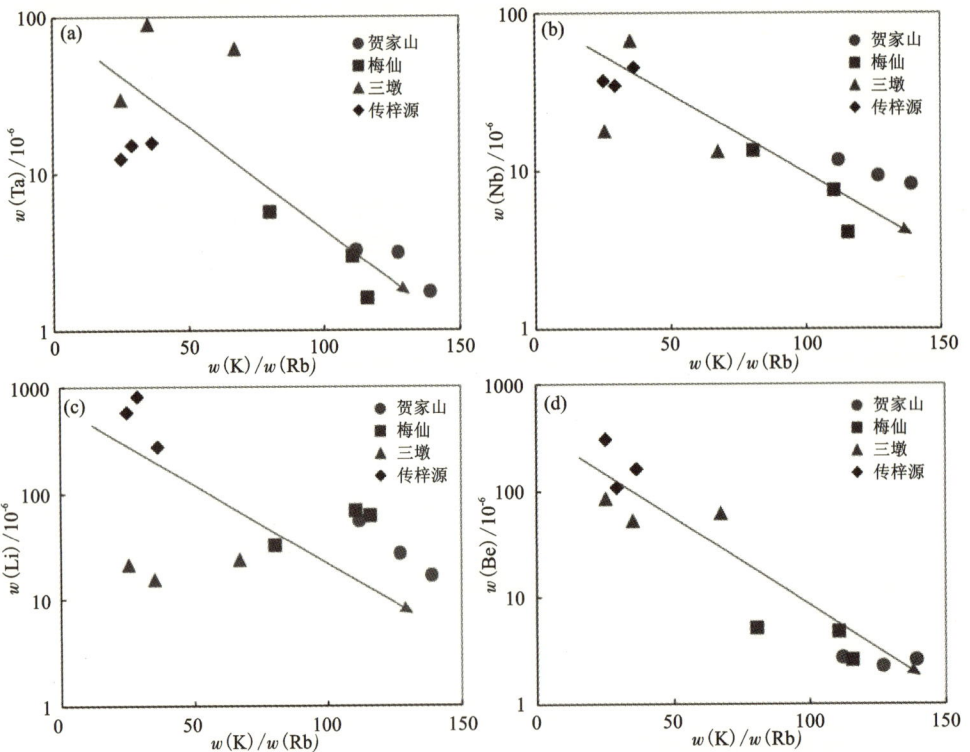

图 7-8 幕阜山南缘地区伟晶岩 $w(K)/w(Rb)$ -稀有元素(Ta、Nb、Li、Be)图解

### 7.3.3.2 仁里、传梓源矿床伟晶岩成矿作用

仁里矿床伟晶岩类型属于上述Ⅲ类到Ⅳ类之间，传梓源矿床伟晶岩类型属于Ⅴ类型。仁里矿床和传梓源矿床伟晶岩岩石地球化学研究表明锂辉石和钠长石伟晶岩主量元素具高 $SiO_2$、$Al_2O_3$、$Na_2O$，低 $K_2O$、CaO、岩石为过铝质伟晶岩；稀土元素具总稀土含量较低，轻稀土相对富集，重稀土相对亏损，弱负 $\delta Eu$ 的特征；

微量元素富集 Rb、Th、U 而亏损 Ba、Sr、Ti。这些地球化学特征与江西省广昌县头陂锂辉石伟晶岩(周建廷等,2012),新疆阿尔泰地区高纯石英伟晶岩(张晔和陈培荣,2010),以及新疆阿尔泰可可托海 3 号伟晶岩(冷成彪等,2007)研究结果相类似,表明伟晶岩的这种地球化学特征是判别伟晶岩是否富稀有金属的标志。

　　仁里矿床和传梓源铌钽矿床的花岗伟晶岩与花岗岩在空间上有着密切联系。刘翔等(2018)对仁里矿床研究认为矿床成因与区域燕山早期陆内挤压造山和燕山中期后造山环境导致的构造岩浆活动密切相关。仁里矿床和传梓源矿床位于幕阜山岩体西缘,由于成矿处于伸展拉张构造环境,伟晶岩沿板岩裂隙或花岗岩边沿呈脉状产出,其接触带往往是矿化富集部位。在岩浆侵位过程中,伟晶岩的形成经历了从岩浆到热液的演化过程,伟晶岩演化过程是处在一个比较稳定的环境中,晚期岩浆相对富集挥发分 $H_2O$、F、$P_2O_5$、$CO_2$ 及稀有金属,挥发分的聚集,降低岩浆的结晶温度,有利于形成稀有金属矿化。王玉荣等(1992)实验表明,钠长石花岗质岩浆在 800℃ 高温与饱和水或 HF 气热溶液平衡时,分配到气热相的 Nb、Ta 很少,主要分配在熔体中,随温度下降 Nb、Ta 的氟络合物发生水解而形成矿化。仁里矿床和传梓源矿床伟晶岩的 H - O 同位素结果表明成矿流体来自岩浆热液,包裹体的气相 - 液相成分分析结果也反映出成矿流体具岩浆热液的特征。包裹体显微测温显示仁里矿床钠长石伟晶岩包裹体均一温度众值为 250 ~ 300℃,后期伟晶岩体包裹体均一温度众值为 190 ~ 210℃;传梓源矿床钠长石伟晶岩包裹体均一温度众值为 190 ~ 210℃,锂辉石伟晶岩包裹体均一温度众值为 150 ~ 170℃。从而反映出仁里矿床和传梓源矿床钠长石伟晶岩阶段铌钽矿形成于中温 - 高温条件下,而传梓源矿床锂辉石伟晶岩和仁里矿床后期伟晶岩在岩浆演化的最后阶段成矿,在温度相对较低的中 - 低温条件下沉淀形成锂辉石或脉状石英 - 铌钽矿。

# 7.4　控矿因素及成矿模式

## 7.4.1　构造对成矿控制作用

　　湘东北地区以北东向长沙 - 平江断裂和新宁 - 灰汤断裂为主,受北东向区域大断裂走滑作用影响,在其周边发育了一系列次一级北西向为主的断裂构造,造成冷家溪群板岩地层破碎,层间裂隙发育。在 154 Ma 左右岩浆开始侵位上升,形成幕阜山岩体,受断裂控制分布在两条大断裂之间。在幕阜山花岗岩主岩体形成之后,富稀有金属元素的花岗岩质岩浆沿构造裂隙充填结晶形成伟晶岩(130 Ma),伟晶岩中稀有元素通过岩浆结晶分异过程逐渐富集(Zhu et al.,2001;Evensen et al.,2002)。岩浆侵位上升过程中,挥发分与稀有金属络合物快速迁移至岩体顶部富集，随着温度下降，岩浆不混溶作用导致了 Na、Li 与 K 的分离（王联魁等，2000），最终形成富铌钽和锂的稀有金属矿床。仁里矿床、传梓源矿床和白沙窝矿床内的伟晶岩脉总体走向为北西向或东西向，伟晶岩脉沿层理张裂隙产出，接触界面平整。表明伟晶岩形成于伸展构造环境，伟晶岩产出受构造控制。造山之后相对稳定阶段才有了相对稳定的环境和有利于岩浆充分结晶分异的时空条件，从而形成超大型矿床（王登红等，2002；陈毓川等，2015）。

### 7.4.2　岩浆演化对成矿作用制约

湘东北地区在燕山期发生大规模岩浆侵位，熔融抬升导致上覆岩层增厚与隆升，从上述测年数据可以看出幕阜山岩体从 154 Ma 开始侵位至冷家溪板岩地层中，开始快速隆升阶段。邹慧娟等（2011）通过对幕阜山闪长岩中岩浆绿帘石研究计算出幕阜山花岗闪长岩最小上升速率达 170 m/a，并认为是通过裂隙式上升的，反映了拉张的构造环境。

岩体隆升后在区域构造演化历程中遭受了不同程度的风化剥蚀。彭和球等（2004）对湘东北地区望湘岩体中锆石裂变径迹和磷灰石裂变径迹研究，认为九岭 - 幕阜山地区自中新生代以来经历了 3 期（120.0 ~ 132.0 Ma，55.6 ~ 81.1 Ma，30.0 ~ 47.0 Ma）较强烈的隆升和剥蚀夷平过程。根据幕阜山花岗岩中磷灰石裂变径迹研究，可以计算出自晚白垩世持续隆升以来幕阜山岩体经历的平均剥蚀厚度约 4800 m（石红才等，2013）。

由于幕阜山岩体经历了长时间的隆升和剥蚀过程，岩体隆升运动导致围岩破裂，产生大量构造裂隙，伟晶岩在岩浆演化的晚期阶段沿裂隙充填结晶，形成大多沿地层产状平整接触的伟晶岩脉。在岩体隆升之后伴随着长期的剥蚀过程，伟晶岩脉出露地表，最终形成具工业意义的稀有金属矿床。

稀有金属因在地壳中含量稀少，能否形成独立矿物或矿床，主要取决于稀有元素在岩浆中的丰度、岩石化学条件。上述研究发现幕阜山岩体不同阶段花岗岩中稀有金属（Nb、Ta、Li、Be、Rb）含量从早期的闪长岩到晚期的二云母花岗岩表现为逐渐富集的特征。早期闪长岩中 Nb、Ta 元素丰度较低，可能与 Nb、Ta 等分散到黑云母、钛铁矿等矿物中有关（李鹏春，2006）。在幕阜山岩体多期次岩浆演化过程中，由于含水挥发分对稀有金属元素的亲和性致使成矿元素不断富集；李鹏等（2017）认为幕阜山岩体的多期次活动和成矿可用复式岩体的"体中体"模式解释，由具有同源联系的多个单一侵入体先后相继侵位构成"体中体"，而成矿岩体则多为其中较晚期、较小规模的岩体，演化到晚期小岩株中富集 Be 元素，形成铍矿床。

幕阜山岩体在经历了岩体侵位隆升之后，区域以伸展构造作用为主，岩体进入剥蚀阶段。由于南方多雨湿润的气候条件，加速了幕阜山花岗岩的风化剥蚀，自幕阜山岩体侵位以来经历的平均剥蚀厚度约 4800 m（石红才等，2013）。风化剥蚀后的独居石、铌钽矿等重矿物随雨水汇入河流进行搬运，最终在河流下游低洼区域沉淀，形成规模巨大的独居石、铌钽矿砂矿床。如湖南岳阳新墙河流域就形成了多个大型的独居石砂矿床（图 7 - 9）。

## 7.4.3 湘东北伟晶岩矿床成矿模式

### 7.4.3.1 幕阜山地区矿化分带特征

幕阜山地区稀有金属矿矿化分带特征明显。李鹏等（2017）根据分异程度增高，将稀有金属矿化分带从东到西依次分为 Be→Be + Nb - Ta→Be + Nb - Ta + Li →Be + Nb - Ta + Li + Cs 四个带。本书统计了幕阜山地区稀有金属矿床（点）并投入图 7 - 9 中，因幕阜山岩体西侧地质工作程度较低，目前未发现稀有金属矿床，但野外调查中发现伟晶岩脉发育并有铌钽矿物，不排除存在铌钽矿床的可能性；东侧因寒武系地层覆盖伟晶岩出露较少，因而暂未发现铌钽矿床。因此，根据本书研究展示的由岩体往外围成矿流体温度由高到低的变化特点，认为幕阜山地区稀有金属矿化分带特征总体表现为以岩体为中心广泛发育花岗岩型和伟晶岩型铍矿带（图 7 - 9 中见多处铍矿床），成矿流体为高温系列；从岩体接触带往外围依次发育伟晶岩型铌钽 - 铜矿带，成矿流体为高 - 中温系列（断峰山铌钽矿，仁里铌钽矿，瑚珮铜矿）；伟晶岩型铌钽锂矿带（传梓源铌钽锂矿）、石英脉型铍矿带（虎形山钨铍矿）、脉型铅锌矿（桃林铅锌矿和三墩铅锌矿），成矿流体为中 - 低温系列；石英脉型金矿带（万古金矿），成矿流体为低 - 中温系列的环带分布格局（图 7 - 9），形成了规模巨大的稀有 - 金 - 铅锌多金属矿田。

### 7.4.3.2 连云山地区矿化分带特征

连云山地区的矿产以稀有矿和金矿为主，还有铜、钴、铅、锌、铍、铌和钽等多金属矿产。在连云山二云母二长花岗岩的东北部，湘东北地区的多金属矿产的分布具有明显的分带性（许德如等，2009），如图 7 - 10 所示。该区的矿产主要分布在长沙 - 平江断裂的附近，成矿温度随着与连云山二云母二长花岗岩距离增加而降低（许德如等，2017）。如白沙矿床的流体温度位于高温到中间之间，黄金洞矿床的成矿流体以中 - 低温为主。从成矿流体温度的高低变化趋势，形成的矿床类型也明显变化，依次可划分为 W - Sn、Nb - Ta、Be 的高 - 中温成矿带（Ⅰ带），Cu、Pb - Zn 的中 - 低温成矿带（Ⅱ带）和 Au 的低温成矿带（Ⅲ带）。

### 7.4.3.3 矿床成矿模式

前人研究认为燕山早期伴随华南岩石圈的伸展裂解作用所发生的软流圈上涌和岩石圈减薄可能与印支造山作用的后造山（或后碰撞）拉张裂解地球动力学背景有关（Chen et al.，2002），而 90 ~ 175 Ma 期间陆内岩石圈减薄作用在华南内部可能更广泛发育（范蔚茗等，2004）。在图 7 - 4 上数据投图指示了花岗岩和伟晶

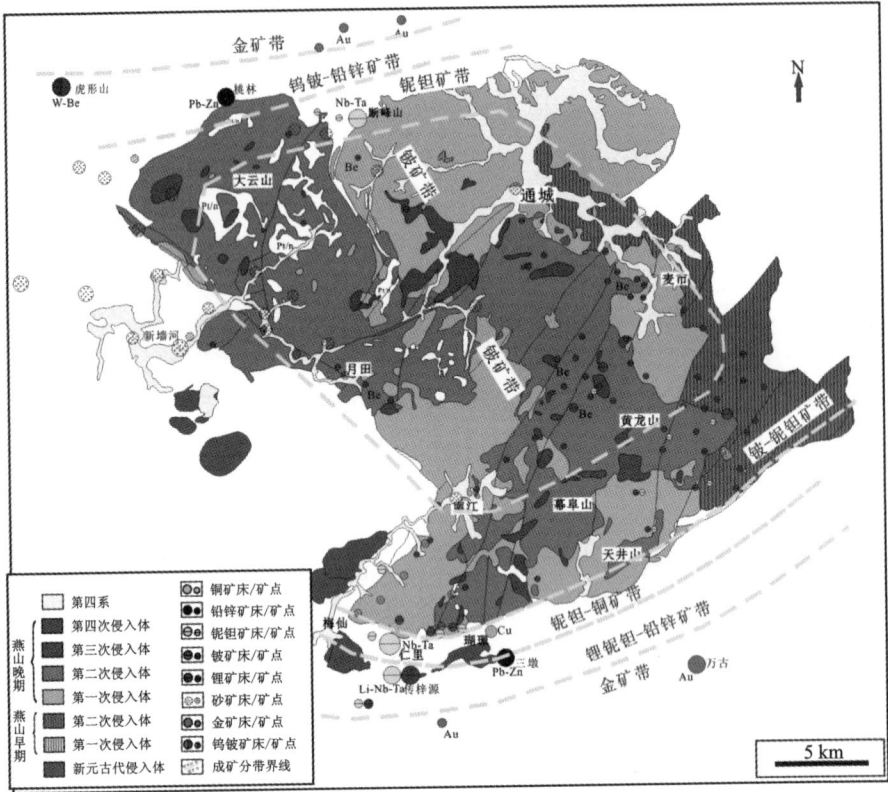

图 7 - 9　幕阜山地区稀有 - 多金属矿床分带特征图

岩就位于造山 - 晚造山环境。前述湘东北地区花岗岩和伟晶岩成矿物质来自地壳，成矿流体源自岩浆。连云山花岗岩 Nd 同位素表明花岗岩来源于华南元古宙地壳物质的重熔（许德如等，2017）。湘东北地区燕山期的花岗岩为 S 型花岗岩（图 7 - 1），并且花岗岩中发现较多的继承锆石，如白沙窝二云母二长花岗岩，连云山二云母二长花岗岩（许德如等，2017），三墩铅锌矿区花岗岩（张鲲等，2017）。继承锆石会使得花岗岩中的 Zr 含量升高，因此锆石饱和温度会大于源区的实际温度（Miller et al.，2003），较高的温度更有利于地壳中岩石重熔。

　　许德如等（2017）研究认为在 150 Ma 左右，太平洋板块回撤，俯冲板片破裂和坍塌，湘东北地区总体上处于挤压向伸展转换的构造环境之中，但是其地壳仍处于加厚的状态之下。岩石圈地幔和下沉的俯冲板片脱水，使得加厚的下地壳发生减压熔融。湘东北地区发生大规模岩浆侵位活动，幕阜山岩体在拉张的构造环境下沿裂隙快速隆升（邹慧娟等，2011），形成了幕阜山岩体、望湘岩体和连云山岩体等一系列的岩体（图 7 - 11）。后碰撞构造背景可以形成数量巨大、规模大小

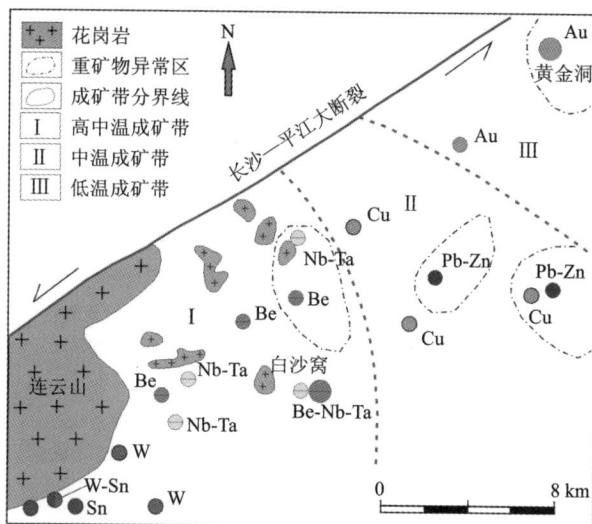

**图 7 – 10　连云山地区稀有 – 多金属矿床分带特征图**

(据许德如等, 2017)

不一的构造虚脱空间, 不仅有助于伟晶岩浆的运移和侵位, 还为伟晶岩浆的结晶演化提供了空间。在伟晶岩浆结晶演化的过程中, 位于岩体中的伟晶岩脉具相对封闭的外部环境, 如白沙窝分带伟晶岩。热封闭保证热量不会大量、快速地散失, 使得伟晶岩浆的温度缓慢下降, 使其发生充分的结晶分异作用, 物理封闭可保证挥发分等流体不易逸散, 有助于稀有金属元素得到充分富集。从白沙窝分带伟晶岩各带成矿流体温度可以看出, 从边缘 I 带为高温临界 (超临界) 流体演化到核部 V 带的中温流体, 相对封闭的构造环境能保证伟晶岩浆发生充分的结晶分异作用, 形成不同矿物组合的结构分带。化学封闭使得稀有金属元素和碱金属元素等活动组分的浓度维持在较高程度。挥发分在核部浓缩聚集, 最终形成的富的铌钽矿体。

岩浆热液沿片岩地层层间裂隙充填, 处于相对开放的、过冷的环境, 形成了不具分带且颗粒较细的含矿伟晶岩脉。并且深大断裂中的含铌钽、铍等成矿流体向上运移过程中, 不断萃取地层中的铌、钽等元素, 并在浅部北西西向次级断裂与北东向断裂交汇的部位沿先前形成的伟晶岩进行交代作用, 进一步富集成矿。矿床成矿模式如图 7 – 11 所示。

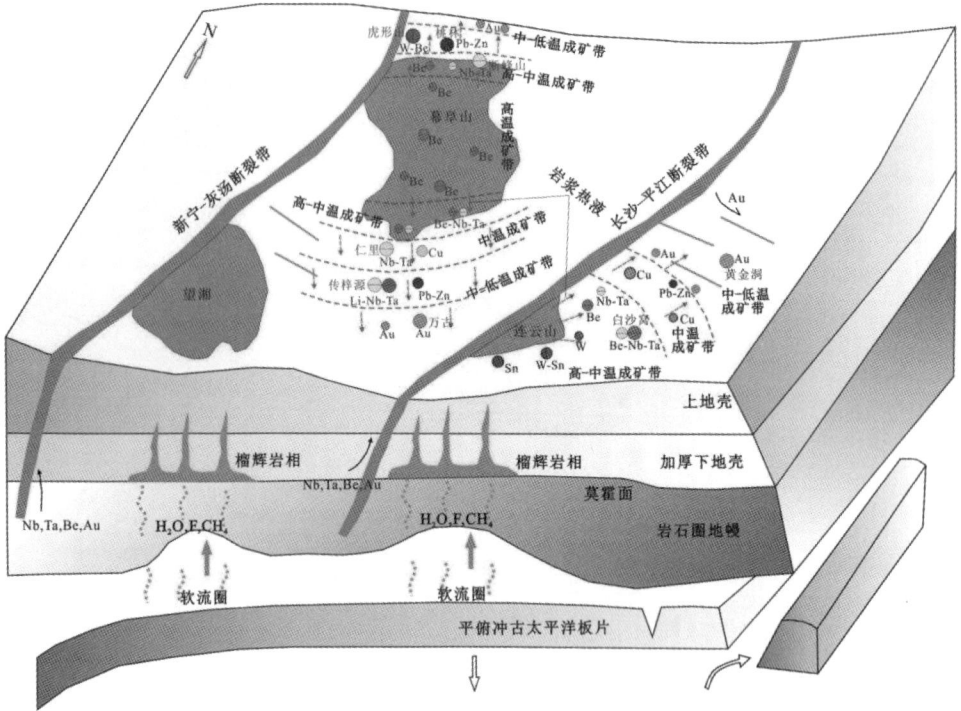

图7-11 湘东北地区稀有-多金属矿床成矿模式图

[据(许德如等,2017)修改]

## 7.5 找矿标志

(1)伟晶岩岩性变化标志

从野外伟晶岩空间分布特征可知,远离岩体的钠长石伟晶岩富集铌钽、铍矿,是寻找铌钽、铍矿的标志;锂辉石伟晶岩富集锂矿,是寻找锂矿的标志。

(2)伟晶岩分带标志

若见伟晶岩中岩性具明显分带特征,则在分带伟晶岩的核部石英-白云母带中富集铌钽矿,分带伟晶岩的核部石英带是寻找富铌钽矿的标志。

(3)岩石、矿物学标志

钠长石是寻找铌钽铍矿的典型矿物;锂辉石和锂云母是寻找锂矿的典型矿物。

(4)地球化学标志

不同演化阶段的伟晶岩 $w(K)/w(Rb)$ 比值和 $w(Zr)/w(Hf)$ 比值呈明显的线

性变化，$w(\mathrm{K})/w(\mathrm{Rb})$ 和 $w(\mathrm{Zr})/w(\mathrm{Hf})$ 比值是寻找矿化伟晶岩的地球化学标志；$w(\mathrm{Nb})/w(\mathrm{Ta})$ 比值小于 1 是寻找富钽矿的化学标志。

（5）成矿流体标志

伟晶岩成岩阶段流体为高温流体（>300℃），成矿阶段的流体多以中温为主（200～300℃），表现出铌钽矿在中温条件有利于沉淀成矿。

# 第 8 章 主要结论

湘东北地区伟晶岩型稀有金属矿床和热液脉型金矿广泛分布。在前人的研究基础上，本书对湘东北地区仁里铌钽矿床、传梓源铌钽锂矿床、白沙窝铍铌钽锂矿床的成矿地质特征、年代学及地球化学、成矿流体进行了详细研究，分析、探讨了伟晶岩的成因及成矿作用，主要结论如下：

(1)湘东北地区稀有金属矿床成矿元素在空间上具明显的变化。如幕阜山矿集区内铍矿主要分布在岩体中；铌钽矿位于岩体接触带及附近3 km内，其岩体北面有断峰山铌钽矿床，南面有仁里钽铌矿床；锂矿则远离岩体3~5 km分布，岩体南面有传梓源锂铌钽矿床；热液脉型铍矿则离岩体5~10 km分布，如岩体西北向的虎形山钨铍矿床。从而形成了一个以岩体为中心，稀有金属元素随温度降低而呈现出规律性的空间分带。

(2)湘东北地区幕阜山岩体为复式岩体，存在多期次岩浆活动，从闪长岩(154 Ma)到二云母花岗岩(98 Ma)演化时间为侏罗世至白垩世(98~154 Ma)，时间跨度经历了约60 Ma；连云山岩体黑云母二长花岗岩(160~164 Ma)形成时代为中侏罗世，二云母二长花岗岩(145 Ma)时代为晚侏罗世，其年龄与白沙窝二云母二长花岗岩(147 Ma)相近。湘东北幕阜山地区伟晶岩矿床和热液脉型钨铍矿床成矿年龄为127~140 Ma，连云山地区伟晶岩矿床成矿年龄为140 Ma。湘东北地区伟晶岩矿床成矿时代与岩体二云母二长花岗岩成岩时代相近，略晚于花岗岩时代，并且岩体演化到二云母二长花岗岩稀有金属元素含量达到最高，暗示出伟晶岩成矿作用与二云母花岗岩密切相关。岩体的 Hf 同位素及 Nd 同位素和伟晶岩中辉钼矿 Re－Os 同位素研究表明成岩、成矿物质由地壳物质部分熔融而成。

(3)幕阜山地区伟晶岩主量元素显示出高 $SiO_2$、高 $Al_2O_3$，低 FeO 和 $Fe_2O_3$ 的特征，岩石为过铝质岩，并具有由钙碱性岩石过渡为低钾岩石的特征；连云山地区白沙窝分带伟晶岩主量元素变化较大，上石伟晶岩具高 $SiO_2$、高 $Al_2O_3$、高 $Na_2O$，低 MnO、低 FeO 和 $Fe_2O_3$ 的特征，岩石为钙碱性系列。微量元素总体具 Rb、Th、U、K、Ta、Nb 明显富集，而 Ba、Sr、Ti 均强烈亏损的特征；总稀土含量(ΣREEs)较低，轻重稀土分异作用不明显，δEu 的负异常不明显。

(4)湘东北地区伟晶岩中包裹体类型简单，均以 L－V(Ⅰ)型包裹体为主，仁里矿床和传梓源矿床中见少量 V－L 型和纯 L 型包裹体，白沙窝矿床见个别 L－

V – S 型子晶包裹体。仁里矿床、传梓源矿床、白沙窝上石矿段成矿流体为简单 NaCl – $H_2O$ 体系；白沙窝分带伟晶岩从 I 带到 V 带包裹体流体从边缘带简单的 NaCl – $H_2O$ 体系逐渐演化为核部带的 NaCl – $H_2O$ – $CH_4$ – $CO_2$ 的复杂体系。包裹体气相成分分析见有 $CH_4$ 和 $N_2$ 的存在，液相成分 $w(Na^+)/w(K^+)$ 比值和 $w(F^-)/w(Cl^-)$ 比值研究以及 H – O 同位素研究结果表明成矿流体源自岩浆水，在伟晶岩演化过程中不断有大气降水的混入。

白沙窝分带伟晶岩 I 带、II 1 带、II 2 带的包裹体为高温、低盐度流体包裹体，III 带、IV 带、V 带的为中温、低盐度流体包裹体。并且从 I 带到 V 带流体温度表现为由高到低的变化，盐度则表现为由低到高逐渐升高的变化特征；上石矿段细粒伟晶岩具高温、低盐度流体包裹体，细 – 中粒伟晶岩和交代伟晶岩具中温、低盐度流体包裹体。反映从细粒伟晶岩到交代伟晶岩流体温度依次降低；仁里矿床和传梓源矿床钠长石伟晶岩的流体包裹体具中等温度、低盐度的特征，流体演化到后期或锂辉石伟晶岩成矿流体具中 – 低温度、低盐度的特征。

（5）湘东北地区伟晶岩型稀有金属矿床具低的 $w(Nb)/w(Ta)$ 比值（多数比值小于 1），富 F 等挥发分（0.1% ~ 2.4%），属于 LCT 型伟晶岩。

白沙窝分带伟晶岩演化与成矿作用：主量元素 $K_2O$、$Na_2O$ 含量在各带演化过程中出现明显升高或降低变化的特征，表现为由 I 带 $K_2O$（0.32%）到 III 带 $K_2O$（12.74%）含量明显增加，而 $Na_2O$ 分异演化规律与 $K_2O$ 相反，表现为由 I 带 $Na_2O$（9.88%）到 III 带 $Na_2O$（3.35%）含量明显降低。岩浆不混溶作用导致了 Na 与 K 的分离，表现为 I 带、II 1 带和 II 2 带富集 Na，并促进了 Be 的富集成矿作用；在 III 带中明显富集 K，富 K 伟晶岩的形成造成了 Rb 沉淀成矿，随着演化结晶到最后，岩浆残余物结晶形成富白云母 – 铌钽矿带（V 带）。流体包裹体研究表明白沙窝分带伟晶岩结晶分异作用受温度的控制。从 I 带高温流体（众值为 370 ~ 390℃）演化到 V 带为中温流体（众值为 210 ~ 230℃），成矿流体温度明显降低。岩浆结晶过程中流体体系温度逐渐降低，F – 稀有金属络合物在温度变化过程中发生水解，铌、钽元素等沉淀成矿。

上石、仁里和传梓源矿床流体演化与成矿：此类矿床伟晶岩产于片岩地层层间裂隙中，伟晶岩形成环境属于开放体系，伟晶岩在侵位之后快速结晶，因而岩性分带作用不明显。上石伟晶岩成岩阶段细粒伟晶岩的成矿流体为高温流体（众值为 350 ~ 370℃），主成矿阶段细 – 中粒伟晶岩的成矿流体为中温流体（众值为 270 ~ 290℃），仁里主成矿阶段钠长石伟晶岩（成矿温度众值为 250 ~ 300℃）和传梓源矿床钠长石伟晶岩（成矿温度众值为 190 ~ 210℃）的成矿流体也均以中温流体为特征。表明中温条件有利于铌钽矿沉淀结晶；成矿流体演化到晚期温度明显降低（上石交代伟晶岩成矿温度为 210 ~ 230℃，仁里后期包裹体温度为 190 ~ 210℃，传梓源锂辉石伟晶岩包裹体温度为 150 ~ 170℃），相对

较低的中 – 低温度条件沉淀形成锂辉石或脉状石英 – 铌钽矿，并且流体演化的晚期阶段存在热液交代叠加作用，形成细脉状石英脉 – 铌钽矿，使稀有金属成矿物质进一步富集。

# 参考文献

[ 1 ] Alther R, Holl A, Hegner E, et al. High – potassium, calc – alkaline I – type plutonism in the European Variscides: Northern Vosges ( France ) and northern Schwarzwald ( Germany ) [ J ]. Lithos, 2000, 50( 1 ): 51 – 73.

[ 2 ] Amelin Y, Lee D C, Halliday A N, et al. Nature of the Earth´s earliest crust from hafnium isotopes in single detrital zircons[ J ]. Nature, 1999, 399( 6733 ): 252 – 255.

[ 3 ] Andersrn T. Correction of common lead in U – Pb analyses that do not report²⁰⁴Pb[ J ]. Chemical Geology, 2002, 192: 59 – 79.

[ 4 ] Barley M E, Groves D I. Supercontinent cycles and the distribution of metal deposits through time [ J ]. Geology, 1992, 20: 291 – 294

[ 5 ] Batchelor R A, Bowden P. Petrogenetic interpretation of granitoid rock series using multicationic parameters[ J ]. Chemical Geology, 1985, 48( 1 – 4 ): 43 – 55.

[ 6 ] Bau M. Controls on the fractionation of isovalent trace elements in magmatic and aqueous systems: evidence from Y/Ho, Zr/Hf and lanthanide tetrad effect[ J ]. Contrib. Mineral. Petrol. , 1996, 123: 323 – 333.

[ 7 ] Blevin P L. Redox and Compositional Parameters for Interpreting the Granitoid Metallogeny of Eastern Australia: Implications for Gold – Rich Ore Systems [ J ]. Resource Geology, 2004, 54( 3 ): 241 – 252.

[ 8 ] Blichert T J, Albarède F. The Lu – Hf isotope geochemistry of chondrites and the evolution of the mantle-crust system[ J ]. Earth and Planetary Science Letters, 1997, 148: 243 – 258.

[ 9 ] Blouseily A M, Sokkary A A. The relation between Rb, Ba and Sr in granitic rocks[ J ]. Chemical Geology, 1975, 16: 207 – 219.

[ 10 ] Breaks F W, Moore J M J. The Ghost Lake batholiths, Superi or province of northwest Ontario: A fertile, S – type, peraluminous granite rare element pegmatite system [ J ]. Canadian Mineralogist, 1992, 30( 3 ): 835 – 876.

[ 11 ] Brown P E, Lamb W M. P – V – T properties of fluids in the system H₂O – CO₂ – NaCl: New graphical presentations and implications for fluid inclusion studies[ J ]. Geochim Cosmochim Acta, 1989, 53: 1209 – 1221.

[ 12 ] Brown P E. Flincor: A microcomputer program for the reduction and investigation of fluid – inclusion data[ J ]. Am. Mineralogist, 1989, 74: 1390 – 1393.

[ 13 ] Černý P. Extreme fraction in rare – element pegmatite: selected example of data and mechanism [ J ]. Canadian Mineralogist, 1985, 23: 381 – 421.

[ 14 ] Černý P, Moller P, Saupe F. Characteristics of pegmatite deposits of tantalum[ A ]. In: Moller

P, Cerny P and Saupe F. eds. Lanthanides, tantalum and niobium[M]. New York: Springer Verlag, 1989a: 195 - 239.

[15] Černý P, Moller P, Saupe F. Characteristics of pegmatite deposits of tantalum[M]. New York: Springer Verlag. , 1989b: 195 - 239.

[16] Černý P. Fertile granites of Precambrian rare - element pegmatite fields: is geochemistry controlled by tectonic setting or source lithologies[J]. Precambrian Research, 1991a, 51: 429 - 468.

[17] Černý P. Rare - element granitic pegmatites. Part I: Anatomy and internal evolution of pegmatite deposits[J]. Geoscience Canada, 1991b, 18: 49 - 67.

[18] Černý P , Erict T S. The classification of granitic pegmatites revisited [J]. The Canadian Mineralogist, 2005, 43: 2005 - 2026.

[19] Chakoumakos B C, Lumpkin C R. Pressure - temperature constraints on the crystallization of the Harding pegmatite, Taos Country, New Mexico [J]. Canadian Mineralogyl, 1990, 28: 287 - 298.

[20] Chappell B W. Aluminium saturation in I and S - type granites and the characterization of fractionated haplogranites[J]. Lithos, 1999, 46: 535 - 551.

[21] Charvet J. Geodynamic significance of the Mesozoic Volcanism of southeastern China[J]. Jour. SE. Asian Earth Sci, 1994, 9: 387 - 396.

[22] Charvet J, Shu L S, Faure M, et al. Structural development of the lower paleozoic belt of south china: genesis of an intracontinental orogen[J]. Journal of Asian Earth Sciences, 2010, 39(4): 309 - 330.

[23] Charvet J. The Neoproterozoic - Early Paleozoic tectonic evolution of the South China Block: An overview[J]. Journal of Asian Earth Sciences, 2013, 74: 198 - 209.

[24] Chen J F, Jahn B M. Crustal evolution of southeastern China: Nd and Sr isotopic evidence[J]. Tectonophysics, 1998, 284(1 - 2): 101 - 133.

[25] Chen J F, Foland K A, et al. Magmatism along the southeast margin of the Yangtze block: Precambrian collision of the Yangtze and Cathaysia blocks of China[J]. Geology, 1991, 19: 815 - 818.

[26] Chen P R, Hua R M, Zhang B T, et al. Early Yanshanian post - orogenic granitoids in the Nanling region[J]. Science in China(Series D), 2002, 45(8): 755 - 768.

[27] Clayton R N, O'Neil J R, Mayeda T K. Oxygen isotope fractionation inquartz and water[J]. Geophys. Res. , 1972, 77: 57 - 67.

[28] Davidson P, Kamenetsky V, Cooke D R, et al. Magmatic precursors of hydrothermal fluids at the Rio Blanco Cu Mo deposit, Chile: links to silicate magmas and metal transport [J]. Econ. Geol. , 2005, 100: 963 - 978.

[29] Davidson P, Kamenetsky V. Primary aqueous fluids in rhyolitic magmas: melt inclusion evidence for pre. And post - trapping exsolution[J]. Chem. Geol. , 2006, 237(3 - 4): 372 - 383.

[30] Dingwell D B. The effect of fluorine on viscosities in the system $Na_2O - Al_2O_3 - SiO_2$:

implication for phonolites, trachytes and rhyolites[J]. Am. Mineral. , 1985, 70: 80 – 87.

[31] Dostal J, Chatterjee A K. Origin of topaz – bearing and related peraluminous granites of the Late Devonian Davis Lake pluton, Nova Scotia, Canada: crystal versus fluid fractionation [J]. Chemical Geology, 1995, 123: 67 – 88.

[32] Eby G. N, Woolley A. R, Din V, et al. Geochemistry and petrogenesis of nepheline syenites: Kasungu-Chipala, Ilomba, and Ulindi nepheline syenite intrusions, north Nyasa alkalineprovince, Malawi[J]. Journal of Petrology, 1998, 39(8): 1405 – 1424.

[33] Echtler H, Malavieille J. Extensional tectonics, basement uplift and Stephano – Permina collapse basin in a late Variscan metamorphic core complex (Montagne Noire, Southern Massif Central) [J]. Tectonophysics, 1990, 177: 125 – 138.

[34] Evensen J M, London D. Experimental silicate mineral /melt partitioncoefficients for beryllium and the crustal Be cycle from migmatite to egmatite[J]. Geochimica et Cosmochimica Acta, 2002, 66(12): 2239 – 2265.

[35] Faure M, Sun Y, Shu L, et al. Extensional tectonics within a subduction – type orogen. The case study of the Wugongshan dome (Jinagxi Porvince, SE China)[J]. Tectonophysics, 1996, 263: 77 – 108.

[36] Faure M, Shu L S, Wang B, et al. Intracontinental subduction: a possible mechanism for the Early Palaeozoic Orogen of SE China[J]. Terra Nova, 2009, 21(5): 360 – 368.

[37] Fetherston J M. Tantalum in Western Australia. Western Australia Geological Survey[J]. Mineral Resources Bulletin, 2004, 22: 162.

[38] Frost B R, Barnes C G, Collins W J, et al. A Geochemical Classification for Granitic Rocks [J]. Journal of Petrology, 2001, 42(11): 2033 – 2048.

[39] Galetskiy L S. Perga beryllium deposit of the Ukranian shield as thegeological phenomena. 31th IGC Abstract Vol. Digital Edition, 2000.

[40] Glyuk D S, Shinakin B M. The role of liquid – immiscibility differentiation in the pegmatite process[J]. Geochem. Int. , 1986, 23(8): 38 – 49.

[41] Gramenitskiy Y N, Shekina T I. Phase relationships in the liquidus part of a granitic system containing fluorine[J]. Geochem. Int. , 1994, 31(1): 52 – 70.

[42] Griffin W L, Wang X, Jackson S E, et al. Zircon chemistry and magma mixing, SE China: In – situ analysis of Hf isotopes, Tonglu and Pingtan igneous complexes[J]. Lithos, 2002, 61: 237 – 269.

[43] Griffin W L, Pearson N J, Belousova E A, et al. Comment: Hf – isotope heterogeneity in zircon [J]. Chemical Geology, 2006, 23: 358 – 363.

[44] Hanson R B. Hydrodynamics of regional metamorphism due to continental collision[J]. Economic Geology, 1997, 92(7/8): 880 – 891.

[45] Harris A C, Kamenetsky V S, White N C, et al. Melt inclusions in veins: Linking magmas and porphyry Cu deposits[J]. Science, 2003, 302, 2109 – 2111.

[46] Harris A C, Kamenetsky V S, White N C, et al. Volatile phase separation in silicic magmas at

Bajo dela Alumbrera porphyry Ca – Au deposit, NW Argentina[J]. Resource Georogy, 2004, 54(3): 341 – 356.

[47] Hofman A W. Early evolution of continents. Science, 1977, 275(24): 498 – 499.

[48] Hoskin P W O, Schaltegger U. The composition of zircon and igneous and metamorphic petrogenesis[J]. Reviews of Mineralogy and Geochemistry, 2003, 53: 27 – 62.

[49] Hsu K. J, Li J, Chen H, et al. Tectonics of south China: Key to understanding West Pacific geology[J]. Tectonophysics, 1990, 183: 9 – 39.

[50] Hu Z C, Liu Y S, Gao S, et al. Improved in situ Hf isotope ratio analysis ofzircon using newly designed X skimmer cone and jetsample cone in combination with the addition ofnitrogen by laser ablation multiple collector ICP – MS[J]. Journal of Analytical Atomic Spectrometry, 2012, 27: 1391 – 1399.

[51] Hulsbosch N, Hertogen J, Dewaele S, et al. Alkali Metal and Rare Earth Element Evolution of Rock – Forming Minerals from the Gatumba Area Pegmatites ( Rwanda ): Quantitative Assessment of Crystal – Melt Fractionation in the Regional Zonation of Pegmatite Groups[J]. Geochimica et Cosmochimica Acta, 2014, 132: 349 – 374.

[52] Irber W. The Lanthanide Tetrad effect and its Correlation with K/Rb, Eu/Eu∗ , Sr/Eu, Y/Ho and Zr/Hf of Evolving Peraluminous Granite Suites[J]. Geochimica et Cosmochimica Acta, 1999, 63(3 – 4): 489 – 508.

[53] Jahn BM, Zhou XH, Li JL. Formation and tectonic evolution of south eastern China and Taiwan: Isotopic and geochemical constraints[J]. Tectonophysics, 1990, 183(1 – 4): 145 – 160.

[54] Ji W B, Lin W, Faure M, et al. Origin of the Late Jurassic to Early Cretaceous peraluminous granitoids in the northeastern Hunan province ( middle Yangtze region ), South China: Geodynamic implications for the Paleo – Pacific subduction[J]. Journal of Asian Earth Sciences, 2017: 141.

[55] Ji, W B, Faure M, Lin W, et al. Multiple Emplacement and Exhumation History of the Late Mesozoic Dayunshan – Mufushan Batholith in Southeast China and its Tectonic Significance: 1. Structural Analysis and Geochronological Constraints[J]. Journal of Geophysical Research Solid Earth, 2018, 123(1): 689 – 710.

[56] Jiang Y J, Jiang S Y, Dai B, et al. Middle to late Jurasic felsic and mafic magmatism in southern Hunan province, Southeast China: implication for a continental arc to rifting[J]. Lithos, 2009, 107(3): 185 – 204.

[57] Jiang Y J, Zhao P, Zhou Q, et al. Petrogenisis and tectonic implications of Early Cretaceous S – and A – type grnites in the northwest of the Gan – Hang rift, SE China[J]. Lithos, 2011, 121(1): 55 – 73.

[58] Kamenetsky V S, Naumov V B, Davidson P, et al. Immiscibility between silicate magma and aqueous fluids: a melt inclusion pursuit into the magmatic – hydrothermal transition in the Omsukchan Granite ( NE Russia)[J]. Chem. Geol. , 2004, 210: 73 – 90.

[59] Kamenetsky V S, Kamenetsky M B, Sharygin V V, et al. Chloride and carbonate immiscible

liquids at the closure of the kimberlite magma evolution ( Udachnaya East kimberlite, Siberia)
[J]. Chem. Geol. , 2006, 237(3 −4): 384 −400.

[60] Kempe U, Gotze J, Dandar S, et al. Magmatic and metasomatic processes during formation of
the Nb − Zr − REE deposits Khaldzan Buregte and Tsakhir ( Mongolian Altai): Indications from
a combined CL − SEM study[J]. Mineralogical Magazine, 1999, 63: 165 −177.

[61] King P L, White A J R, Chappell B W, et al. Characterization and origin of aluminous A − type
granites from the Lachlan Fold Belt, Southeastern Australia[J]. J Petrol, 1997, 36: 371 −391.

[62] Lambert D D, Forster J G, Frick L R, et al. Re − Os isotopic systematics ofthe Voisey's Bay
Ni − Cu − Co magmatic ore system, Labrador, Canada[J]. Lithos, 1999, 47(1/2): 69 −88.

[63] Lawlor PJ, Ortega − Gutiérrez F, Cameron K L, et al. U − Pb geochronology, geochemistry, and
provenance of the Grenvillian Huiznopala Gneiss of Eastern Mexico[J]. Precambrian Research,
1999, 94: 73 −99.

[64] Lehmann B. Metallogeny of Tin. Springer − Verlag, Berlin. 1990: 1 −22.

[65] Li Z X, Li X H. Formation of the 1300 − km − wide intracontinental orogen and postorogenic
magmatic province in Mesozoic South China: A flat − slab subduction model[J]. Geology,
2007a, 35(2): 179 −182.

[66] Li X H, Li Z X, Li W X, et al. U − Pb zircon, geochemical and Sr − Nd − Hf isotopic
constraints on age and origin of Jurassic I − and A − type granites from Central Guangdong, SE
China: a major igneous event in response to foundering of a subducted flat − slab? [J]. Lithos,
2007b, 96(1): 186 −204.

[67] Li ZX, Li XH, Zhou H, et al. Grenvilian continental collision in South China: New SHRIMP
U − Pb zircon results and implications for the configuration of Rodinia[J]. Geology, 2002b,
30(2): 163 −166.

[68] Li Z X, Bogdanova S, Collins A, et al. Assembly, configuration, and break − up history of
Rodinia: a synthesis[J]. Precambrian Research, 2008, 160(1): 179 −210.

[69] Li Z X, Li X H, Wartho J A, et al. Magmatic and metamorphic events during the early Paleozoic
Wuyi − Yunkai orogeny, southeastern South China: New age constraints and pressure −
temperature conditions [ J ]. Geological Society of America Bulletin, 2010, 122 ( 5 − 6):
772 −793.

[70] Li L M, Sun M, Wang Y J, et al. U − Pb and Hf isotopic study of zircons from migmatised
amphibolites in the Cathaysia Block: implications for the early Paleozoic peak tectonothermal
event in Southeastern China[J]. Gondwana Research, 2011, 19: 191 −201.

[71] Lichterveled M V, Salvi S, Beziat D. Textural features and chemical evolution in tantalum
oxides: Magmat ic versus hydrothermal origins for Ta mineralization in the Tanco lower pegmat
ite, Manitoba, Canada[J]. Econ. Geol. , 2007, 102: 257 −276.

[72] Linnen R L. The solubility of Nb − Ta − Zr − Hf − W in granitic melts with Li and Li + F:
Constraints for mineralization in rare metal granites and pegmatites[J]. Econ. Geol. , 1998, 93:
1013 −1025.

[73] Linnen R L, Van Lichtervelde M, Cěrny P. Granitic pegematites assources of strategic metals [J]. Elements, 2012, 8: 275 – 280.

[74] Liu Y S, Hu Z C, Gao S, et al. Insitu analysis ofmajor and trace elements of anhydrous minerals by LA – ICP – MS without applying aninternal standard[J]. Chemical Geology, 2008, 257: 34 – 43.

[75] London D. Magmatic – hydrothermal transition in the Tanco rare element pegmatite: Evidence from fluid inclusions and phase – equilibrium experiments[J]. American M ineralogist, 1986, 71: 376 – 395.

[76] London D. The application of experimental petrology to the genesis and crystallization of granitic pegmatites[J]. Can. Mineral. , 1992, 30: 499 – 540.

[77] London D, Evesen J M. Berllium in silicic magmas and the origin of beryl – bearing pegmatites. In: Grew, E. S. (Ed. ), Berllium: Mineralogy, Petrology and Geochemistry[J]. Mineralogical Society of America Reviews in Mineralogy and Geochemistry, 2003, 50: 445 – 486.

[78] London, D. Pegmatites [M]. The Canadian Mineralogist, Special Publication 10, 2008: 1 – 347.

[79] Ludwig K R. ISOPLOT 3. 00: A Geochronological Toolkit for Microsoft Excel// Berkeley Geochronology Center, California, Berkeley: 2003a: 39.

[80] Ludwig K R. User's manual for isoplot/Ex. Version 3. 00: A geochronological toolkit for Microsoft excel[M]. Berkeley Geochronology Center Special Publication, 2003b, 4: 1 – 70.

[81] Maluski H, Costa S, Echtler H. Late Variscan tectonic evolution by thinning of earlier thickened crust. An $Ar^{40}$ – $Ar^{39}$ study of the Montagne Noir, southern Massif Central, France[J]. Lithos, 1991, 26(3/4): 287 – 304.

[82] Maniar P D, Piccoli P M. Tectonic discrimination of granitoids[J]. Geological Society of America Bulletin, 1989, 101(5): 635 – 643.

[83] Mao J W, Zhang Z, Zhang Z, et al. Re – Os isotopic dating of molybdenites in the Xiaoliugou W (Mo)deposit in the northern Qilian moutains and its gelogical significance[J]. Geochimica et Cosmochimica Acta, 1999, 63: 1815 – 1818.

[84] Mccauley A, Bradley D C. The global age distribution of granitic pegmatites [J]. Canadian Mineralogist, 2014, 52: 183 – 190.

[85] Middlemost E A K. Magmas and Magmatic Rocks[M]. London: Longman, 1985: 1 – 266.

[86] Middlemost E A K. Naming materials in the magma/igneous rock system[J]. Earth Science Reviews, 1994, 37(3 – 4): 215 – 224.

[87] Miller C F, Bradfish L J. An inner cordilleran belt of muscovite – bering plutons[J]. Geology, 1980, 8(9): 412 – 416.

[88] Miller C F, Mcdowell S M, Mapes R W. Hot and cold granites? Implication of zircon saturation temperatures and preservation of inheritance[J]. Geology, 2003, 31(6): 529 – 532.

[89] Miller C F, Mittlefehldt D W. Depletion of light rare – earth elements in felsic magams[J]. Geology, 1982, 10: 129 – 133.

[90] Mints M V. Paleoproterozoic tectonic evolution and related metallogeny of the Eastern Baltic shield and Voronezh crystalline massif of the east European craton. 31th IGC Abstract Vol. Digital Edition, 2000.

[91] Mulja T, Williams – Jones A E, Martin R F, et al. Compositional variation and structural state of columbite – tantalite in rare element granitic pegmatites of the Preissac – Lacorne batholith, Quebec, Canada[J]. American Mineralogist, 1996, 81: 146 – 157.

[92] Murphy J B, Anderson A J, Archibald D A. Postorogenic alkali feldspar granite and associated pegmatites in West Avalonia: The petrology of the Neoproterozoic Georgeville Pluton, Antigonish Highlands, Nova Scotia[J]. Canadian Journal of Earth Sciences, 1998, 35: 110 – 120.

[93] Nance R D, Murphy J B, Santosh M. The supercontinent cycle: A retrospective essay[J]. Gondwana Research, 2014, 25: 4 – 29.

[94] Partington G A. Environmental and structural controls on the intrusion of the giant rare metal Greenbushes pegmatite, Western Australia[J]. Econ. Geol., 1990, 85: 437 – 456.

[95] Partington G A, Mcnaughton N J, Williams I S. A review of the geology, mineralization and geochronology of the Greenbushes pegmatite, Western Australi a[J]. Econ. Geol., 1995, 90: 616 – 635.

[96] Patino D A E, Beard J S. Dehydration – melting of biotite gneiss and quartz amphibolite from 3 to 15 Kbar[J]. Petrol., 1995, 36: 707 – 738.

[97] Patiño Douce A E. What do experiments tell us about the relative contributions of crust and mantle to the origin of granitic magmas?. Geological Society, 1999, 168(1): 55 – 75.

[98] Pearce J A, Harris N B W, Tindle A G. Trace element discrimination diagrams for the tectonic interpretation of granitic rocks[J]. Journal of Petrology, 1984, 25: 956 – 983.

[99] Peccerillo R, Taylor S R. Geochemistry of eocene calc – alkaline volcanic rocks from the Kastamonu area, Northern Turkey[J]. Contrib. Mineral Petrol., 1976, 58: 63 – 81.

[100] Petford N, Atherton M. Na – Rich Partial Melts from Newly Underplated Basaltic Crust: The Cordillera Blanca Batholith, Peru[J]. Journal of Petrology, 1996, 37(6): 1491 – 1521.

[101] Pollard P J. Geochenmistry of granite associated with tantalum and niobium mineraliazation [A]. In: Moller P, Cerny P and Saupe F. eds. Lanthanides, tantalum and niobium [M]. Berlin: Springer, 1989: 145 – 168.

[102] Predrosa A C, Lobato L M, Noce C M. Cambrian pegmatitic and hydrothermal mineral deposits: the last minerlization record prior to the south Atlantic opening eastern Brazil. 31th IGC Abstract Volume, digital edition. 2000.

[103] Roedder E. Composition of fluid inclusions[J]. Geological Survey Professional Paper, 1972: 440 – 444.

[104] Roedder E. Fluid inclusions[M]. Mineralogica Socrety of America, Reviews in Mineralogy, 1984: 1 – 645.

[105] Salvi S, Williams – Jones A E. Alteration, HFSE mineralization and hydrocarbon formation in peralkaline igneous systems: Insights from the Strange Lake Pluton, Canada[J]. Lithos,

2006, 91: 19 – 34.

[106] Sarbajna C, Sinha, R P, Krishnamurthy P, et al. Mineralogy and Geochemistry of Alkali Beryl from the Rare Metal Bearing Pegmatites of Marlagalla – Allapatna, Mandya District, Karnataka [J]. Journal of the Geological Society of India, 1999, 54(6): 599 – 608.

[107] Segal I, Halicz L, Platzner I T. Accurate isotoperatio measurements of ytterbium by multiple collectioninductively coupled plasma mass spectrometry applyingerbium and hafnium in an improved double externalnormalization procedure [J]. Journal of Analytical AtomicSpectrometry, 2003, 18: 1217 – 1223.

[108] Selway J B, Breaks F W, Tindle A G. A review of rare – element (Li – Cs – Ta) pegmatit e exploration techniques for the Superior Province, Canada, and large worldwide tantalum deposits[J]. Exploration and Mining Geology, 2005, 14: 1 – 30.

[109] Setsuya N, Masaki T. Regional variationin chemistry of the Miocene intermediate to felsic magmas in the Outer Zone and the Setouchi Province ofSouthwest Japan[J]. The Geological Society of Japan, 1979, 85(9): 571 – 582(in Japanese with English Abstract).

[110] Shearer C K, Papike J J, Jolliff B L. Petrogenetic links among granites and pegmatites in the Harney Peak rare – element granite pegmatite system, Black Hills, South Dakota[J]. Can. Mineral. , 1992, 30: 785 – 809.

[111] Shu L S, Faure M, Yu J H et al. Geochronological and geochemical features of the Cathaysia block (South China): new evidence for the Neoproterozoic breakup of Rodinia [J]. Precambrian Research, 2011, 187(3): 263 – 276.

[112] Stein H J, Sundblad K, Markey R J, et al. Re – Os ages for Arehean molybdenite and pyrite, Kuittila – Kivisuo, Finland and Proterozoic molybdenite, Kabeliai, Lithuania: Testing the chronometer in a metamorphic and metasomatic setting[J]. Mineralium Deposita, 1998, 33: 329 – 345.

[113] Stein H, Mark R, Morgan J, et al. The remarkable Re – Os chronometer in molybdenite: How and why it works[J]. Terra Nova, 2001, 13(6): 479 – 486.

[114] Stein H J, Schersten K, Hannah J L, et al. Subgrain – scale decoupling of Re and[87] Os assessment of laser ablation ICP – MS spot dating in molybdenite [J]. Geochimica et Cosmochimica Acta, 2003, 92: 827 – 835.

[115] Storey C D, Brewer T S, Parrish R R. Late – Proterozoic tectonics in northwest Scotland: one contractional orogeny or several? [J]. Precambrian Research, 2004, 134: 227 – 247.

[116] Sun S S, McDonough W F. Chemical and isotopic systematics of oceanic basalts: Implications for mantle composition and processes. In: Saunders AD and Norry MJ (eds. ). Magmatism in the Ocean Basins. Geological Society, London, Special Publication. 1989, 42(1): 313 – 345.

[117] Sweetapple M T, Collins P L M. Genetic frame work for the classification and distribution of Archean rare metal pegmatites in the North Pilbara Craton, Western Australia[J] . Econ. Geol. , 2002, 97: 873 – 895.

[118] Sylvester P J. Post – collisional strongly peraluminous granites[J]. lithos, 1998, 45: 29 – 44.

［119］ Symons D T A, Symons T B, Lewchuk M T. Paleomagnetism of the Deschambault pegmatites: Stillstand and hairpin at the end of the Paleoproterozoic Trans – Hudson Orogeny, Canada[J]. Physics & Chemistry of the Earth Part A Solid Earth & Geodesy, 2000, 25: 479 – 487.

［120］ Takagi T, Tsukimura K. Genesis of Oxidized – and Reduced – Type Granites[J]. Economic Geology, 1997, 92(1): 81 – 86.

［121］ Taylor H P. The application of oxygen and hydrogen isotope studies to problem of hydrothermal alteration and ore deposition[J]. Economic Geology, 1974, 69: 843 – 883.

［122］ Veksler I V, Dorfman A M, Dingwell D B et al. Element partitioning between immiscible borosilicate liquids: A high temperature centrifuge study [J]. Geochimica et Cosmochimica Acta, 2002, 66(14): 2603 – 2614.

［123］ Veksler I V. Liquid immiscibility and its role at the magmatic – hydrothermal transition: A summary of experimental studies[J]. Chemical Geology, 2004, 210(1 – 4): 7 – 31.

［124］ Vervoort J D, Pachelt P J, Gehrels G E, et al. Constraints on early Earth differentiation from hafnium and neodymium isotopes[J]. Nature, 1996, 379: 624 – 627.

［125］ Wang T, Tong Y, Jahn B M, et al. SHRIMP U – Pb Zircon geochronology of the Altai No. 3 Pegmatite, NW China, and its implications for the origin and tectonic setting of the pegmatite [J]. Ore Geology Reviews, 2007, 32: 325 – 336.

［126］ Wang Y J., Zhang A M, Fan W M, et al. Kwangsian crustal anatexis within the eastern South China Block: geochemical, zircon U – Pb geochronological and Hf isotopic fingerprints from the gneissoid granites of Wugong and Wuyi – Yunkai Domains[J]. Lithos, 2011, 127(1 – 2): 239 – 260.

［127］ Wang L X, Ma C Q, Zhang C, et al. Genesis of Leucogranite by Prolonged Fractional Crystallization: A Case Study of the Mufushan Complex, South China[J]. Lithos, 2014, 206 – 207(1): 147 – 163.

［128］ Whalen J B, Currie K L, Chappell B W. A – type granites: geochemical characteristics, discriminatuon and petrogenesis[J]. Contributions to Mineralogy and Petrology, 1987, 95: 407 – 419.

［129］ Wu F Y, Yang Y H, Xie LW, et al. Hf isotopic compositions of the standard zircons and baddeleyites used in U – Pb geochronology[J]. Chemical Geology, 2006, 234: 105 – 126.

［130］ Zagorsky V Y, Shokalsky S P, Sergeev S A. Age, duration of formation, and geotectonic position of the Zavitaya lithium granite – pegmatite system, Eastern Transbaikalia[J]. Doklady Earth Sciences, 2015, 460: 16 – 21.

［131］ Zhang S B, Zheng Y F. Formation and evolution of Precambriancontinental lithosphere in South China[J]. Gondwana Research, 2013, 23(4): 1241 – 1260.

［132］ Zhang F F, Wang Y J, Zhang A M, et al. Geochronological and geochemical constraints on the petrogenesis of Middle Paleozoic (Kwangsian) massive granites in the eastern South China Block[J]. Lithos, 2012, 150: 188 – 208.

［133］ Zhao G C, Cawood P A. Tectonothermal evolution of the Mayuan assemblage in the Cathaysia block: Implications for Neoproterozoic collision related assembly of the North and South China craton[J]. American Journal of Science, 1999, 299(4): 309 – 339.

[134] Zhou X M, Li W X. Origin of Late Mesozoic igneous rocks in Southeastern China: implications for lithosphere subduction and underplating of mafic magmas[J]. Tectonophysics, 2000, 326: 269 – 287.

[135] Zhou X M, Sun T, Shen W Z, et al. Petrogenesis of Mesozoic granitoids and volcanic rocks in South China: A response to tectonic evolution. Episodes, 2006, 29(1): 26 – 33.

[136] Zhu J C, Li R K, Li F C et al. Topaz – albite granites and rare – metal mineralization in the Limu district, Guangxi Province, southeast China[J]. Mineralium Desposita, 2001, 36(5): 393 – 405.

[137] 蔡大为. 福建南平晚古生代花岗岩和 31 号花岗伟晶岩脉成因关系及其大陆构造背景研究[D]. 博士学位论文, 2017: 1 – 131.

[138] 陈毓川, 王登红, 徐志刚. 中国重要矿产和区域成矿规律[M]. 北京: 地质出版社, 2015: 329 – 344.

[139] 邓晋福, 罗照华, 苏尚国等. 岩石成因、构造环境与成矿作用[M]. 北京: 地质出版社, 2004: 33 – 49.

[140] 范蔚茗, 王岳军, 郭锋等. 湘赣地区中生代镁铁质岩浆作用与岩石圈伸展[J]. 地学前缘, 2004, 10(3): 159 – 169.

[141] 范小林, 陆国新, 殷勇. 华南中新生代盆地形成机制与类型的地球物理研究[J]. 石油物探, 1991, 30(3): 92 – 96.

[142] 湖北省地质调查院. 1:20 万通城县区幅区域地质调查报告[R]. 2013: 1 – 288.

[143] 湖北省第五地质队. 湖南平江传梓源铌钽矿区初勘报告[R]. 1971: 1 – 54.

[144] 湖南地质研究所. 湖南花岗岩单元 – 超单元划分及其成矿专属性[J]. 湖南地质, 1995(8): 1 – 59.

[145] 湖南省地质局区域地质测量队. 1:25 万地质图 – 平江幅[R]. 长沙: 湖南省地质局, 1978: 1 – 87.

[146] 湖南省地质局. 区域地质调查报告 1:20 万平江幅(稀有矿产)[R]. 长沙: 湖南省地质局, 1977: 1 – 89.

[147] 湖南省地质调查院. 湖南省矿产资源潜力评价成果报告[R]. 长沙: 湖南省地质局, 2013: 1 – 1277.

[148] 湖南省地质调查院. 中国区域地质志·湖南志[M]. 北京: 地质出版社, 2017: 1 – 345.

[149] 湖南省地质矿产局. 中华人民共和国区域地质调查报告(地质部分)(南江桥幅、虹桥幅、平江县幅)[R]. 长沙: 湖南省地质局, 1987: 1 – 184.

[150] 湖南省地质局402 地质队. 湖南连云山上石含锂铍铌钽伟晶岩矿区普查评价报告[R]. 长沙: 湖南省地质局, 1971: 1 – 33.

[151] 华仁民, 陈培荣, 张文兰, 等. 华南中 – 新生代与花岗岩类有关的成矿环境[J]. 中国科学(D辑), 2003, 23(4): 335 – 345.

[152] 冷成彪, 王守旭, 苟体忠, 等. 新疆阿尔泰可可托海3 号伟晶岩脉研究[J]. 华南地质与

矿产, 2007: 14 - 20.

[153] 冷双梁, 谭超, 黄景孟, 等. 幕阜山花岗岩地区稀有金属成矿规律初探[J]. 资源环境与工程, 2018, 32(3): 351 - 357.

[154] 李秉伦, 王英兰, 谢奕汉. 气液包裹体气相色谱分析及其地质意义[J]. 地质科学, 1982(2): 220 - 225.

[155] 李昌元, 戴塔根, 余宗文, 等. 湖南省传梓源铌钽矿床地质特征及成因探讨[J]. 南方金属, 2016, 210: 19 - 23.

[156] 李超, 屈文俊, 杜安道. 铼 - 锇同位素定年法中丙酮萃取铼的系统研究[J]. 岩矿测试, 2009, 28(3): 233 - 238.

[157] 李超, 屈文俊, 周利敏, 等. Carius 管直接蒸馏快速分离锇方法研究[J]. 岩矿测试, 2010, 29(1): 14 - 16.

[158] 李鸿莉, 毕献武, 胡瑞忠, 等. 芙蓉锡矿田骑田岭花岗岩黑云母矿物化学组成及其对锡成矿的指示意义[J]. 岩石学报, 2007, 23(10): 2605 - 2614.

[159] 李建康. 川西典型伟晶岩型矿床的形成机理及其大陆动力学背景[D]. 博士学位论文, 2006: 1 - 237.

[160] 李建康, 张德会, 王登红, 等. 富氟花岗岩浆液态不混溶作用及其成岩成矿效应[J]. 地质论评, 2008, 54(2): 175 - 183.

[161] 李静萍, 许世红. 长眼睛的金属——铯和铷[J]. 化学世界, 2005(2): 108 - 117.

[162] 李乐广, 王连训, 田洋, 等. 华南幕阜山花岗伟晶岩的矿物化学特征及指示意义[J]. 地球科学, 网络首发, 2018.

[163] 李鹏春. 湘东北地区显生宙花岗岩岩浆作用及其演化规律[D]. 博士学位论文, 2006: 1 - 131.

[164] 李鹏, 李建康, 裴荣富, 等. 幕阜山复式花岗岩体多期次演化与白垩纪稀有金属成矿高峰: 年代学依据[J]. 地球科学, 2017, 42(10): 1684 - 1696.

[165] 李兆麟, 杨荣勇, 李文, 等. 中国不同成因伟晶岩形成的物理化学条件[J]. 地质科技情报, 1998, 17: 29 - 34.

[166] 梁斌, 付小方, 唐屹, 等. 川西甲基卡稀有金属矿区花岗岩岩石地球化学特征[J]. 桂林理工大学学报, 2016, 36(1): 42 - 49.

[167] 廖元双, 杨大锦. 铷的资源和应用及提取技术现状[J]. 云南冶金, 2012, 41(4): 27 - 30.

[168] 刘丽君, 王登红, 杨岳清, 等. 四川甲基卡新三号稀有金属矿脉成矿特征的初步研究[J]. 桂林理工大学学报, 2016, 36(1): 50 - 59.

[169] 刘翔, 周芳春, 黄志飚. 湖南平江县仁里超大型伟晶岩型铌钽多金属矿床的发现及其意义[J]. 大地构造与成矿学, 2018, 42(2): 235 - 243.

[170] 刘义茂, 张建中, 孙爱萍, 等. 南岭及邻区基底构造层性质及其对成岩成矿的控制作用[M]. 地球化学文集, 北京: 科学出版社, 1986: 31 - 36.

[171] 刘英俊, 曹励明, 李兆麟, 等. 元素地球化学[M]. 北京: 科学出版社, 1984: 1 - 213.

[172] 刘英俊, 孙承辕, 马东升. 江南金矿及其成矿地球化学背景[M]. 南京: 南京大学出版社, 1993: 1 - 260.

[173] 卢焕章, 范宏瑞, 倪培, 等. 流体包裹体[M]. 北京: 科学出版社, 2004: 1 – 487.

[174] 卢焕章. 流体不混溶性和流体包裹体[J]. 岩石学报, 2011, 27(5): 1253 – 1261.

[175] 毛景文, 王志良. 中国东部大规模成矿时限及其动力学背景的初步探讨[J]. 矿床地质, 2002, 19(4): 289 – 294.

[176] 彭和求, 贾宝华, 唐晓珊. 湘东北望湘岩体的热年代学与幕阜山隆升[J]. 地质科技情报, 2004, 23(1): 11 – 15.

[177] 屈文俊, 杜安道. 高温密闭溶样电感耦合等离子体质谱准确测定辉钼矿铼 – 锇地质年龄[J]. 岩矿测试, 2003, 22(4): 254 – 262.

[178] 饶家荣, 王纪恒. 湖南深部构造[J]. 湖南地质, 1993(08): 1 – 10.

[179] 申志军, 谢玲琳, 权正钰. 湖南省主要稀有稀土金属矿床特征[J]. 湖南地质, 2003, 22(1): 30 – 33.

[180] 石红才, 施小斌, 杨小秋, 等. 江南隆起带幕阜山岩体新生代剥蚀冷却的低温热年代学证据[J]. 地球物理学报, 2013, 56(6): 1945 – 1957.

[181] 唐连江. 古裂谷与稀有金属伟晶岩[J]. 地质科技动态, 1980, 1(4): 1 – 7.

[182] 王登红, 陈毓川, 李红阳, 等. 阿尔泰造山带地幔脱气的氦同位素研究[J]. 科学通报, 1998, 43(23): 2541 – 2544.

[183] 王登红, 陈毓川, 徐志刚. 阿尔泰加里东期变质成因伟晶岩型白云母矿床的年代学研究及其意义[J]. 地质学报, 2001, 75(3): 419 – 425.

[184] 王登红, 陈毓川, 徐志刚, 等. 阿尔泰成矿系列及成矿规律研究[M]. 北京: 原子能出版社, 2002: 1 – 492.

[185] 王登红, 邹天人, 徐志刚, 等. 伟晶岩矿床示踪造山过程的研究进展[J]. 地球科学进展, 2004, 19(4): 614 – 620.

[186] 王登红, 赵汀, 何晗晗, 等. 中南地区三稀矿产资源调查研究及开发利用进展综述[J]. 桂林理工大学学报, 2016a, 36(1): 1 – 8.

[187] 王登红, 刘丽君, 刘新星, 等. 我国能源金属矿产的主要类型及发展趋势探讨[J]. 桂林理工大学学报, 2016b, 36(1): 21 – 28.

[188] 王开朗, 游先军, 张强录. 湖南省临湘市虎形山地区铷锶同位素年代学研究[J]. 矿产与地质, 2013, 27(2): 151 – 157.

[189] 王联魁, 黄智龙. Li – F 花岗岩液态分离与实验[M]. 北京: 科学出版社, 2000: 1 – 290.

[190] 王联魁, 王慧芬, 黄智龙. Li – F 花岗岩液态分离的微量元素地球化学标志[J]. 岩石学报, 2000, 16(2): 145 – 152.

[191] 王瑞江, 王登红, 李建康, 等. 稀有稀土稀散矿产资源及其开发利用[M]. 北京: 地质出版社, 2015: 1 – 429.

[192] 王文瑛, 杨岳清, 陈成湖, 等. 福建南平花岗伟晶岩中的铌钽矿物学研究[J]. 福建地质, 1999, 18(3): 113 – 134.

[193] 王玉荣, 顾复, 袁自强. Nb、Ta 分配系数和水解实验研究及其在成矿作用中的应用[J]. 地球化学, 1992, 21(1): 55 – 62.

[194] 文春华, 罗小亚, 李胜苗, 等. 应用 X 射线荧光光谱 – 电感耦合等离子体质谱法研究湖

南传梓源地区稀有金属矿床伟晶岩地球化学特征[J].岩矿测试,2015,34(3):359-365.

[195] 文春华,陈剑锋,罗小亚,等.湘东北传梓源稀有金属花岗伟晶岩地球化学特征[J].矿物岩石地球化学通报,2016,35(1):171-177.

[196] 文春华.幕阜山南缘地区伟晶岩矿物学、地球化学特征及含矿性分析[J].矿物岩石地球化学通报,2017,35(1):67-74.

[197] 文春华,陈剑锋,罗小亚,等.湖南重点矿集区稀有金属调查评价成果报告[R].2018:1-136.

[198] 吴福元,李献华,郑永飞,等.Lu-Hf同位素体系及其岩石学应用[J].岩石学报,2007,23(2):185-220.

[199] 吴元保,郑永飞.锆石成因矿物学研究及其对U-Pb年龄解释的制约[J].科学通报,2004,49(16):1589-1604.

[200] 夏卫华,章锦统,冯志文,等.南岭花岗岩型稀有金属矿床地质[M].中国地质大学出版社(武汉),1989:1-137.

[201] 肖朝阳.平江瑚佩伟晶岩型铌钽矿床地质特征及成因[J].华南地质与矿产,2003(2):63-67.

[202] 谢文安,申志军,谢玲琳.湖南省稀有稀土贵金属矿床特征与成矿规律[J].地质与勘探,1996,32(4):19-25.

[203] 许德如,陈广浩,夏斌,等.湘东地区板杉铺加里东期埃达克质花岗闪长岩的成因及地质意义[J].高校地质学报,2006,12(4):507-521.

[204] 许德如,王力,李鹏春,等.湘东北地区连云山花岗岩的成因及地球动力学暗示[J].岩石学报,2009,25(05):1056-1078.

[205] 许德如,邓腾,董国军,等.湘东北连云山二云母二长花岗岩的年代学和地球化学特征:对岩浆成因和成矿地球动力学背景的启示[J].地学前缘,2017,24(2):104-122.

[206] 许靖华,孙枢.华南造山带而不是华南地台[J].中国科学:B辑,1987(10):107-115.

[207] 杨丹,徐文艺,崔艳合,等.二维气相色谱法测定流体包裹体中气相成分[J].岩矿测试,2007,26(6):451-454.

[208] 杨丹,徐文艺.多种矿物流体包裹体中液相阴阳离子的同时测定[J].岩石矿物学杂志,2014,33(3):591-596.

[209] 杨岳清,倪云祥,郭永泉,等.福建西坑花岗伟晶岩成岩成矿特征[J].矿床地质,1987,16:10-21.

[210] 张德会.矿物包裹体液相成分特征及其矿床成因意义[J].地球科学,1992,17(6):677-688.

[211] 张鲲,徐德明,胡俊良.湘东北三墩铜铅锌矿区花岗岩的岩石成因-锆石U-Pb测年、岩石地球化学和Hf同位素约束[J].地质通报,2017,36(9):1591-1600.

[212] 张强录,游先军,刘利生.湘东北虎形山钨铍矿主要赋矿层位的重新划分与成矿物质来源的探讨[J].矿产与地质,2012,26(5):371-375.

[213] 张晔,陈培荣.美国Spruce Pine与新疆阿尔泰地区高纯石英伟晶岩的对比研究[J].高校

地质学报, 2010, 16(4): 426 – 435.

[214] 周芳春, 刘翔, 黄志飚, 等.湖南省平江县仁里矿区铌钽多金属矿普查阶段性成果报告 [R].长沙: 湖南省核工业地质局 311 大队, 2017: 1 – 111.

[215] 周建廷, 王小颖, 李自敏, 等.江西省广昌县头陂花岗伟晶岩型锂辉石矿矿床地质特征 及其成矿机制探讨[J].东华理工大学学报(自然科学版), 2012, 35(4): 378 – 387.

[216] 朱金初, 吴长年, 刘昌实, 等.新疆阿尔泰可可托海 3 号伟晶岩脉岩浆 – 热液演化和成 因[J].高校地质学报, 2000, 6(1): 40 – 52.

[217] 邹慧娟, 马昌前, 王连训.湘东北幕阜山含绿帘石花岗闪长岩岩浆的上升速率: 岩相学 和矿物化学证据[J].地质学报, 2011, 85(3): 366 – 378.

[218] 邹天人, 徐建国.论伟晶岩的成因和类型的划分[J].地球化学, 1975(3): 161 – 174.

[219] 邹天人, 杨岳清.中国两源伟晶岩的成矿作用.国际交流地质学术文集——为二十七届 国际地质大会撰写[M].北京: 地质出版社, 1984(3): 145 – 157.

[220] 邹天人.论中国三个岩浆系列的稀有金属花岗岩及其稀土分布模式[J].昆明工学院院 报, 1985(1): 15 – 26.

[221] 邹天人, 张相宸, 贾富义.论阿尔泰 3 号伟晶岩脉的成因[J].矿床地质, 1986(4): 100 – 107.

**图书在版编目（CIP）数据**

湘东北地区稀有金属矿床成矿作用研究／文春华，
邵拥军著. —长沙：中南大学出版社，2019.6
　ISBN 978－7－5487－3659－2

Ⅰ.①湘… Ⅱ.①文… ②邵… Ⅲ.①稀有金属矿床
－成矿作用－研究－湖南 Ⅳ.①P618.601

中国版本图书馆 CIP 数据核字（2019）第 123512 号

湘东北地区稀有金属矿床成矿作用研究
XIANG DONGBEI DIQU XIYOU JINSHU KUANGCHUANG
CHENGKUANG ZUOYONG YANJIU

文春华　邵拥军　著

| | | |
|---|---|---|
| □**责任编辑** | 刘石年 | |
| □**责任印制** | 易红卫 | |
| □**出版发行** | 中南大学出版社 | |
| | 社址：长沙市麓山南路 | 邮编：410083 |
| | 发行科电话：0731－88876770 | 传真：0731－88710482 |
| □**印　　装** | 长沙鸿和印务有限公司 | |

| | | | | |
|---|---|---|---|---|
| □**开　　本** | 710×1000　1/16 | □**印张** 12.25 | □**字数** 243 千字 | |
| □**版　　次** | 2019 年 6 月第 1 版　□2019 年 6 月第 1 次印刷 | | | |
| □**书　　号** | ISBN 978－7－5487－3659－2 | | | |
| □**定　　价** | 90.00 元 | | | |

图书出现印装问题，请与经销商调换